段志贵 编著

数学解题研究
——数学方法论的视角
第二版

清华大学出版社
北京

内容简介

本书以数学方法论为基础，注重数学方法对解题的理论指导；以具体问题的解决为抓手，突出数学方法的引领作用；以解决问题的策略取向为线索，层层深入，旨在打开一扇通往成功解题的大门.

全书共九章，第一、二章提出数学解题首先要多途径观察，然后考虑化归；第三章介绍类比法，以探寻熟悉的解题模式或方法；第四章基于解题直觉探索解题思路的获取；第五、六章阐明构造是实现数学问题解决的一个捷径，建模是构造法解题的升级；第七章另辟蹊径，研究审美法对解题的意义；第八章探讨解决较复杂问题需要运用的变通策略与途径；第九章指明反思是数学解题不可或缺的一个环节，解题任务完成后要剖析错误、总结方法、比较鉴别及拓展延伸.

本书可供高等院校教育硕士学科教学(数学)专业、数学与应用数学(师范类)专业以及工科类本、专科(高职)相关专业作为数学解题研究课程教材使用，也适用于中小学数学教师、教研员及初等数学爱好者阅读参考.

本书封面贴有清华大学出版社防伪标签，无标签者不得销售.
版权所有，侵权必究。举报: 010-62782989, beiqinquan@tup.tsinghua.edu.cn.

图书在版编目(CIP)数据

数学解题研究：数学方法论的视角/ 段志贵编著.2 版. -- 北京：清华大学出版社, 2025.5. -- ISBN 978-7-302-68902-7

Ⅰ.O1-0

中国国家版本馆 CIP 数据核字第 2025UL8547 号

责任编辑：吴梦佳
封面设计：常雪影
责任校对：袁　芳
责任印制：沈　露

出版发行：清华大学出版社
网　　址：https://www.tup.com.cn, https://www.wqxuetang.com
地　　址：北京清华大学学研大厦 A 座　　邮　编：100084
社 总 机：010-83470000　　邮　购：010-62786544
投稿与读者服务：010-62776969, c-service@tup.tsinghua.edu.cn
质 量 反 馈：010-62772015, zhiliang@tup.tsinghua.edu.cn
课 件 下 载：https://www.tup.com.cn, 010-83470410

印 装 者：艺通印刷(天津)有限公司
经　　销：全国新华书店
开　　本：185mm×260mm　　印　张：14.5　　字　数：337 千字
版　　次：2018 年 12 月第 1 版　2025 年 6 月第 2 版　印　次：2025 年 6 月第 1 次印刷
定　　价：49.00 元

产品编号：102566-01

第二版前言

众所周知,数学解题中的"怎样求解"和"为什么这样解"往往比获得问题的答案更为重要."怎样求解"和"为什么这样解"应该成为我们今天深化解题研究、建构解题理论的首要问题.这也是方法论应用领域中一个极其重要的研究课题.从科学研究的视角看,"方法"是人们在认识和改造世界的过程中用以发现和提出问题、分析和解决问题的一种取向,如手段、工具、程序等.方法论是关于人们认识世界和改造世界所使用的方法的理论,是人们用来观察事物和处理问题的方式、方法.基于数学方法论的视角去研究数学问题的解决,一般包括数学思想和数学方法两个层面:数学思想是朝向问题理解的一种高层次思维,对数学问题解决起决定性作用;数学方法则是问题解决的操作方式或具体手段.数学方法是数学思想产生的基础,数学思想则是数学方法的深层表现,它们在数学解题中相辅相成、相得益彰.

数学解题是数学学习极其重要的一项内容,它是掌握数学知识并学会"数学思维"的基本途径.从本质上说,数学解题就是根据一定的已知条件与数学规则进行推理和论证的思维过程.许多数学问题求解的路径与方法并不能轻易获得.问题求解的过程就像走迷宫一样,倘若把不同的解题方法比喻成不同的迷宫入口,那么事先我们并不知道哪一条路径是可行的、能走得通的.有的问题可能有多条路径通向终点(获得问题的解);有的路径看上去有一个可行的入口,实质上也可能只是一条死胡同,怎么也走不通.因此,研究数学解题,我们就要善于把数学解题与数学方法论联结起来[①].

一方面,数学解题需要以数学方法为基础.解题过程中的问题辨别、条件分析及策略选择都必然涉及与数学有关的概念、定理、法则、公式等,在一定程度上反映了解题者对数学内容的理解、数学知识的掌握及数学思想方法的应用等的水平.通常人们并非一下子就能看清问题解决的路径,而是想办法变换条件或结论,改变问题结构或呈现方式,使问题不断向着已知或简单化靠拢,直至问题最终得到解决.可以说几乎所有问题的解决都离不开数学思想方法.

另一方面,数学方法论为数学解题提供思路.心理学原理告诉我们,学习迁移发生的一个先决条件是掌握原理,形成类比.数学思想与数学方法作为数学知识体系中的一般性原理,有高度的概括性,有助于学习的迁移.拥有良好的数学认知结构并对数学思想方法有深刻的理解,是具有较强解题能力的必要条件.能够成功解题的人或者善于思考和分析问题的人,通常都会掌握许多问题解决的基本方法与策略.他们会根据不同问题解决的需要,尝试多种多样的问题分析法,并在类比、猜想、直觉中寻找到解决的路径.事实上,如果我们缺少

---

① 段志贵,曹子清.方法论视域下的数学解题与解题策略[J].南宁师范大学学报(自然科学版),2021,38(4):179-185.

对数学思想和数学方法的深层次理解与掌握,即使最终能解决一些问题,也只是"头脑填满一大堆零散的材料",很难形成一个具有"活动"的数学解题知识网格和能力结构.

再一方面,数学解题有助于深化对数学思想方法的理解.许多问题的解决并非一蹴而就,一般都要经过较长时间的思考和数学思维的深度加工.解题过程其实就是若干知识与一些方法的联结.许多数学思想方法需要我们在数学学习,特别是数学解题实践中反复运用才能达到深刻理解和充分掌握的境界.方法"向左拐"就是技巧,"向右拐"就是规律.立足方法论的视角去研究解题,就是要研究问题解决中蕴含的学问和道理,探索问题解决的一般规律;就是要基于解题目标,科学地拟订解题计划,实施解题过程,反思解题得失,以此促进解题能力的提高和"三会"数学素养[①]的形成发展.因此,以方法论为脚手架的数学解题能起到会一题、通一类、达一片的功效.

许多问题的解决都可能存在一种习得性思维模式,或多种思维模式的复合与叠加。当然,数学解题没有一成不变的模式,高质量解题需要我们灵活掌握多样化的方法策略,构思有效的解题路线.基于这一初心,编著者尝试给出了基于数学方法论视角的数学解题研究探索——力图以数学方法论为基础,注重数学方法对解题的理论指导;以具体问题的解决为抓手,突出数学方法的引领作用;以解决问题的策略取向为线索,层层深入,为读者打开一扇通往成功解题的大门.

本书将数学方法论与解题研究有机地结合起来,立意独特,选材新颖,富有趣味性,启发性强;能够有效地激发思维活力、提升思维张力,是新形势下基于数学方法论视角系统提升数学解题能力的一部优秀教材.本书自第一版出版以来,被全国300多家图书馆收藏,数十所高校选作教材,受到读者的广泛好评.2018年12月,本书被江苏省教育厅审议确定为"十三五"高等学校重点教材;2020年11月,以本书为基础的《数学解题研究》课程被评定为首批国家级一流本科课程;2023年6月,以本书为教学内容的中国大学MOOC《数学解题研究》课程首批入选国家高等教育智慧平台.

应广大读者要求,本书修订再版,聚焦创新人才创造性思维培养要求,充分采纳同行专家及广大师生的宝贵意见和建议,融合了编著者近年来解题研究的最新成果,完善了部分表述不够严谨的内容,更正了部分错误,删去了部分难度过大的例题,还增补了部分与新高考改革相适应的题型作为习题.

本版修订虽编著者全力以赴,但由于水平所限,疏漏和不足之处仍在所难免,竭诚欢迎广大读者再提宝贵的修改意见.

2025年2月于江苏盐城

[①] "三会"数学素养,即会用数学的眼光观察现实世界,会用数学的思维思考现实世界,会用数学的语言表达现实世界.

第一版前言

美籍匈牙利数学教育家乔治·波利亚曾经说过:"掌握数学意味着善于解题."而能够做到善于解题,非一朝一夕所能达到,它需要长期的解题训练,这一训练需要厚实的数学知识做保证,更需要融合科学的方法去引领.许多人的解题能力不强,缺的不是知识,缺的是方法与策略,是能够灵活运用的数学方法和驾轻就熟的解题策略.相比方法而言,策略更宏观,本质上来说,策略就是若干方法集合在一起的行动方案.因此,从方法论的角度去探索数学解题的奥妙具有十分重要的现实意义和指导价值.

所谓解题,本质上来说就是把数学的一般原理运用于习题的条件或条件的推论而进行的一系列推理,直到求出习题解答为止的过程.这一过程蕴藏着比较复杂的思维活动,虽然有时比较艰辛,甚至有时苦思冥想也难得其法,然而不可否认,解题还是有一定规律可循的.

多年来,国内外许多专家、学者在解题研究上颇有建树.乔治·波利亚的名著《怎样解题》《数学与猜想》《数学的发现》,以及他的程序化的解题系统、启发式的过程分析、开放型的念头、诱发探索性的问题转换等观点,在国内外数学教育界广为传播.美国心理学家奥苏伯尔等人提出了四阶段解题模式,即呈现问题情境、明确问题的目标和已知条件、填补空隙(解题的核心)、检验,这一模式不仅描述了解题的一般过程,而且指出了原有认知结构中各种成分在问题解决过程中的不同作用,为培养解题能力指明了方向.苏联数学教育家 A.M.弗里德曼、A.B.瓦西列夫斯基,美国数学教育家 W.A.威克尔格伦、L.C.拉松等也在解题研究上发表了一系列论文,出版了相关专著,提出了他们在解题研究上的理论,都很有创意.

国内致力于解题研究的学者比较多,这与我国基础教育,特别是中小学数学教育的大环境有着密切的关联.多年来,我国基础教育阶段数学教学成就不凡,为国际数学教育界同人广泛关注.在解题研究领域比较出色的有南京师范大学单墫教授、陕西师范大学罗增儒教授、浙江教育学院戴再平教授等,他们的著作各有侧重.相比国外学者,国内学者运用数学方法论讨论数学解题的研究比较多,这应当与大连理工大学徐利治教授的贡献有关.在数学方法论上的理论建构奠定了徐教授在国内数学与数学教育界特定的地位.走在解题研究前沿的还有南京师范大学喻平教授及其研究团队,他们结合心理学研究成果建构了解题认知模式与解题教学理论.所有这些研究反映出数学解题研究持续成为国内外数学教育界的研究热点,并一直向前不断延伸.

本书是站在巨人肩上的学习体会之作,是编著者多年执教高校数学与应用数学(师范类)专业"数学解题研究"和"数学方法论"课程的教学实践总结之作.从开始的理论借鉴、典型例题收集整理、归类提取到后期的结构化、系统化凝练,多年来编著者从未间断过在数学解题研究上的理论与实践探索.本书虽未达尽善尽美,但却是真正的心血之作.本书的理论与实践观点主要体现在以下三个方面.

(1)学会思考:从数学方法论的视角认识解题.

解题就是"解决问题",即求出数学题的答案,这个答案在数学上也叫作"解",所以数学解题就是找出数学问题解的活动过程.小至一个学生算出作业的答案、一个教师讲清定理的证明,大至一个数学课题得出肯定或否定的结论、一项数学理论应用于实际构建出适当的模型等,都叫解题.数学家的解题是一个创造和发现的过程,教学中的解题更多的是一个再创造或再发现的过程.本书所说的解题专指教学中的解题,本书所指向的解题研究就是通过典型数学问题的分析讲解,引领解题者学会数学家的"数学思维",学会从数学方法论的视角认识、理解和掌握解题规律,发展解题思维,提高解题能力.

(2)揭示规律:确立数学解题研究的目标指向.

正如书名所说,本书是从数学方法论的视角研究数学解题.本书没有选用繁难的或是蕴藏特别技巧的竞赛题,而是选用基本的常见的数学问题,主要是高考题,也有部分中考题作为分析例题.本书的重点不在于系统的理论建构,而在于从数学方法论的视角把握数学解题规律,多维度引领解题方向,促进解题者的思维发展及分析、解决问题能力的提高.每一章节介绍的数学方法都能直奔"靶心",揭示数学解题的内在规律,努力把着力点放在问题的剖析与方法的探究上,放在有效地运用数学方法有目的、有计划地攻克问题、突破难点上.

(3)择法引领:科学地设计数学解题研究思路.

本书以数学方法论作为基础,注重数学方法对数学解题的理论指导;以具体问题的解决为抓手,突出数学方法的引领作用.在具体框架结构上,以解决问题的策略取向为线索展开论述.

具体地说,面对一个问题,首先要多途径观察,然后考虑化归,把待求解问题转化为已解决的或较容易解决的问题;感觉不甚明了的问题可以考虑运用类比法,探寻熟悉的解题模式或方法以降低问题难度;解题中的直觉因素是必须关注的,它可能会在难题求解过程中发挥重要作用;构造是实现数学问题解决的一个捷径,但不是每一个问题的解决都需要构造;建模是对构造法解题的升级,建模法解题涵盖的内容更为丰富,解决问题的面更为宽广;审美法对于解题来说,是另辟蹊径,是寻找解题方法的一个重要补充;对于费时费力的疑难问题,要想办法进行多途径变通;最后是解题反思,提出反思是数学解题中不可或缺的环节,解题任务完成后要分析解题过程、剖析错误、总结方法、比较鉴别及拓展延伸等,促进思维发展,提高解题能力.因此,基于数学方法论的视角,拟定数学解题的策略路线图(如下页图所示).

需要强调的是,这些解题策略与方法彼此间不是孤立的.观察伴随在解题过程中,化归也一直主导着解题全过程,类比可促成化归,常常源于观察而发生,因直觉而显现.构造是一种高级思维模式,需要综合运用类比或化归.建模类似于构造,同样依赖于对问题的观察与审美,依赖于化归思想,依赖于类比、直觉等方法.审美的产生,看似直觉,实质上与细致入微的观察有着紧密的关联,审美意识经常促成类比、构造、建模等解题方法的形成,也为解题化归的实现奠定基础.变通的前提是对问题有比较深刻的观察与理解,它是融直觉、审美、类比

数学解题的策略路线图

等思想方法于一体的结果,反过来又指向合适的类比、创造性的构造与建模以及巧妙的化归.而解决问题不是最终的目的,对解题策略以及解题过程的深入反思,能够指导我们进一步学会观察,更深刻地理解和掌握化归、类比、构造、变通等解题策略与方法,更有效地发展数学思维,提高解题能力.

本书共分九章,内容分别如下.

第一章 观察:解题的起点,主要从观察的一般方法、数与式的观察、图形的观察、条件与结论的观察及问题结构的观察入手,阐述数学解题观察的重要意义及观察法解题的基本路径.

第二章 化归:解题的心向,通过对化归法解题模式的具体论述,结合实例,着重讨论特殊化、一般化、分解与组合、映射与反演等化归策略在数学解题中的具体应用.

第三章 类比:解题的抓手,从类比的意义和分类入手,详细介绍问题解决过程中的题型结构类比、方法技巧类比、空间与平面类比、抽象与具体类比及跨学科类比等.

第四章 直觉:解题的精灵,从直觉解题的心理机制,解题直觉的呈现、捕获及运用等方面,具体讨论直觉在解题中的作用.

第五章 构造:解题的突破,从揭示构造法的本质特征入手,深入研剖挖掘问题背景、借用数形结合、透析结构相似及运用等效转换等途径进行构造的具体策略.

第六章 建模:解题的支架,基于数学建模的基本内涵,具体阐述从实际问题中抽象出数学模型的基本方法,并就初等数学解题常见、常用模型的类型及其多维建构进行了较详细的解析.

第七章 审美:解题的意愿,从数学解题中的审美意蕴出发,介绍对称美、简捷美、和谐美、奇异美及数学文化等在数学解题中的具体应用.

第八章 变通:解题的调适,结合具体问题,概述数学解题中的变通思维方法及追本溯源、变换主元、有效增设、正难则反四个变通策略.

第九章 反思:解题的延伸,着重阐明解题后有待反思的基本路径,主要包括寻求问题的多种解法、解题错误的类型与归因、"形"与"质"的比较与分析及问题的拓展与延伸等.

本书各章末均配有习题，读者可扫描二维码查阅习题答案.

本书系"十三五"江苏省高等学校重点教材，江苏省高校品牌专业建设工程资助项目（编号：PPZY2015C211）成果之一.在本书写作过程中，参阅了许多文献资料，并得到了众多数学教育界前辈、同仁以及我的学生们的关心和帮助，得到了盐城师范学院领导的大力支持，在此一并表示感谢！

由于编著者的水平与能力有限，不足之处在所难免，恳请广大读者批评、指正.

2018年9月于江苏盐城

目 录

第一章 观察:解题的起点 ································· 1
- 第一节 观察的一般方法 ································ 1
- 第二节 数与式的观察 ·································· 5
- 第三节 图形的观察 ···································· 9
- 第四节 条件与结论的观察 ······························ 11
- 第五节 问题结构的观察 ································ 13
- 习题一 ··· 16

第二章 化归:解题的心向 ································ 17
- 第一节 化归法解题模式 ································ 17
- 第二节 特殊化 ······································· 21
- 第三节 一般化 ······································· 26
- 第四节 分解与组合 ···································· 32
- 第五节 关系映射反演 ·································· 38
- 习题二 ··· 43

第三章 类比:解题的抓手 ································ 46
- 第一节 类比的思维方式 ································ 46
- 第二节 题型结构的类比 ································ 50
- 第三节 方法技巧的类比 ································ 54
- 第四节 空间与平面的类比 ······························ 57
- 第五节 抽象与具体的类比 ······························ 60
- 第六节 跨学科的类比 ·································· 64
- 习题三 ··· 68

第四章 直觉:解题的精灵 ································ 71
- 第一节 直觉解题的心理机制 ···························· 71
- 第二节 解题直觉的呈现 ································ 75
- 第三节 解题直觉的捕获 ································ 78

第四节　解题直觉的运用 ……………………………………………………… 85
　　习题四 ……………………………………………………………………………… 90

第五章　构造:解题的突破 ……………………………………………………………… 92
　　第一节　构造法的本质特征 …………………………………………………… 92
　　第二节　挖掘问题背景进行构造 ……………………………………………… 94
　　第三节　借用数形结合进行构造 ……………………………………………… 97
　　第四节　透析结构相似进行构造 …………………………………………… 101
　　第五节　运用等效转换进行构造 …………………………………………… 104
　　习题五 …………………………………………………………………………… 107

第六章　建模:解题的支架 …………………………………………………………… 109
　　第一节　数学建模的基本内涵 ……………………………………………… 109
　　第二节　从实际问题中抽象出数学模型 …………………………………… 113
　　第三节　数学解题常见、常用模型的建构 ………………………………… 116
　　习题六 …………………………………………………………………………… 124

第七章　审美:解题的意愿 …………………………………………………………… 128
　　第一节　审美解题的意蕴 …………………………………………………… 128
　　第二节　基于对称美启迪解题思路 ………………………………………… 130
　　第三节　基于简捷美寻求解题捷径 ………………………………………… 135
　　第四节　基于和谐美获取解题灵感 ………………………………………… 137
　　第五节　基于奇异美突破解题常规 ………………………………………… 144
　　第六节　基于数学文化激发解题活力 ……………………………………… 147
　　习题七 …………………………………………………………………………… 152

第八章　变通:解题的调适 …………………………………………………………… 155
　　第一节　变通的思维 ………………………………………………………… 155
　　第二节　追本溯源 …………………………………………………………… 159
　　第三节　变换主元 …………………………………………………………… 165
　　第四节　有效增设 …………………………………………………………… 167
　　第五节　正难则反 …………………………………………………………… 171
　　习题八 …………………………………………………………………………… 176

第九章　反思:解题的延伸 …………………………………………………………… 179
　　第一节　解题反思的意义 …………………………………………………… 179

第二节　寻找问题的多种解法 …………………………………………… 182
第三节　常见解题错误及其规避策略 …………………………………… 189
第四节　"形"与"质"的比较与分析 …………………………………… 196
第五节　问题的拓展与延伸 ……………………………………………… 203
习题九 ……………………………………………………………………… 212

参考文献 ………………………………………………………………… 215

观察可能导致发现.观察将揭示某种规律、模式或定律.

——[美]乔治·波利亚(1887—1985)

对微小事物的仔细观察,就是事业、艺术、科学及生命各方面的成功秘诀.

——[英]史迈尔(1812—1904)

第一章 观察:解题的起点

"会用数学的眼光观察现实世界"是数学学科三大核心素养之一.从信息加工的角度来看,所谓数学活动中的观察,指的是有目的、有选择地对各种数学材料进行概括的感知过程,其成果是发现数学材料的外显特点和整体特征.通过观察,把外部世界的各种信息反映到人的大脑里,当然不只是一种机械的条件反射.事实上,伴随观察也会发生一系列的心理活动,如注意、感知、记忆、想象等,其中还一定存在着积极的思维活动.[①]

观察本身不是一种独立解题的思维方法,但它是萌发思想方法的基础.高质量的解题观察能够帮助我们迅速、合理地引发解题念头,产生积极的解题思维.因此,观察作为解题的第一步非常重要,绝不能将它与数学解题思路的探求分割开来.

第一节 观察的一般方法

在数学学习与研究中,观察起着十分重要的作用。所谓解题中的观察,本质上就是审题,它不同于单纯地用眼去看,而是有目的、有步骤、有针对性地对数学问题进行剖析,通过观察了解有待解决的问题已知哪些条件(要特别注意隐含条件)、待求解的目标是什么(或者要求是什么).如果有图形,还要对照图形明了相关元素及其相互间可能存在的关系,最好能将各相应量在图形上标识出来.在此基础上,发现并获取重要的背景信息.当观察的信息比较熟悉,与自己掌握的解题模式很接近,与自己的认知结构相合拍,那么就能立即进入试探过程,大部分这类问题便可很快获得解决.

如果将观察仅仅理解为"认真地看",那就太不够了.观察是一种复杂的、多侧面和多角度的思维过程.解题观察包含极其丰富的内涵,不同的人可能采用不同的方式方法。一般意义上的解题观察主要包括整体观察、实验观察、比较观察、极端观察等.

[①] 段志贵,黄琳.数学解题观察的有效视角[J].高中数学教与学,2018(12):44-47.

一、整体观察

解题障碍形成的一个重要原因是忽视对问题整体的观察,从而无法下手.任何一个事物都存在整体与局部的关系.在进行数学观察时,观察整体的同时,还必须观察其局部的特点.从整体中看局部,从局部中把握整体,只有这两个层面都考虑周到,才能真正抓住问题的关键,看出被观察题目的特点.

例 1.1 设等差数列 $\{a_n\}$ 的前 n 项和为 S_n, $a_1>0$, $S_{12}>0$, $S_{13}<0$, 问:该等差数列中前几项的和最大?

分析 在等差数列中求前几项的和最大,一定是首项大于零、公差小于零的数列,所以解题的关键是寻找等差数列的正负分界点,即 $a_k \geq 0$ 且 $a_{k+1} \leq 0$ 时的 k 值.因此,一般的思路是用首项 a_1 和公差 d 表示 a_k 和 a_{k+1},而在此题中要做到这一点还比较困难.仔细观察题目所给的条件,对 $S_{12}>0$ 和 $S_{13}<0$ 作整体处理.

利用等差数列的求和公式和性质可得:

$$\begin{cases} \dfrac{12(a_1+a_{12})}{2}>0, \\ \dfrac{13(a_1+a_{13})}{2}<0, \end{cases} \Rightarrow \begin{cases} a_6+a_7>0, \\ 2a_7<0. \end{cases}$$

因此 $a_6>0$, $a_7<0$. 所以该等差数列的前 6 项之和最大.

例 1.2 如图 1.1 所示,在 $\triangle ABC$ 中, $AB=AC=2$, BC 边上有 100 个不同的点 $P_1, P_2, \cdots, P_{100}$, 记 $m_i = AP_i^2 + BP_i \cdot CP_i$ ($i=1, 2, \cdots, 100$). 求 $m_1+m_2+\cdots+m_{100}$ 的值.

分析 从整体上看, $m_1+m_2+\cdots+m_{100}$ 的项数较多,可猜想各项间必有规律.为发现这一规律,不妨首先从观察特殊点入手.

抓住关键词"100 个不同点",考虑 P_i 恰取 B 或 C 时,易知有

$$AB^2=AC^2=4.$$

图 1.1

再看一特例:若 P_i 取 BC 中点 M, 有

$$AM^2+BM\cdot CM=AB^2-BM^2+BM\cdot CM=AB^2=4.$$

由此可猜想, m_i 均为 4 ($i=1,2,\cdots,100$). 还可以从上面的特例中寻找解题思路:对 BC 边上任一点 P_i (不妨取在线段 MC 上), 由图 1.1 可知

$$\begin{aligned} m_i &= AP_i^2 + BP_i \cdot CP_i = AM^2 + MP_i^2 + (BM+MP_i)(CM-MP_i) \\ &= AM^2 + MP_i^2 + BM^2 - MP_i^2 \\ &= AM^2 + BM^2 = AB^2 = 4. \end{aligned}$$

故 $m_1+m_2+\cdots+m_{100}=400$.

二、实验观察

在学习物理和化学时,人们常常通过物理演示实验或化学反应实验帮助认识物理现象

的本质和化学性质的特点.同样的道理,对于数学中的某些问题,一时看不出它具有哪些特征,或者很难寻找解决问题的办法,常常可以通过实验观察,从而获得猜测.然后对其正确性进行推断,达到解决问题的目的.

例1.3 平面上有 n 条直线,且任意两条都不平行,任意3条都不共点,则这 n 条直线互相之间能分割为多少条不同的线段或射线?

分析 要想直接解决本题好像不是很容易,可以先进行实验,尝试观察1条、2条、3条时的具体情况,探索规律,从而对 n 条直线加以分析和研究.

当 $n=1$ 时,有1条;当 $n=2$ 时,有4条;当 $n=3$ 时,有9条.由此可以猜测:n 条直线可分为 n^2 条.猜测的结论是否正确,需要证明.当 $n=1$ 时,结论显然成立.

假设 $n=k$ 时,结论成立,则当 $n=k+1$ 时,增加的一条直线被原来的 k 条直线分为 $k+1$ 部分,而原来的 k 条直线也都有一部分被分为了两部分,增加了 k 条,因此 $n=k+1$ 时,有 $k^2+k+1+k=(k+1)^2$(条),所以结论正确.

例1.4 试证:只有一个质数 p,使 $p+10,p+14$ 仍是质数.

分析 当问题较为抽象,思路、方法难寻时,不妨将问题具体化,进行实验观察,使思路清晰,便于解题.

取 $p=2$ 时,$p+10=12,p+14=16$,都不是质数.

取 $p=3$ 时,$p+10=13,p+14=17$,是质数.

取 $p=5$ 时,$p+10=15,p+14=19$,不全是质数.

取 $p=7$ 时,$p+10=17,p+14=21$,不全是质数.

取 $p=11$ 时,$p+10=21,p+14=25$,都不是质数.

由此观察出,$p=3$ 是所要求的一个质数.接下来证明这一结论.

当 $p=3k+1$ 时,$p+14=3k+15=3(k+5)$ 是合数;当 $p=3k+2$ 时,$p+10=3k+12=3(k+4)$ 是合数;故只有当 $p=3k(k\in \mathbf{N}_+)$ 时,才有可能使 $p+10,p+14$ 都为质数,而 $p=3k$ 中的质数只有3这一个.故只有一个质数 $p=3$,使 $p+10,p+14$ 仍是质数.

三、比较观察

比较是人脑中确定各种事物之间差异和关系的思维过程.俗话说:"有比较才有鉴别."数学学习中的比较是将有可比意义的概念、题目、方法等组合在一起进行求同存异地观察分析,通过类比联想找到解决问题的思路和方法,这是一种知识间的同化策略.

例1.5 判断:以过椭圆的焦点的弦为直径的圆,和椭圆相应的准线的位置关系.

分析 此题的结构和要求,让我们联想到抛物线的一个结论:以过抛物线焦点弦为直径的圆,必和抛物线的准线相切.几乎相同的条件,在不同的曲线下结论会发生何种变化?观察一下抛物线时对该题的证明,也许对我们会有所启发.

设焦点为 F,过焦点的弦为 AB,曲线的离心率为 $e(e=1)$,A、B 两点到准线的距离分别为 m、n.则 AB 中点 M 到准线的距离为 $d=\dfrac{m+n}{2}$.而由抛物线的定义可得 $|AF|=m$,$|BF|=n$.所以有

$$d=\frac{m+n}{2}=\frac{|AF|+|BF|}{2}=\frac{1}{2}|AB|.$$

因此,以过抛物线焦点的弦为直径的圆,必和抛物线的准线相切,如图 1.2 所示.

把椭圆与抛物线相比较,可以仿照抛物线探索解题思路.利用椭圆的第二定义可得

$$d = \frac{m+n}{2} = \frac{|AF|+|BF|}{2e} = \frac{1}{e} \cdot \frac{1}{2}|AB|.$$

因为椭圆的离心率满足 $0<e<1$,所以 $d>\dfrac{|AB|}{2}$,则圆和椭圆相应的准线相离,如图 1.3 所示.我们还可以联想到双曲线的情形,由于 $e>1$,所以 $d<\dfrac{|AB|}{2}$,则圆和双曲线相应的准线相交,如图 1.4 所示.

图 1.2　　　　图 1.3　　　　图 1.4

例 1.6　设 $a>0, \dfrac{1}{b}-\dfrac{1}{a}=1$,比较下列四个数的大小: $\sqrt{1+a}, \dfrac{1}{1-\dfrac{b}{2}}, 1+\dfrac{a}{2}, \dfrac{1}{\sqrt{1-b}}$.

分析　对于这四个数如果用求差的方法比较大小,要进行 $C_4^2=6$(次)比较,才能得到答案.是否可先估计一下这四个数的大小关系呢?不妨先用具体数值代入比较,然后猜想证明.

因为 $a>0$,不妨设 $a=1$,由 $\dfrac{1}{b}-\dfrac{1}{a}=1$,得 $b=\dfrac{1}{2}$.于是有

$$\sqrt{1+a}=\sqrt{2}, \quad \frac{1}{1-\dfrac{b}{2}}=\frac{4}{3}, \quad 1+\frac{a}{2}=\frac{3}{2}, \quad \frac{1}{\sqrt{1-b}}=\sqrt{2}.$$

由此可以猜想,对于满足 $a>0, \dfrac{1}{b}-\dfrac{1}{a}=1$ 的一切 a、b 值都有

$$\frac{1}{1-\dfrac{b}{2}} < \frac{1}{\sqrt{1-b}} = \sqrt{1+a} < 1+\frac{a}{2}.$$

对于这一猜想再进行证明,只需进行三次比较即可(证明从略).

四、极端观察

数学问题的表现形式多种多样.极端观察是指通过对研究对象极端情形的观察,以期判断问题的类型,探索解决问题的方法.

例 1.7　已知异面直线 a 与 b 所成的角为 $60°$,P 为空间一定点,则过点 P 且与 a,b 所

成的角都是 60°的直线有且只有( )条.
A. 1　　　　　B. 2　　　　　C. 3　　　　　D. 4

分析 依据题意,作出图 1.5 进行分析观察.过空间点 P 作直线 $a'//a,b'//b,a',b'$ 相交,确定的平面为 α,它们的夹角为 60°.为探索符合题意要求的直线,考虑从观察两种特殊情形入手.

图 1.5

一是平面 α 内 a',b' 的两个夹角,一个是 60°,另一个是 120°.显然,120°那个角的角平线所在直线符合题目要求.有没有其他直线呢?若所求直线存在,则必在 α 外,其射影必为 a',b' 所成角的角平分线.二是与平面 α 垂直的直线,这条直线与 a',b' 所成的角为 90°,为最大角.而最小角为平面 α 上 a',b' 所成的角的一半,为 30°.而 60°角介于区间(30°,90°)内,根据对称性,有两条直线合乎要求.

所以,本题符合题意的直线共有 3 条.

例 1.8 已知二次函数 $y=ax^2+bx+c(a>0)$ 图象经 $M(1-\sqrt{2},0)$、$N(1+\sqrt{2},0)$、$P(0,k)$ 三点,若 $\angle MPN$ 是钝角,求 a 的取值范围.

分析 若利用余弦定理,并由 $-1<\cos\angle MPN<0$,将得到一个较复杂的不等式.观察 $\angle MPN$ 的变化状态,显然直角是钝角的极限情形.

事实上,当 $\angle MPN$ 为直角时,则点 P 在以 MN 为直径的圆周上,于是 P 为该圆与 y 轴的交点.如图 1.6 所示,由勾股定理不难得 $k=\pm 1$.

图 1.6

由此推断,当 $\angle MPN$ 为钝角时,点 P 在圆内.由 $a>0$ 知:点 P 应在 y 轴的负半轴上.把 $P(0,k)$ 的坐标代入 $y=a(x-1+\sqrt{2})(x-1-\sqrt{2})$ 得 $a=-k$,因此,$0<a<1$.

第二节　数与式的观察

数与式是数学的主要表征形态.解决问题可利用数的表征,如整数、无理数、质数、勾股数、数的组成、数的整除性等;也可利用式的特征,如共轭因式、互为倒数因式、对偶式等.问题所给的数与式,常常给问题的求解指明探索的思路.如果能够通过观察发现数字、式子间的内在联系,往往就能找到解决问题的突破口.

例 1.9 设 $A=(2+1)(2^2+1)(2^4+1)(2^8+1)(2^{16}+1)(2^{32}+1)(2^{64}+1)$,求 A 的末位数字.

分析 此题若企图把等式右边各个因数相乘是极不现实的.观察所给式子的特征,容易想到用 $(2-1)$ 同乘等式两边进行试探:

$$(2-1)A=(2-1)(2+1)(2^2+1)\cdots(2^{64}+1)=2^{128}-1=(2^4)^{32}-1=16^{32}-1.$$

因为 16^{32} 的末位数字是 6,所以 A 的末位数字是 5.

本题还有另一个观察的视角,就是敏锐地捕捉到 A 中一个因式 2^2+1 是 5,其他所有的各项都是奇数,因此 A 的末尾数字是 5.

例 1.10 解方程 $(\sqrt{2+\sqrt{3}})^x+(\sqrt{2-\sqrt{3}})^x=4$.

分析 观察方程左边两个代数式中的底数的数字特征,不难发现 $\sqrt{2+\sqrt{3}}$ 与 $\sqrt{2-\sqrt{3}}$ 互为倒数.如令 $(\sqrt{2+\sqrt{3}})^x=y$,则问题可纳入解 "$y+\dfrac{1}{y}=a$ 型"方程的模式,不难求出 y 的值,从而解出 $x=\pm 2$.

例 1.11 解方程 $x^3-(\sqrt{2}+\sqrt{3}+1)x^2+(\sqrt{2}+\sqrt{3}+\sqrt{6})x-\sqrt{6}=0$.

分析 解决本题的关键是拥有一双慧眼发现方程系数的关系,通过试根观察可以发现:

$$1-(\sqrt{2}+\sqrt{3}+1)+(\sqrt{2}+\sqrt{3}+\sqrt{6})-\sqrt{6}=0,$$

方程有一根为 $x_1=1$.从而在方程的左边可以提取公因式 $x-1$,得

$$(x-1)[x^2-(\sqrt{2}+\sqrt{3})x+\sqrt{6}]=0.$$

由此可求得另两根为 $x_2=\sqrt{2},x_3=\sqrt{3}$.

例 1.12 已知三角形的三边分别为 108、144、180.求此三角形的最大角.

分析 本题用余弦定理计算比较麻烦.若认真观察数字间的特征,就会发现:

$$108:144:180=3:4:5.$$

由勾股定理的逆定理即可知此三角形为直角三角形,所以最大角是 $90°$.

类似地,通过对特殊常数的仔细观察获得解题方法的习题比较多.

例如,已知 $\sin\theta\cdot\cos\theta=\dfrac{60}{169},0<\theta<\dfrac{\pi}{2}$,求 $\cos\theta+\sin\theta$ 的值.可以观察数字 $\dfrac{60}{169}=\dfrac{5}{13}\times\dfrac{12}{13}$.

联想到数组 $(5,12,13)$,于是可以构造直角三角形.又 θ 为锐角,可知 $\sin\theta=\dfrac{12}{13}$ 或 $\cos\theta=\dfrac{5}{13}$,$\sin\theta=\dfrac{5}{13}$ 或 $\cos\theta=\dfrac{12}{13}$,故 $\cos\theta+\sin\theta=\dfrac{17}{13}$.

例 1.13 解方程 $\sqrt{2+\sqrt{2+\sqrt{2+x}}}=x$.

分析 本题用常规的方法,即不断对两边取平方(有时需移项后再取),可化为一个八次方程.不过这样求解不但计算量大,而且也不容易求解出来.但是,不管计算过程多么复杂,解答结果只可能有三种情形:无解;有唯一正根;有若干个正根.

而它是否有解,往往可以从是否存在正数能使方程两边相等得出.

实际上,只要略加观察,就可发现:由于 $\sqrt{2+2}=2$,可依次推得

$$2=\sqrt{2+2}=\sqrt{2+\sqrt{2+2}}=\sqrt{2+\sqrt{2+\sqrt{2+2}}}.$$

①

因此，$x=2$ 是方程的根，方程是有解的．

但上述根是方程唯一的根，还是它的若干个正根中的一个根呢？如果回到上面发现 $x=2$ 这个根的起点，就不难看出能使 $\sqrt{2+x}=x$ 的正数就只有一个 2，从而大致估量出其他的正数是不可能满足题设方程的．由此进一步猜想到：用不等于 2 的正数代 x，式①中的一串等号将可能变为一串大于（或小于）号．

为证实上面的猜想，必须做些计算．事实上，如果解不等式

$$\sqrt{2+x}<x$$

可知 $x>2$ 时，恒有 $x>\sqrt{2+x}$，于是依次推得

$$x>\sqrt{2+x}>\sqrt{2+\sqrt{2+x}}>\sqrt{2+\sqrt{2+\sqrt{2+x}}}. \qquad ②$$

因此，大于 2 的正数都不是方程的根．

而当 $0<x<2$ 时，可得到类似于式②的结果，这时只要把大于号改为小于号即可．因此，小于 2 的正数同样也都不是方程的根．

这样，就用分类淘汰法从方程可能的根（无穷多个正数）中去掉了所有不等于 2 的正数，至此，就可以肯定方程只有唯一的根：$x=2$．

例 1.14 求证：$1>\dfrac{1}{n+1}+\dfrac{1}{n+2}+\cdots+\dfrac{1}{2n}\geqslant\dfrac{1}{2}$ $(n\in\mathbf{N}_+)$．

分析 观察可发现 $n\cdot\dfrac{1}{2n}=\dfrac{1}{2}$，而 n 又恰为不等式中间项的项数，于是可进行如下试探：

$$\dfrac{1}{n}>\dfrac{1}{n+1}\geqslant\dfrac{1}{2n},$$

$$\dfrac{1}{n}>\dfrac{1}{n+2}\geqslant\dfrac{1}{2n},$$

$$\vdots$$

$$\dfrac{1}{n}>\dfrac{1}{n+n}\geqslant\dfrac{1}{2n},$$

则有

$$1=n\cdot\dfrac{1}{n}=\underbrace{\dfrac{1}{n}+\dfrac{1}{n}+\cdots+\dfrac{1}{n}}_{n\text{个}}>\dfrac{1}{n+1}+\dfrac{1}{n+2}+\cdots+\dfrac{1}{n+n}$$

$$\geqslant\underbrace{\dfrac{1}{2n}+\dfrac{1}{2n}+\cdots+\dfrac{1}{2n}}_{n\text{个}}=\dfrac{1}{2},$$

即

$$1>\dfrac{1}{n+1}+\dfrac{1}{n+2}+\cdots+\dfrac{1}{2n}\geqslant\dfrac{1}{2}\quad(n\in\mathbf{N}_+).$$

例 1.15 若 $x \geqslant 0$,求 $y = \dfrac{4x^2+8x+13}{6(x+1)}$ 的最小值.

分析 本题可以采用判别式法,但若仔细观察,可以发现分子能写成 $4(x+1)^2+9$,分母是 $6(x+1)$,不妨做一试探:

$$y = \frac{4x^2+8x+13}{6(x+1)} = \frac{4(x+1)^2+9}{6(x+1)} = \frac{2}{3}(x+1) + \frac{1}{\frac{2}{3}(x+1)},$$

因 $x \geqslant 0$,故 $\dfrac{2}{3}(x+1) > 0$,由均值不等式可知,$y \geqslant 2\sqrt{\dfrac{2}{3}(x+1) \cdot \dfrac{1}{\frac{2}{3}(x+1)}} = 2$,

从而可知:当且仅当 $\dfrac{2}{3}(x+1) = \dfrac{1}{\frac{2}{3}(x+1)}$,即 $x = \dfrac{1}{2}$ 时,$y_{\min} = 2$.

例 1.16 对任意的正整数 k,令 $f_1(k)$ 定义为 k 的各位数字的和的平方,对于 $n \geqslant 2$,令 $f_n(k) = f_1(f_{n-1}(k))$,求 $f_{2018}(11)$.

分析 最直接的方法是先求出 $f_1(11), f_2(11), f_3(11), \cdots$,进行观察,由定义可得

$$\begin{aligned}
&f_1(11) = (1+1)^2 = 4,\\
&f_2(11) = f_1(f_1(11)) = f_1(4) = 4^2 = 16,\\
&f_3(11) = f_1(f_2(11)) = f_1(16) = (1+6)^2 = 49,\\
&f_4(11) = f_1(f_3(11)) = f_1(49) = (4+9)^2 = 169,\\
&f_5(11) = f_1(f_4(11)) = f_1(169) = (1+6+9)^2 = 256,\\
&f_6(11) = f_1(f_5(11)) = f_1(256) = (2+5+6)^2 = 169,\\
&\cdots
\end{aligned}$$

因为 $f_n(11)$ 只依赖于 $f_{n-1}(11)$,所以 256 和 169 将连续交替出现,也就是说,当 $n \geqslant 4$ 时,有

$$f_n(11) = \begin{cases} 169, & n \text{ 是偶数},\\ 256, & n \text{ 是奇数}. \end{cases}$$

由于 2018 是偶数,所以 $f_{2018}(11) = 169$.

例 1.17 已知 $a_1、a_2、a_3、a_4$ 为非零实数,且满足

$$(a_1^2+a_2^2)a_4^2 - 2a_2a_4(a_1+a_3) + a_2^2 + a_3^2 = 0.$$

求证:$a_1、a_2、a_3$ 成等比数列.

分析 通过对已知等式的观察,注意到 $a_1、a_2、a_3、a_4$ 为非零实数,可以把等式看成以 a_4 为未知数的方程,且方程有实根,于是

$$\Delta = [-2a_2(a_1+a_3)]^2 - 4(a_1^2+a_2^2)(a_2^2+a_3^2) = -4(a_2^2-a_1a_3)^2 \geqslant 0.$$

由此可得到 $a_2^2 = a_1a_3$,故 $a_1、a_2、a_3$ 成等比数列.

此题还可将已知等式展开,应用配方知识解答.

例 1.18 已知数列 $\{a_n\}$ 满足 $a_1=1, a_2=2, \dfrac{a_n+a_{n-1}}{a_{n-1}}=\dfrac{a_{n+1}-a_n}{a_n}(n\geqslant 2, n\in \mathbf{N})$,求 a_{n+1}.

分析 如果不加思索地去分母,这样下去是比较麻烦的.留心观察一下已知等式,容易发现 $\dfrac{a_n}{a_{n-1}}+1=\dfrac{a_{n+1}}{a_n}-1$,即 $\dfrac{a_{n+1}}{a_n}-\dfrac{a_n}{a_{n-1}}=2$,所以数列 $\left\{\dfrac{a_{n+1}}{a_n}\right\}$ 是一个首项为 2、公差为 2 的等差数列,因此 $\dfrac{a_{n+1}}{a_n}=2+2(n-1)=2n$. 再利用累乘法即可得 $a_{n+1}=2^n n!$.

显然,在去分母和不去分母之间作出正确选择之后,问题就容易解决了.

第三节 图形的观察

学习数学离不开图形.注意图形特征的观察,可以发现其中隐含的重要的关系,有利于数形结合方法的运用,也有助于在解题过程中选择简捷、优美的解法.

例 1.19 已知 x、$y\in \mathbf{R}$,且 $x^2+y^2=4$,求 $x+y$ 的最大值和最小值.

分析 观察已知等式知,它表示一个以原点为圆心、以 2 为半径的圆,如图 1.7 所示,于是问题转化为当点 (x,y) 在圆上运动时,直线 $x+y=b$ 在 y 轴上的截距 b 的最值问题.再借助于图形进一步观察,可得结论:当且仅当直线 $x+y=b$ 运动到 l_1 位置与圆相切时,取得最大值;运动到 l_2 位置与圆相切时,取得最小值.由此不难求得 $x+y$ 的最大值为 $2\sqrt{2}$,最小值为 $-2\sqrt{2}$.

图 1.7

例 1.20 如图 1.8 所示,A 是半径为 1 的圆 O 外一点,$OA=2$,AB 是圆的切线,B 是切点,弦 BC∥OA,连结 AC,试求阴影部分面积.

图 1.8

分析 从弦 BC∥OA 出发,观察图形特征,连结 OC、OB,发现 $\triangle BOC$ 与 $\triangle ABC$ 有相同的底和高,其面积相等.于是

$$S_{阴影}=S_{弓形BmC}+S_{\triangle ABC}=S_{弓形BmC}+S_{\triangle BOC}=S_{扇形BOC}.$$

而要求 $S_{扇形BOC}$,关键是求 $\angle BOC$,再观察图形知:在 Rt$\triangle AOB$ 中,由已知条件得 $\angle OAB=30°$.

由 BC∥OA,有 $\angle CBO=\angle BOA=60°$.所以 $\triangle BOC$ 为等边三角形,$\angle BOC=60°$.最后得到 $S_{阴影}=S_{扇形BOC}=\dfrac{\pi}{6}$.

例 1.21 平面上有两点 $A(-1,0)$、$B(1,0)$,在圆周 $(x-3)^2+(y-4)^2=4$ 上取一点 P,求使 AP^2+BP^2 最小时点 P 的坐标.

分析 观察图 1.9 知:PO 为 $\triangle PAB$ 的边 AB 上的中线,易证 $AP^2+BP^2=2OP^2+2OB^2=2OP^2+2$.$OP$ 最小时,AP^2+BP^2 也最小,因此连结点 O 和圆心 O' 的线段与圆的交点即为所求的点 P.解方程组

图 1.9

$$\begin{cases} y = \dfrac{4}{3}x, \\ (x-3)^2 + (y-4)^2 = 4, \end{cases}$$

求得 $P\left(\dfrac{9}{5}, \dfrac{12}{5}\right)$.

例 1.22 已知抛物线 $y = x^2 + 2kx - k + 1 (k \in \mathbf{R})$ 在 x 轴上的两个交点分别在区间 $(0,1)$ 与 $(1,2)$ 内,求 k 的取值.

分析 可设想有一条满足条件的抛物线如图 1.10 所示.观察图形,不难发现由于抛物线开口向上,故 k 应满足

$$\begin{cases} f(0) = 0^2 + 2k \cdot 0 - k + 1 > 0, \\ f(1) = 1^2 + 2k \cdot 1 - k + 1 < 0, \\ f(2) = 2^2 + 2k \cdot 2 - k + 1 > 0, \end{cases} \text{解得} \begin{cases} k < 1, \\ k < -2, \\ k > -\dfrac{5}{3}, \end{cases} \text{所以 } k \text{ 不存在}.$$

图 1.10

例 1.23 已知变量 x、y 满足条件 $\begin{cases} x \geqslant 1, \\ x - y \leqslant 0, \\ x + 2y - 9 \leqslant 0, \end{cases}$ 求 $x + y$ 的最大值.

分析 本题实质上是线性规划问题,利用数形结合,首先画出可行域,再求线性目标函数的最值.如图 1.11 所示,可行域为图中阴影部分(包括边界线),则 $z = x + y$ 在 A 点处取得最大值,由 $\begin{cases} x - y = 0 \\ x + 2y - 9 = 0 \end{cases}$ 得 $A(3,3)$,故 $x + y$ 的最大值为 $3 + 3 = 6$.

图 1.11

值得注意的是,目标函数对应的直线与边界直线斜率的大小关系用于确定最优解的正确位置,应仔细观察各直线的倾斜程度,准确判定可行域内的最优解.

例 1.24 正方体 $ABCD - A'B'C'D'$ 中,边长为 1,求二面角 $A - BD' - B'$ 的大小.

分析 求二面角有多种方法.这里介绍两种方法.

方法 1 几何法.从正方体中抽取待求二面角,如图 1.12 所示.不难发现 $\triangle ABD'$ 和 $\triangle B'BD'$ 全等,因为 $AD' = B'D' = \sqrt{2}$,$AB = B'B = 1$,$D'A \perp AB$,$D'B' \perp BB'$,所以过 A、B' 分别作 BD' 的垂线交于同一点,记为 E,则 $\angle AEB'$ 即为所求二面角.

图 1.12

因为 $B'E = AE = \dfrac{1 \times \sqrt{2}}{\sqrt{3}} = \dfrac{\sqrt{6}}{3}$,而 $AB' = \sqrt{2}$,所以 $\cos \angle AEB' =$

$\dfrac{\dfrac{6}{9} + \dfrac{6}{9} - 2}{2 \times \dfrac{\sqrt{6}}{3} \times \dfrac{\sqrt{6}}{3}} = -\dfrac{1}{2}$,故 $\angle AEB' = 120°$,即所求二面角为 $120°$.

方法 2 向量法.如图 1.13 所示,建立空间直角坐标系.平面 ABD' 的方程是 $x+z-1=0$,法向量为 $\boldsymbol{u}=(-1,0,-1)$,平面 $BD'B'$ 的方程是 $x-y=0$,法向量为 $\boldsymbol{v}=(-1,1,0)$,两个法向量所成的夹角的余弦值是

$$\cos\theta=\frac{\boldsymbol{u}\cdot\boldsymbol{v}}{|\boldsymbol{u}||\boldsymbol{v}|}=\frac{1}{2},\quad \theta=60°.$$

图 1.13

依照"同进同出法向量的夹角为所求二面角的平面角的补角,一进一出则为二面角的平面角"的原则,就能根据所求法向量直接求出二面角的值.事实上,平面 ABD' 的法向量为 $\boldsymbol{u}=(-1,0,-1)$,平面 $BD'B'$ 的法向量为 $\boldsymbol{v}=(-1,1,0)$.在平面 ABD' 上取点 $A(1,0,0)$,则法向量终点为 $M(0,0,-1)$.

因为 $x+z-1<0$,所以法向量 $\boldsymbol{u}$ 指向二面角外.同理可知,平面 $BD'B'$ 的法向量 $\boldsymbol{v}$ 也指向二面角外.所以上述法向量 $\boldsymbol{u}$、$\boldsymbol{v}$ 所成的夹角是所求二面角的补角,故所求二面角为 $120°$.

第四节 条件与结论的观察

数学题目浩如烟海、形式各异,但基本结构大体上都包含"条件""结论"两部分.在数学问题的叙述中,一般有质量的题目都不会把与解题有关的信息直截了当地显示出来,因此找出已知条件或待求结论中的关键词句,挖掘隐含信息,使它们"显山露水",是数学解题中一项重要的工作,对能否顺利解题往往有决定性意义.

例 1.25 已知 $a>b>0$,且 $ab=1$,求 $\dfrac{a^2+b^2}{a-b}$ 的取值范围.

分析 由已知条件与所求问题的特征可知,它们之间隐含如下关系.

以 $a^2+b^2=(a-b)^2+2ab$ 为切入点,把分子转化为 $(a-b)^2$ 与 ab 的关系式,问题获解.事实上

$$\frac{a^2+b^2}{a-b}=\frac{(a-b)^2+2ab}{a-b}=\frac{(a-b)^2+2}{a-b}$$

$$=(a-b)+\frac{2}{a-b}\geqslant 2\sqrt{(a-b)\frac{2}{a-b}}=2\sqrt{2}.$$

说明不等式使用条件 $a-b>0$,故 $\dfrac{a^2+b^2}{a-b}$ 的取值范围是 $[2\sqrt{2},+\infty)$.

例 1.26 已知 a、b、c 互不相等.求证:

$$\frac{(x-b)(x-c)}{(a-b)(a-c)}+\frac{(x-a)(x-c)}{(b-a)(b-c)}+\frac{(x-a)(x-b)}{(c-b)(c-a)}=1.$$

分析 本题条件"a、b、c 互不相等"便是解题思路来源的关键性短语.将等式看成关于 x 的二次方程,仔细观察可发现 a、b、c 为该方程的根,因为 a、b、c 互不相等,说明这个关于 x 的"二次方程"有三个相异的根,这就说明原等式不是普通方程,而是恒等式.

例 1.27 求 $\sqrt{1+\sqrt{1+\cdots+\sqrt{1}}}$ (n 重根号,$n\in\mathbf{N}_+$)的范围.

分析 注意到"范围"这个关键词,由此想到把问题转化为不等式求解.

令 $\sqrt{1+\sqrt{1+\cdots+\sqrt{1}}}$ (n 个) $=x_n$,则 $x_n=\sqrt{1+x_{n-1}}$,有 $x_n^2=1+x_{n-1}$.

显然 $1\leqslant x_{n-1}<x_n$,进而可知 $x_n^2<1+x_n$.解这个不等式得

$$\frac{1-\sqrt{5}}{2}<x_n<\frac{1+\sqrt{5}}{2}.$$

所以 $1\leqslant x_n<\frac{1+\sqrt{5}}{2}$.

例 1.28 若 $2A+2B+C=0$,试求直线 $Ax+By+C=0$ 被抛物线 $y^2=2x$ 所截得的中点轨迹方程.

分析 观察已知条件,发现题中隐含着直线过定点 $P(2,2)$.又 $P(2,2)$ 也在抛物线 $y^2=2x$ 上,这样如果设所截弦中点坐标为 $M(x,y)$,则直线与抛物线的另一交点为 $Q(2x-2,2y-2)$.又 Q 在抛物线上,所以

$$(2y-2)^2=2(2x-2).$$

因此 $(y-1)^2=x-1$ 即为所求.

例 1.29 已知 $af(2x^2-1)+bf(1-2x^2)=4x^2$,$a^2-b^2\neq 0$,求 $f(x)$.

分析 本题归属于抽象函数,看上去有一定难度,但观察到已知条件中的"$2x^2-1$"与"$1-2x^2$"互为相反数,不妨运用换元法简化已知条件.只需令 $2x^2-1=y$,条件等式就可化为 $af(y)+bf(-y)=2y+2$,在此条件下求 f,关系就明朗许多.

由新条件等式中 $f(y)$ 与 $f(-y)$ 的特殊关系,可想到在等式中用 $-y$ 代替 y,仍会得到一个关于 $f(y)$、$f(-y)$ 的等式,这样,问题就化归为求解这两个等式组成的关于 $f(y)$、$f(-y)$ 的方程组

$$\begin{cases} af(y)+bf(-y)=2y+2, \\ af(-y)+bf(y)=-2y+2. \end{cases}$$

这是一个简单的解二元一次方程组问题.

例 1.30 证明 $\dfrac{\cos^2\theta}{\cot\dfrac{\theta}{2}-\tan\dfrac{\theta}{2}}=\dfrac{1}{4}\sin 2\theta$.

分析 本题看上去复杂,其实比较简单.等式左边是 $\dfrac{\theta}{2}$ 和 θ,而右边是 2θ,应当想到要用倍(或半)角公式;从函数的角度来看,等式左边有正切、余切和余弦,右边是正弦,应当想到用弦函数;从运算的角度来看,左边是商和差,右边是积,应当想到分母化积后再化简.

也许并没有现成的解法,但基于上述观察,已经有了基本的解题方向,比如,先把等式左边的字母变为弦函数,并把角 $\dfrac{\theta}{2}$ 升为 θ,对这两个要求作出反应,自然想到公式

$$\frac{1-\cos\theta}{\sin\theta}=\frac{\sin\theta}{1+\cos\theta}=\tan\frac{\theta}{2},$$

因此

$$\tan\frac{\theta}{2}=\frac{1-\cos\theta}{\sin\theta}, \quad \cot\frac{\theta}{2}=\frac{1+\cos\theta}{\sin\theta},$$

于是有

$$原式左边=\frac{\cos^2\theta}{\frac{2\cos\theta}{\sin\theta}}=\frac{1}{2}\sin\theta\cos\theta=\frac{1}{4}\sin2\theta=原式右边.$$

例 1.31 已知 a、b、$c \in \mathbf{R}_+$，求证：$a^a b^b c^c \geqslant (abc)^{\frac{a+b+c}{3}}$.

分析 从本题要证明的结论来看，不等式中各式关于 a、b、c 对称，故不妨设 $a \geqslant b \geqslant c > 0$，则 $a-b \geqslant 0, b-c \geqslant 0, a-c \geqslant 0, \frac{a}{b} \geqslant 1, \frac{b}{c} \geqslant 1, \frac{a}{c} \geqslant 1$. 再从结论左右两端的式子观察，两端都是积的形式，且都大于 0，因而可以运用商值比较. 从这两个观察点出发，得到

$$\frac{a^a b^b c^c}{(abc)^{\frac{a+b+c}{3}}}=\left(\frac{a}{b}\right)^{\frac{a-b}{3}}\left(\frac{b}{c}\right)^{\frac{b-c}{3}}\left(\frac{a}{c}\right)^{\frac{a-c}{3}} \geqslant 1.$$

例 1.32 已知 $\triangle ABC$ 的三个内角 A、B、C 满足 $A+C=2B$，$\frac{1}{\cos A}+\frac{1}{\cos C}=-\frac{\sqrt{2}}{\cos B}$，求 $\cos\frac{A-C}{2}$ 的值.

分析 观察题目所求问题，可以看到待求的三角函数值是一个复角的形式，且其中不含角 B，这就要求在解题时把条件中的单角化为复角，且把其中的角 B 消掉，故产生如下解法.

在 $\triangle ABC$ 中，由已知条件 $A+C=2B$ 得 $B=60°$，$A+C=120°$，故 $\frac{1}{\cos A}+\frac{1}{\cos C}=-2\sqrt{2}$，即 $\cos A+\cos C=-2\sqrt{2}\cos A\cos C$. 利用和差化积与积化和差公式有

$$2\cos\frac{A+C}{2}\cos\frac{A-C}{2}=-\sqrt{2}[\cos(A+C)+\cos(A-C)],$$

又 $\cos\frac{A+C}{2}=\cos60°=\frac{1}{2}$，$\cos(A+C)=-\frac{1}{2}$，则有

$$\cos\frac{A-C}{2}=\frac{\sqrt{2}}{2}-\sqrt{2}\cos(A-C),$$

再利用二倍角公式易得

$$\cos\frac{A-C}{2}=\frac{\sqrt{2}}{2}.$$

基于观察，本题紧紧抓住条件与结论中角的差异进行分析，使得解题过程自然流畅，水到渠成.

第五节 问题结构的观察

通常，一个数学问题结构既包含研究对象的大小关系，又包含研究对象的结构特征. 仔细观察问题的结构特征，便会联想到有关的公式、定理、证题方法等，也就找到了沟通已知与

未知的路径.例如"在实数范围内解方程$\sqrt{2x-1}+\sqrt{1-2x}+y-2=0$".看见方程中的两个根式$\sqrt{2x-1}$和$\sqrt{1-2x}$有着特殊的结构形式,立即可知$2x-1=0$,即$x=\dfrac{1}{2}$,从而$y=2$.

事实上,从问题结构入手,就有可能观察到不同问题之间的各种差异,设法消除差异,或者是发现问题中不同式子间的共同特征,有助于我们展开想象,合理类比,从而转化问题,找到解决问题的突破口.

例 1.33 若$a+b-c=0$,证明直线系$ax+by+c=0$恒过一定点.

分析 观察条件式和直线系方程的异同.可将直线系方程化为$-ax-by-c=0$,与条件式结构比较,易知点$(-1,-1)$在直线系上,故知直线系恒过定点$(-1,-1)$.

例 1.34 在$\triangle ABC$中,求证:$b^2+c^2-2bc\cos(A+60°)=c^2+a^2-2ca\cos(B+60°)$.

分析 由观察知式子的结构与余弦定理相似.于是启发我们改造$\triangle ABC$,在$\triangle ABC$外部分别以AB、AC为边作正$\triangle ABE$和正$\triangle ACD$,如图 1.14 所示.

易知$\triangle ABD \cong \triangle AEC$,所以$BD=CE$.

图 1.14

在$\triangle ABD$中,$BD^2=b^2+c^2-2bc\cos(A+60°)$;在$\triangle BCE$中,$CE^2=c^2+a^2-2ca\cos(B+60°)$.

因此,$b^2+c^2-2bc\cos(A+60°)=c^2+a^2-2ca\cos(B+60°)$.

例 1.35 设f是$(0,1)$区间上的实函数,如果

(1) 对$\forall x \in (0,1)$,有$f(x)>0$;

(2) 对$\forall x、y \in (0,1)$,有$\dfrac{f(x)}{f(y)}+\dfrac{f(1-x)}{f(1-y)} \leqslant 2$,

求证:f必定是常数函数.

分析 要证f是常数函数,只需证对任何$x、y \in (0,1)$恒有$f(x)=f(y)$.要由条件(2)出发证明等量关系,启发我们应该寻找一对反向的不等式:"若$A \leqslant B$,且$A \geqslant B$,则$A=B$."

观察条件(2)知$x、y$换位后仍然成立,即有$\dfrac{f(y)}{f(x)}+\dfrac{f(1-y)}{f(1-x)} \leqslant 2$.再对比观察一下这个条件和条件(2)的结构特征,我们不禁想起代数中的基本不等式:$a、b>0,\dfrac{b}{a}+\dfrac{a}{b} \geqslant 2$(当且仅当$a=b$时等号成立).由此出发,问题就容易解决了.

由$f(x)>0,f(y)>0,f(1-x)>0,f(1-y)>0$,有$\dfrac{f(x)}{f(y)}+\dfrac{f(y)}{f(x)} \geqslant 2,\dfrac{f(1-x)}{f(1-y)}+\dfrac{f(1-y)}{f(1-x)} \geqslant 2$.

于是$\dfrac{f(x)}{f(y)}+\dfrac{f(y)}{f(x)}+\dfrac{f(1-x)}{f(1-y)}+\dfrac{f(1-y)}{f(1-x)} \geqslant 4$,又由条件$\dfrac{f(x)}{f(y)}+\dfrac{f(1-x)}{f(1-y)} \leqslant 2$知$\dfrac{f(y)}{f(x)}+\dfrac{f(1-y)}{f(1-x)} \leqslant 2$,从而有$\dfrac{f(x)}{f(y)}+\dfrac{f(y)}{f(x)}+\dfrac{f(1-x)}{f(1-y)}+\dfrac{f(1-y)}{f(1-x)} \leqslant 4$.

由等式成立条件有$f(x)=f(y),f(1-x)=f(1-y)$,所以$f(x)$必定是常数函数.

例 1.36 求函数$f(x)=\sqrt{x^2+9}+\sqrt{(x-5)^2+4}$的最小值.

分析 从不同角度观察可得到不同的解法.

方法 1 观察 $f(x)$ 表达式的结构特征,发现它可以看作两个两点之间距离的和.事实上,将其变形为

$$f(x)=\sqrt{(x-0)^2+(0-3)^2}+\sqrt{(x-5)^2+(0+2)^2}.$$

作图 1.15 并观察图形特征,可看出 $f(x)$ 表示的是 x 轴上的一个动点 $P(x,0)$ 到两定点 $A(0,3)$、$B(5,-2)$ 的距离之和.显然此距离之和在线段 AB 所在的直线 $y=-x+3$ 与 x 轴交点 $Q(3,0)$ 处取到最小值,故当 $x=3$ 时,$f(x)$ 取最小值为 $5\sqrt{2}$.

图 1.15

方法 2 由 $f(x)$ 表达式的结构特征,还可以联想到两个复数的模的和,因而可以利用复数法求解.不妨设 $z_1=x+3\mathrm{i}$,$z_2=(5-x)+2\mathrm{i}$,则

$$f(x)=|z_1|+|z_2|\geqslant|z_1+z_2|=|x+3\mathrm{i}+(5-x)+2\mathrm{i}|=|5+5\mathrm{i}|=5\sqrt{2}.$$

例 1.37 设复数 z_1 和 z_2 满足关系式 $z_1\bar{z_2}+\bar{A}z_1+A\bar{z_2}=0$,其中 A 为不等于 0 的复数.证明:$|z_1+A||z_2+A|=|A|^2$.

分析 待证式左边 $=|z_1z_2+Az_1+Az_2+A^2|$,观察它的前三项与条件式,发现它们的差异仅在于 z_2 和 A 有无共轭记号上.利用复数模的性质 $|\bar{z}|=|z|$,设法消除这种差异,于是 左边 $=|(z_1+A)(\overline{z_2+A})|=|(z_1+A)(\bar{z_2}+\bar{A})|=|z_1\bar{z_2}+\bar{A}z_1+A\bar{z_2}+A\bar{A}|=|A\bar{A}|=|A|^2=$ 右边.

例 1.38 已知点 P 的坐标 (x,y) 满足

$$(x-a)\cos\theta_1+y\sin\theta_1=a \qquad ①$$
$$(x-a)\cos\theta_2+y\sin\theta_2=a \qquad ②$$

且 $\tan\dfrac{\theta_1}{2}-\tan\dfrac{\theta_2}{2}=2c(a\neq 0, c>1, c$ 为常数$)$.求点 P 的轨迹方程.

分析 观察可发现①②两式结构相同,由此知 θ_1、θ_2 是关于 θ 的方程 $(x-a)\cos\theta+y\sin\theta=a$ 的两个根.再观察此方程与另一已知条件 $\tan\dfrac{\theta_1}{2}-\tan\dfrac{\theta_2}{2}=2c$ 的差异,由此可知应把方程变换成含正切函数的方程.由万能公式知 $\cos\theta=\dfrac{1-\tan^2\dfrac{\theta}{2}}{1+\tan^2\dfrac{\theta}{2}}$,$\sin\theta=\dfrac{2\tan\dfrac{\theta}{2}}{1+\tan^2\dfrac{\theta}{2}}$,所以有 $x\tan^2\dfrac{\theta}{2}-2y\tan\dfrac{\theta}{2}-x+2a=0$.由题设知 $\tan\dfrac{\theta_1}{2}$、$\tan\dfrac{\theta_2}{2}$ 是关于 $\tan\dfrac{\theta}{2}$ 的一元二次方程的两个根,用韦达定理即可求解.

事实上 $\begin{cases}\tan\dfrac{\theta_1}{2}+\tan\dfrac{\theta_2}{2}=\dfrac{2y}{x},\\ \tan\dfrac{\theta_1}{2}\cdot\tan\dfrac{\theta_2}{2}=\dfrac{2a-x}{x},\\ \tan\dfrac{\theta_1}{2}-\tan\dfrac{\theta_2}{2}=2c,\end{cases}$ 消去 $\tan\dfrac{\theta_1}{2}$、$\tan\dfrac{\theta_2}{2}$ 可得 $(c^2-1)x^2+2ax-y^2=0$.

习 题 一

1. 解方程：$2x^2-(1+\sqrt{3})x+\sqrt{3}-1=0$.

2. 将 $(2a-b-c)^3+(2b-c-a)^3+(2c-a-b)^3$ 分解因式.

3. 若 $2^x=14,7^y=14$，求 $(x-1)(y-1)$ 的值.

4. 已知 $x+\dfrac{1}{x-1}=3$，求 $x^{2018}+\dfrac{1}{(x-1)^{2018}}$ 的值.

5. 已知 $(x-3)^2+(y+4)^2=25$，求 x^2+y^2 的最大值.

6. 设 $k\in\left(0,\dfrac{1}{2}\right)$，求方程 $\sqrt{|1-x|}=kx$ 的实数根的个数.

7. 已知方程 $\lg x+\lg(x-4)=\lg a$ 仅有一解，求 a 的取值范围.

8. 证明：方程 $(x-a)(x-a-b)=1$ 有两个相异实根，且一根大于 a，另一根小于 a.

9. 以正方体的 8 个顶点中的 4 个为顶点，可做成多少个三棱锥？

10. 化简：$a^2\left(\dfrac{b+\sqrt{b^2-4ac}}{2a}\right)^4+(2ac-b^2)\left(\dfrac{b+\sqrt{b^2-4ac}}{2a}\right)+c^2$（其中 $b^2-4ac\geqslant 0$）.

11. 设 a,b,x,y 均为正数，且 $x^2+y^2=1$. 试证：$\sqrt{a^2x^2+b^2y^2}+\sqrt{a^2y^2+b^2x^2}\geqslant a+b$.

12. 正方形的边长为 a，以各边为直径在正方形内画半圆. 求所围成的图形（如图 1.16 中阴影部分）的面积.

图 1.16

13. 已知 $\sin\alpha=m\cdot\sin\beta,\tan\alpha=n\cdot\tan\beta,\alpha、\beta$ 为锐角，$\alpha\neq\beta$. 求证：$\cos\alpha=\sqrt{\dfrac{m^2-1}{n^2-1}}$.

14. 已知 $a、b、c>0$，求证：$a^{2a}b^{2b}c^{2c}\geqslant a^{b+c}b^{c+a}c^{a+b}$.

15. 已知 $y=u\sqrt{ax-b}+v\sqrt{b-ax}+ab$，式中的字母均表示大于零的实数，求 $\dfrac{1}{b}\sqrt{xy}$ 的值.

16. 已知 $a>0,f(x)=a(x^2+1),g(x)=(1-2a)x$，则当 $f(x)\geqslant g(x)$ 时，求 a 的取值范围.

17. 如图 1.17 所示，在三棱锥 $P-ABC$ 中，$PA=a,AB=AC=2a$，$\angle PAB=\angle PAC=\angle BAC=60°$. 求三棱锥 $P-ABC$ 的体积.

18. 试判断底面直径为 1.2m、高为 0.01m 的圆柱体能否被整体放入棱长为 1m 的正方体容器（容器壁厚度忽略不计）内？

图 1.17

19. 已知 $a、b、c\in\mathbf{R}_+$ 且 $abc(a+b+c)=4$，求 $(a+b)(b+c)$ 的最小值.

20. 已知 $a_i>0(i=1,2,\cdots,n)$，且 $\sum\limits_{i=1}^{n}a_i=1$，求证：

$$A=\dfrac{a_1^4}{a_1^3+a_1^2a_2+a_1a_2^2+a_2^3}+\dfrac{a_2^4}{a_2^3+a_2^2a_3+a_2a_3^2+a_3^3}+\cdots$$
$$+\dfrac{a_n^4}{a_n^3+a_n^2a_1+a_na_1^2+a_1^3}\geqslant\dfrac{1}{4}.$$

数学解题的过程,就是不断化归的过程.

——[苏]柯瓦列夫斯卡娅(1895—1966)

数学家往往不是对问题实施正面的攻击,而是不断地将它变形,直至把它变成能够得到解决的问题.

——[匈]罗莎·彼得(1905—1977)

第二章　化归:解题的心向

许多问题及其解决很难一次性看清楚、说明白,有些问题看似简单,但解释起来比较犯难.比如,"平面上圆外一点到圆上各点距离的最值如何确定? 为什么最值点就是圆心和该点连线与圆的交点? 这个问题的证明就需要化归为初中几何一条非常简单的定理——"三角形两边之和大于第三边".

事实上,如图 2.1 所示,在 $\triangle OPA$ 中,$|OP|+|PA| \geqslant |OA|$,故 $|AP|>|AB|$.

这就证明了 OA 连线与圆的交点 B 是圆外点 A 与圆上各点连线最小值的点.类似地,还可以找到 OA 连线与圆的交点 B 是圆外点 A 与圆上各点连线最大值的点.

正如苏联数学家雅诺夫思卡娅所说,"解题,意味着把所要解的问题转化为已经解决或容易解决的问题."虽然不是所有数学问题都可以通过化归法解决,但化归法确实是我们在处理和解决数学问题时的一把利器.

图 2.1

第一节　化归法解题模式

让我们首先来看看一元三次方程求根公式的发现.

由于一元二次方程 $ax^2+bx+c=0(a \neq 0)$ 的求解公式早已得出,因此,容易想到,如果能把三次方程转化为二次方程求解,一元三次方程的问题也就解决了.16 世纪意大利数学家塔塔里亚正是根据这一思想求得一元三次方程的解的.

例 2.1　解方程 $ay^3+by^2+cy+d=0(a \neq 0)$.

分析　对于一元三次方程

$$ay^3+by^2+cy+d=0 \ (a \neq 0)$$

①

为求得方程①的根,引进参数 k,使 $y=x+k$,则有
$$a(x+k)^3+b(x+k)^2+c(x+k)+d=0,$$
即
$$ax^3+(3ak+b)x^2+(3ak^2+2bk+c)x+(ak^3+bk^2+ck+d)=0.$$

令 $3ak+b=0$,即 $k=-\dfrac{b}{3a}$,方程①化归为特殊形式

$$x^3+px+q=0. \qquad ②$$

再引进参数 u 和 v,令 $x=u+v$,方程②就可变形为 $(u+v)^3+p(u+v)+q=0$.即 $u^3+3u^2v+3uv^2+v^3+pu+pv+q=0$,也即

$$u^3+(3uv+p)u+(3uv+p)v+v^3+q=0.$$

因此,如果取 $3uv=-p$,对这样选取的 u 和 v 就有

$$\begin{cases}u^3+v^3+q=0, & ③\\ 3uv+p=0. & ④\end{cases}$$

由式④可变形为 $uv=-\dfrac{p}{3}$,即 $u^3v^3=-\dfrac{p^3}{27}$.因此,由二次方程的有关知识就可知道,u^3、v^3 就是二次方程 $z^2+qz-\dfrac{p^3}{27}=0$ 的根.于是,由二次方程的求根公式即可求得 $u^3=-\dfrac{q}{2}+\sqrt{\dfrac{q^2}{4}+\dfrac{p^3}{27}}$,$v^3=-\dfrac{q}{2}-\sqrt{\dfrac{q^2}{4}+\dfrac{p^3}{27}}$.因此,方程②的解为

$$x=\sqrt[3]{-\dfrac{q}{2}+\sqrt{\dfrac{q^2}{4}+\dfrac{p^3}{27}}}+\sqrt[3]{-\dfrac{q}{2}-\sqrt{\dfrac{q^2}{4}+\dfrac{p^3}{27}}}.$$

求出 x,则 y 自然就可以求出来了.以上解题过程如图 2.2 所示.

图 2.2

与一般的科学家(如物理学家)相比,数学家的思维比较特别.如果把"化归"理解为"由未知到已知、由难到易、由复杂到简单的转化",那么可以说,数学家思维的重要特点之一,就是他们特别善于使用化归的方法解决问题.在上述一元三次方程的求解过程中,我们通过设定参数进行换元,把原方程逐步转化为可以求解的一元二次方程,从而实现对一元三次方程的求解.这种把一个难以解决的问题通过某种方法或途径转化为熟悉的、简单的、能够解决

的问题的过程,就是化归.

化归的基本特征是在解决一个问题时,人们不是直接寻找问题的答案,而是寻找一些熟悉的结果,设法将面临的问题化为某一规范的问题,以便运用已知的理论、方法和技术使问题得到解决.

化归法在中学数学中有着广泛的应用.例如,有理数的四则运算包含两部分,即绝对值的计算与符号的确定.而在确定了符号之后,就只需对有理数的绝对值进行运算,这样就把有理数的运算问题化归为小学里的算术数的运算问题.又如,解无理方程通常是通过两边平方或换元的方法去除根号,使之化归为有理方程,再解这个有理方程,从而获得原方程的解.

上述问题的解决有一个共同的特点,就是通过转化,将待解决的问题化归为一个已解决或容易解决的问题.这种求解问题的模式如图 2.3 所示.

图 2.3

化归法主要包括三个要素:化归对象、化归目标和化归途径.化归对象,即把什么东西进行化归;化归目标,即化归到何处去;化归途径,即如何进行化归.

例 2.2 求证:$f(n)=n^3+6n^2+11n+12(n\in \mathbf{N}_+)$能被 6 整除.

分析 把原式进行适当的变形:
$$f(n)=n^3+6n^2+11n+12=(n+1)(n+2)(n+3)+6.$$

上式表明,$f(n)$是三个连续自然数之积与 6 之和,因而可以原问题的证明化归为证明

问题 1:三个连续自然数之积总能被 6 整除.

如果我们已经掌握对问题 1 的证明方法,那么原问题便可由此而获证;倘若问题 1 证法仍属未知,那么因为 $6=2\times 3$,而 2 与 3 又互质,于是问题 1 又可化归为证明

问题 2:三个连续自然数之积,既能被 2 整除,又能被 3 整除.

问题 2 的证明方法为大家所熟知,因此原问题得证.

例 2.3 在边长为 2 的正方形内,任意放置 5 个点,求证其中必存在两个点,它们之间的距离不大于$\sqrt{2}$.

分析 注意$\sqrt{2}$这个数值,它使我们联想到单位正方形对角线的长.众所周知,在单位正方形内,任意两点间的距离都不大于对角线的长,即小于或等于$\sqrt{2}$.因此原问题便转化为在所设条件下证明"至少有两个点落在同一个单位正方形之中".

如图 2.4 所示,把边长为 2 的正方形划分为 4 个单位正方形,那么问题便可进一步转化为"证明在 4 个单位正方形内任意放置 5 个点,至少有两个点在同一正方形内".由于这个问题与"在 4 个抽屉内放 5 个苹果,至少有一个抽屉内要放进两个苹果"一样.因此根据抽屉原理,原问题即可获证.

图 2.4

例 2.4 已知 A、B、C 是 $\triangle ABC$ 的三内角,求 $y = \sin A \sin B \sin C$ 的最大值.

分析 注意到函数式中的 $\sin A$、$\sin B$、$\sin C$,它容易使我们联想到正弦定理:

$$\frac{a}{\sin A} = \frac{b}{\sin B} = \frac{c}{\sin C} = 2R \quad (R \text{ 是三角形外接圆半径}).$$

考虑到 y 值的大小与三角形外接圆半径的大小无关,因此不妨假定 $R=1$,于是根据正弦定理便可将原函数式变形为

$$y = \sin A \sin B \sin C = \sin A \cdot \frac{b}{2} \cdot \frac{c}{2} = \frac{1}{2} \cdot \frac{1}{2} bc \sin A.$$

其中 $\frac{1}{2} bc \sin A$ 是我们所熟悉的三角形面积公式,于是原问题就转化为"求单位圆内接三角形面积的最大值".

这是一个为我们所熟悉并能求解的问题.事实上,由于圆内接三角形中以正三角形面积最大,因此,当 $A = \frac{\pi}{3}$,$b = c = \sqrt{3}$ 时,$\frac{1}{2} bc \sin A$ 取得最大值 $\frac{3\sqrt{3}}{4}$.故所求 y 的最大值为 $\frac{3\sqrt{3}}{8}$.

上述解法只是一种化归路径.在本章第四节例 2.28 还将从分解与组合的视角探寻另一种化归方法,也会就"圆内接三角形面积的最大值"给出具体的解答.

例 2.5 已知 $0 < a < 1, x^2 + y = 0$,求证:$\log_a(a^x + a^y) \leqslant \log_a 2 + \frac{1}{8}$.

分析 根据题意,因为 $0 < a < 1$,由对数函数的单调性,原不等式变形为

$$a^x + a^y \geqslant 2a^{\frac{1}{8}}. \qquad ①$$

这样原来的问题就转化为在 $0 < a < 1, x^2 + y = 0$ 的条件下,证明不等式①.

注意到 $x^2 + y = 0$,不等式①又化归为

$$a^x + a^{-x^2} \geqslant 2a^{\frac{1}{8}}. \qquad ②$$

再注意到不等式右边有一个系数 2,为得到这个系数,会联想到均值不等式.由 $0 < a < 1$,$a^x > 0, a^{-x^2} > 0$ 得

$$a^x + a^{-x^2} \geqslant 2a^{\frac{x-x^2}{2}}. \qquad ③$$

比较不等式②和③,若能够证明

$$a^{\frac{x-x^2}{2}} \geqslant a^{\frac{1}{8}}, \qquad ④$$

则不等式②就成立.因为 $0 < a < 1$,不等式④又可转化为 $\frac{x - x^2}{2} \leqslant \frac{1}{8}$,即证

$$-x^2 + x - \frac{1}{4} \leqslant 0. \qquad ⑤$$

这样,最终将所求证的不等式转化为求证不等式⑤,这是一个简单、熟悉的问题.事实

上,$-x^2+x-\frac{1}{4}=-\left(x-\frac{1}{2}\right)^2\leqslant 0$(当且仅当 $x=\frac{1}{2}$ 时不等式取等号),从而可推出不等式④②和①成立,因此原不等式成立.

第二节 特 殊 化

在解决数学问题时,对于一些较为复杂的问题,如果一时找不到解题的思路而难以入手时,不妨先考虑某些简单的、特殊的情形,通过它们摸索出一些经验,或对答案作出一些估计,然后再设法解决问题本身.这一方法称为问题的特殊化方法.特殊化方法是探求解题思路时常用的方法,许多数学问题常常可以从研究它的特殊情况出发,通过观察、类比、归纳、推广等方法,获得关于所研究对象的性质或关系的认识,找到解决问题的方向、途径或方法.

例 2.6 设 a、b、$c\in\mathbf{R}_+$,求证 $a^n+b^n+c^n\geqslant a^pb^qc^r+a^qb^rc^p+a^rb^pc^q$,其中 $n\in\mathbf{N}$,p、q、r 都是非负整数,且 $p+q+r=n$.

分析 欲证的不等式涉及量较多,似乎无从下手,为此考察特殊情形,即 $p=2$,$q=1$,$r=0$,即欲证明

$$a^3+b^3+c^3\geqslant a^2b+b^2c+c^2a. \qquad ①$$

从本题要证明的结论来看,不等式中各式关于 a、b、c 对称,故不妨设 $a\geqslant b\geqslant c>0$.事实上,由作差法,

$$\begin{aligned}a^3+b^3+c^3-(a^2b+b^2c+c^2a)&=a^2(a-b)+b^2(b-c)+c^2(c-a)\\&=a^2(a-b)+b^2(b-c)+c^2(c-b+b-a)\\&=(a^2-c^2)(a-b)+(b^2-c^2)(b-c)\geqslant 0,\end{aligned}$$

故式①成立.

进一步分析发现,式①本身无助于原不等式的证明,其证明方法也不能推广到原不等式.故需要重新考虑式①的具有启发原不等式证明的其他证法.考虑常用不等式证明方法发现,式①可利用"均值不等式"获证,即

$$a^2b=a\cdot a\cdot b=\sqrt[3]{a^3a^3b^3}\leqslant\frac{a^3+a^3+b^3}{3}=\frac{2a^3+b^3}{3}.$$

同理

$$b^2c\leqslant\frac{2b^3+c^3}{3},\quad c^2a\leqslant\frac{2c^3+a^3}{3}.$$

相加即得式①.运用此法再考虑原问题就简单多了:

$$a^pb^qc^r=\sqrt[n]{\underbrace{a^n\cdots a^n}_{p\text{个}}\cdot\underbrace{b^n\cdots b^n}_{q\text{个}}\cdot\underbrace{c^n\cdots c^n}_{r\text{个}}}\leqslant\frac{pa^n+qb^n+rc^n}{n}.$$

同理

$$a^q b^r c^p \leqslant \frac{qa^n + rb^n + pc^n}{n}, \quad a^r b^p c^q \leqslant \frac{ra^n + pb^n + qc^n}{n}.$$

上面三式相加即得原不等式

$$a^n + b^n + c^n \geqslant a^p b^q c^r + a^q b^r c^p + a^r b^p c^q.$$

当一个一般性的问题求解无路时,由于"一般即寓于特殊之中",可以寻觅它的特殊情形,从中求解.如获得反面结果,则原问题也就被证伪或否定(对极端的或边界情形另当别论);如得到正面结果,则应仔细回顾和深入认识解题过程中的策略、思想、方法,尽量概括出一般性的东西,再设法回到原问题中求解,成功则原问题获解,不成功可再寻觅另一种特殊情形,如图 2.5 所示.

图 2.5

从形式上来看,将一般性问题特殊化是不困难的,但将某个一般性问题经过不同的特殊化处理会得到多个不同的特殊命题.那么,哪个特殊化命题最有利于一般性问题的解决呢?显然,较为理想的特殊化问题是其自身容易解决,且从其解决过程中又容易发现或得到一般性问题的解法.一方面,题目的特殊情形往往比它的一般情形易于解出;另一方面,由于特殊情形的解与一般情形的解往往有共性,特殊情形的求解往往能给出怎样解一般情形的启示.因此,先求出特殊情形的解,再根据它的启示去解一般情形往往是很可取的.

对数学中的某些特殊图形、特殊关系和某些特殊概念及其性质掌握得越多、越熟练,就越易发现问题中的特殊因素[①].一般来说,将问题特殊化的常用途径主要包括以下几条.

一、从特殊关系切入

在问题结构中常常存在一些特殊的关系,抓住这些特殊关系往往就能直接切中问题的要害,找到解决问题的突破口.但这类特殊关系有时却难以察觉.

例 2.7 已知函数 $y = f(x)$ 满足 $f(x) + f(-x) = 2018$,求 $f^{-1}(x) + f^{-1}(2018 - x)$ 的值.

分析 由题目要求的式子的形式,很容易联想到 $f(x) + f(2a - x)$,进一步地,从这个形式又容易联想到一个特殊的关系——点对称.再看看已知条件,可以联想到 $f(a + x) +$

---

① 宁耀莹,段志贵.特殊化解题:路在何方[J].数学之友,2019(4):61-62,65.

$f(a-x)=2b$,由此就找到解题的方向,从点对称这一特殊关系入手.

事实上,由已知式 $f(x)+f(-x)=2018$(即在对称关系式 $f(a+x)+f(a-x)=2b$ 中取 $a=0,b=1009$),得函数 $y=f(x)$ 的图象关于点 $(0,1009)$ 对称.

再根据原函数与其反函数的特殊关系,知函数 $y=f^{-1}(x)$ 的图象关于点 $(1009,0)$ 对称,所以 $f^{-1}(x+1009)+f^{-1}(1009-x)=0$,将上式中的 x 用 $x-1009$ 替换,得 $f^{-1}(x)+f^{-1}(2018-x)=0$.

例 2.8 求证:任何整数都可表示为 5 个整数的立方和的形式.

分析 本题有一定难度,题中的"任何整数"是不易入手的.为此,先考虑特殊情形:当 $n=0,1,2,3,4,5$ 时,结论是显然的;当 $n\geqslant 6$ 时,随着 n 值的增大,困难就越大,而且很难找出解决问题的一般方法,此时不妨先考虑某一类特殊整数,同时将和数的个数也减少一个,则可以得到下面一个特殊的数量关系:

$$(n+1)^3+(-n)^3+(-n)^3+(n-1)^3=6n.$$

这就是说,能被 6 整除的任何整数均可表示为 4 个整数的立方和.由此在所作等式上进一步考虑.

$$6n=6n+0^3,$$
$$6n+1=6n+1^3,$$
$$6n+2=6(n-1)+2^3,$$
$$6n+3=6(n-4)+3^3,$$
$$6n+4=6(n+2)+(-2)^3,$$
$$6n+5=6(n+1)+(-1)^3.$$

这样,结论就得到了证明.

二、从特殊对象切入

对数学问题中的特殊对象的探索,有可能帮助我们形成问题解决的宏观思路.

例 2.9 是否存在一个二次函数 $y=f(x)$,使得对一切 $x\in[-1,1]$ 有 $|f(x)|\leqslant 1$,且 $|f(2)|>8$.若存在,请求出一个二次函数;若不存在,请说明理由.

分析 二次函数通常是给出一个等量关系,而本题则是不等式问题.寻找突破口需要思维的引导,从特殊点(端点及中点)$-1,0,1$ 出发进行的探索是揭示本质的关键.事实上,假设存在二次函数 $f(x)=ax^2+bx+c$ 满足题意,则

$$|f(1)|=|a+b+c|\leqslant 1,$$
$$|f(-1)|=|a-b+c|\leqslant 1,$$
$$|f(0)|=|c|\leqslant 1.$$

又 $f(2)=4a+2b+c=3(a+b+c)+(a-b+c)-3c$,因此 $|f(2)|\leqslant 3|f(1)|+|f(-1)|+3|f(0)|\leqslant 3+1+3=7$,但题中要求 $|f(2)|>8$,故不存在满足题意的二次函数.

例 2.10 将 10 个相同的小球装入 3 个编号分别为 1、2、3 的盒子(每次要把 10 个球装完),要求每个盒子里球的个数不少于盒子的编号数,这样的装法种数有多少种?

分析 本例中很难找到问题的切入点,并非缺少知识,而在于思维惯性,固执地认为本题一定要用排列组合原理才可行.为此,需要转换思维模式,从特殊情形入手.不难发现,3号盒子较复杂,能否先解决它(特殊)是求解本题的关键.

事实上,3号盒子装7个时,有1种装法(2号盒子装2个、1号盒子装1个);3号盒子装6个时,有2种装法(2号盒子装2个、1号盒子装2个;2号盒子装3个、1号盒子装1个);依次分析可得共有装法 $1+2+3+4+5=15$(种).

当然,本题不只有这一种解法,还有其他路径可以通达.比如在2号盒、3号盒分别先放入1个球和2个球,于是问题化归为"把余下来的7个相同的小球放置在3个盒中,每个盒中至少放置1个,问共有多少种放法".应用插板法易知共有种数 C_6^2,即15种.

三、从特殊取值切入

许多时候,代数式(或等式)中的字母取特殊值,可以让解题思路更清晰.

例 2.11 已知三角形的三边长分别是 m^2+m+1、$2m+1$、m^2-1,则该三角形是什么三角形?

分析 该题的关键是找出三角形的最大角,根据最大角判断三角形的形状.而三角形的最大角对应着最大边,所以,问题化归为求出三角形的最大边长.为此,赋值于 m,也就是将 m 特殊化,用以判断三边的长度关系.令 $m=2$,则有 $m^2+m+1>2m+1>m^2-1$,下面证三边长度的一般性结论.

由于 m^2+m+1、$2m+1$、m^2-1 是三角形的边长,所以有

$$\begin{cases} m^2+m+1>0, \\ 2m+1>0, \\ m^2-1>0. \end{cases}$$

解得 $m>1$.故有 $(m^2+m+1)-(2m+1)=m^2-m=m(m-1)>0$,$(m^2+m+1)-(m^2-1)=m+2>0$.

所以,m^2+m+1 是三角形的最大边,设它所对应的角度是 α,则由余弦定理得

$$\cos\alpha=\frac{(2m+1)^2+(m^2-1)^2-(m^2+m+1)^2}{2(2m+1)(m^2-1)}=-\frac{1}{2}.$$

所以,此三角形是钝角三角形.

例 2.12 x、$y\in\mathbf{R}$ 且满足 $(x+\sqrt{x^2+1})(y+\sqrt{y^2+1})=1$,求 $x+y$ 的值.

分析 本题属于二元不定方程,其难点在于找到变形的切入点.可从特殊取值入手,令 $x=0$(特殊化),有 $y+\sqrt{y^2+1}=1$,解得 $y=0$,据此找到目标:$x+y=0$,解题就有了明确的方向,接下来的证明就容易多了.事实上,

$$x+\sqrt{x^2+1}=\frac{1}{y+\sqrt{y^2+1}}=\sqrt{y^2+1}-y,$$

得

$$x+y=\sqrt{y^2+1}-\sqrt{x^2+1}. \qquad ①$$

同理，
$$y+\sqrt{y^2+1}=\frac{1}{x+\sqrt{x^2+1}},$$

得
$$x+y=\sqrt{x^2+1}-\sqrt{y^2+1}. \qquad ②$$

①+②得 $2(x+y)=0$，所以 $x+y=0$.

四、从特殊位置切入

各类几何问题中常有研究对象之间隐藏的或动态的关系与形式需要确定，如果我们能选取处于特殊位置的点或线，就能很好地把握目标对象的整体变化趋势.[1]

例 2.13[2] 已知一大一小两个正方形 $ABCD$、$BEFG$，如图 2.6 所示，求 $\dfrac{AE}{DF}$.

分析 本题求两条线段的比值，可以先利用特殊图形的特殊位置进行探究，分别如图 2.7 和图 2.8 所示，小正方形 $BEFG$ 的边长分别是大正方形 $ABCD$ 的边长、对角线的一半，这时都有 $\dfrac{AE}{DF}=\dfrac{1}{\sqrt{2}}=\dfrac{\sqrt{2}}{2}$. 注意到任何一个正方形的边长与对角线之比为 $\dfrac{1}{\sqrt{2}}$，再回到图 2.6，可以想办法证明 $\dfrac{AE}{DF}=\dfrac{AB}{BD}=\dfrac{BE}{BF}$，于是作辅助线 BD、BF，易证 $\triangle ABE \sim \triangle DBF$，至此本题得到解决.

图 2.6

图 2.7   图 2.8

例 2.14 如图 2.9 所示，在 $\triangle ABC$ 中，P、Q、R 将其周长三等分，且 P、Q 在 AB 边上. 求证：$\dfrac{S_{\triangle PQR}}{S_{\triangle ABC}} > \dfrac{2}{9}$.

分析 在题设条件下，当 Q 点往 B 点方向移动时，R 点往 A 点方向移动，$\triangle PQR$ 的面积减小（移动时底边没变，高变小）. 当 Q 点移动到与 B 点重合的位置时，$\triangle PQR$ 变成

---

[1] 曹雨花, 段志贵. 先想后做有效破解——例谈立体几何动态问题[J]. 高中数学教与学, 2024(13): 19-21.
[2] 胡梦迪, 段志贵. 特殊化: 线段之比问题求解的有效路径[J]. 中学生数学, 2023(4): 14-16.

△BST，这时它的面积最小，用静止的△BST 代替移动的△PQR，于是只需证明 $\dfrac{S_{\triangle BST}}{S_{\triangle ABC}} > \dfrac{2}{9}$.

记 $BC=a, CA=b, AB=c$，依题意得

$$BS = \dfrac{a+b+c}{3}, \quad AT = \dfrac{2(a+b+c)}{3} - c = \dfrac{2a+2b-c}{3},$$

所以，

$$\dfrac{S_{\triangle BST}}{S_{\triangle ABC}} = \dfrac{\dfrac{1}{2}AB \cdot AT\sin\angle A - \dfrac{1}{2}AS \cdot AT\sin\angle A}{\dfrac{1}{2}AB \cdot AC\sin\angle A}$$

$$= \dfrac{AB \cdot AT - AS \cdot AT}{AB \cdot AC}$$

$$= \dfrac{BS \cdot AT}{AB \cdot AC} = \dfrac{a+b+c}{3c} \cdot \dfrac{2a+2b-c}{3b}.$$

由于 $a+b>c, a>0$，考虑上式右边的式子，得

$$(a+b+c)(2a+2b-c) > (c+c)(a+b) > 2bc,$$

即得所需证的不等式.

通过前面的例子可以看出，在数学解题中，常由任意的特殊化了解问题，由系统的特殊化为一般情形提供基础，由巧妙的特殊化对一般性结论进行检验.

第三节 一 般 化

希尔伯特说过："在解决一个数学问题时，如果我们没有获得成功，常常在于我们没有认识到更一般的观点，即眼下要解决的问题不过是一连串有关问题的一个环节."

对于一般情况而言，特殊情况往往比较熟悉而易于认识，因此常把特殊化作为实现化归的途径之一．然而，由于特殊情况往往涉及过多无关宏旨的枝节，从而掩盖了问题的关键，而一般情况则更能明确表达问题的本质特性．因此，若对一般形式比较熟悉时，可用一般化方法探索解题路径.

所谓一般化方法，是指为解决某一问题，先解决比其更一般的问题，然后将之特殊化，从而得到原问题的解．实际上，对于某些问题，如果仅仅停留在数值的计算上，或者只是孤立地考察这些问题本身，往往难以奏效．但如果把眼界放宽，把问题一般化，借助于一般化的结论或者方法，有时却可使特殊问题更容易解决.

如比较 1009^{2017} 与 $2017!$ 的大小.显然，问题不容易直接解决，但是研究它的一般形式，即比较 $\left(\dfrac{n+1}{2}\right)^n$ 与 $n!$ 的大小，其路径比较清晰．因为

$$\left(\dfrac{n+1}{2}\right)^n = \left(\dfrac{1+2+3+\cdots+n}{n}\right)^n > (\sqrt[n]{1 \cdot 2 \cdot 3 \cdots n})^n = (\sqrt[n]{n!})^n = n!$$

至此,问题能够很快获得解决.

波利亚在其名著《怎样解题》中是这样阐述一般化方法的:"一般化就是从考虑一个对象过渡到考虑包含该对象的一个集合,或者从考虑一个较小的集合过渡到考虑一个包含该较小集合的更大集合."一般化是与特殊化相反的一个过程.运用一般化方法的基本思想是:为解决问题 P,先解比 P 更一般的问题 Q,然后,将之特殊化,便得到 P 的解.利用一般化方法解题的基本模式如图 2.10 所示.

图 2.10

例 2.15 计算 $\sqrt{2015 \times 2016 \times 2017 \times 2018 + 1} - 2016^2$.

分析 一眼看上去,会感觉本题计算量太大而望而却步.观察数字特征,可将数字一般化后,寻找化归途径,令 $a=2016$,则原式 $=\sqrt{(a-1)a(a+1)(a+2)+1} - a^2 = (a^2+a-1) - a^2 = a-1$,故原式 $=2015$.

例 2.16 证明不等式 $\left(\dfrac{2^{2018}-2}{2017}\right)^{2017} > 2^{1+2+\cdots+2017}$.

分析 这是一个极其特殊又很难入手的计算问题.先把问题一般化为证明不等式

$$\left(\dfrac{2^{n+1}-2}{n}\right)^n > 2^{1+2+\cdots+n} \quad (n \in \mathbf{N}_+).$$

这个问题仍很困难,注意到不等式右边是 $2^1, 2^2, 2^3, \cdots, 2^n$ 数列的 n 项积,可将问题进一步一般化.

构造一个首项为 $a_1=2$、公比为 $q=2$ 的等比数列 $\{a_n\}$,则问题变为只需证明

$$\left[\dfrac{2(a_n-1)}{n}\right]^n > a_1 a_2 \cdots a_n.$$

即只要证

$$\dfrac{2(a_n-1)}{n} > \sqrt[n]{a_1 a_2 \cdots a_n}.$$

因为

$$\dfrac{a_1+a_2+\cdots+a_n}{n} > \sqrt[n]{a_1 a_2 \cdots a_n} \quad (a_i \text{ 各不相等}, i=1,2,\cdots,n),$$

所以只要证明

$$\dfrac{2(a_n-1)}{n} \geqslant \dfrac{a_1+a_2+\cdots+a_n}{n},$$

即只要证明

$$2(a_n-1) \geqslant a_1+a_2+\cdots+a_n.$$

由等比数列前 n 项和公式,$a_1=2,q=2$,所以

$$a_1+a_2+\cdots+a_n=\frac{2a_n-2}{2-1}=2(a_n-1).$$

至此,问题得证.

回到原来的问题,当 $n=2017$ 时,命题仍然成立,这就证明了原命题.

当然,上述分析过程只是帮助我们厘清了证题思路.如果开始阶段就能明确这一解题策略,也可不用一般化而直接去证明,即

$$\sqrt[2017]{2^{1+2+\cdots+2017}}<\frac{2+2^2+\cdots+2^{2017}}{2017}=\frac{2\times(2^{2017}-1)}{2017}=\frac{2^{2018}-2}{2017}.$$

两边再进行 2017 次乘方,即可证得.

例 2.17 已知实数 $a>b>e$,其中 e 是自然对数的底,证明:$a^b<b^a$.

分析 欲证 $a^b<b^a$,由 $a>b>e$,只需证 $b\ln a<a\ln b$,即 $\frac{\ln a}{a}<\frac{\ln b}{b}$.为此,只需证明一个更一般化的命题:函数 $f(x)=\frac{\ln x}{x}$ 在 $(e,+\infty)$ 内是单调递减的.

事实上,在 $(e,+\infty)$ 内,$f'(x)=\frac{1-\ln x}{x^2}<0$,即 $f(x)$ 是单调递减的.从而对于 $a>b>e$,有 $f(a)<f(b)$,结论得证.

例 2.18 正方形纸片内有 2018 个点,连同正方形的 4 个顶点,共有 2022 个点.已知这些点无三点共线,现要将该正方形纸片剪成三角形,三角形的顶点都是这 2022 个点中的点,且这 2022 个点都是某些这种三角形的顶点.问共可剪成多少个三角形?为剪成这些三角形要剪多少刀(沿三角形一条边剪算一刀)?

分析 这是一个很特殊的问题,为找到规律,下面来研究正方形内有 n 个点的情况.对 n 特殊化,如表 2.1 所示.

表 2.1

正方形内点数	可剪成三角形的个数	须剪的刀数
1	4	4
2	6	7
3	8	10
4	10	13
5	12	16
⋮	⋮	⋮
n	$2(n+1)$	$3n+1$

表 2.1 中最后一行是基于特殊情形得到的猜测:正方形内有 n 个点时,可剪成 $2(n+1)$ 个三角形,须剪 $3n+1$ 刀.下面用数学归纳法证明.

当 $n=1$ 时,易知结论成立.

假设 $n=k$ 时,结论也成立,即正方形内有 k 个点时,可剪成 $2(k+1)$ 个三角形,须剪 $3k+1$ 刀.当 $n=k+1$ 时,因在正方形内增加了一个点,由已知,这一点必落在已有的三角形的某一个当中,这样沿此点与这个三角形的 3 个顶点可剪成 3 个三角形,比原来多出 2 个三角形,多剪了 3 刀.于是

$$2(k+1)+2=2[(k+1)+1],$$
$$3k+1+3=3(k+1)+1.$$

因此,当 $n=k+1$ 时,结论也成立.所以上述得到了证实.

回到原题,当 $n=2018$ 时,通过计算,可剪成 4038 个三角形,须剪 6055 刀.

例 2.19 设 $x+y+z=0$,试证:$\dfrac{x^2+y^2+z^2}{2} \cdot \dfrac{x^5+y^5+z^5}{5} = \dfrac{x^7+y^7+z^7}{7}$.

分析 对这个恒等式最容易想到的是直接将 $z=-(x+y)$ 代入等式两边验证,但这样做非常麻烦.利用递推方法不但可以较容易地解决这一个问题,而且对于这一类问题的解决也大有帮助.

先来建立递推关系,设 $f(n)=x^n+y^n+z^n(n\in\mathbf{N})$, $xy+yz+zx=-a$, $xyz=b$,又 $x+y+z=0$,则以 x、y、z 为根的三次方程为 $\beta^3-a\beta-b=0$.

容易得到
$$(x^n-ax^{n-2}-bx^{n-3})+(y^n-ay^{n-2}-by^{n-3})+(z^n-az^{n-2}-bz^{n-3})=0,$$
即
$$(x^n+y^n+z^n)-a(x^{n-2}+y^{n-2}+z^{n-2})-b(x^{n-3}+y^{n-3}+z^{n-3})=0,$$
则
$$f(n)=af(n-2)+bf(n-3) \quad (n\geqslant 4). \qquad (*)$$

因为
$$f(1)=x+y+z=0,$$
所以
$$f(2)=x^2+y^2+z^2=-2(xy+yz+zx)=2a,$$
$$f(3)=x^3+y^3+z^3=3xyz=3b,$$
$$f(4)=af(2)+bf(1)=2a^2,$$
$$f(5)=af(3)+bf(2)=5ab,$$
$$f(7)=af(5)+bf(4)=7a^2b.$$

由上可知
$$\dfrac{f(2)}{2} \cdot \dfrac{f(5)}{5} = \dfrac{f(7)}{7},$$
即
$$\dfrac{x^2+y^2+z^2}{2} \cdot \dfrac{x^5+y^5+z^5}{5} = \dfrac{x^7+y^7+z^7}{7}.$$

在本例中,依据递推关系(*),还可以证明

$$\frac{f(2)}{2} \cdot \frac{f(3)}{3} = \frac{f(5)}{5}, \frac{f(2)}{2} \cdot \frac{f(5)}{5} = \frac{f(3)}{3} \cdot \frac{f(4)}{2}.$$

例 2.20 求证:

(1) $C_n^0 + C_n^1 + C_n^2 + \cdots + C_n^n = 2^n$.

(2) $\sum_{k=0}^{n} 2^k C_n^k = 3^n$.

(3) $\sum_{k=0}^{n} (-1)^k 3^k C_n^k = (-1)^n 2^n$.

(4) $\sum_{k=0}^{n} k \cdot C_n^k = n \cdot 2^{n-1}$.

分析 (1) 考察等式左边,发现它的每一项恰好是二项式定理展开式

$$(a+b)^n = C_n^0 a^n + C_n^1 a^{n-1} b + C_n^2 a^{n-2} b^2 + \cdots + C_n^n b^n \quad ①$$

的系数.

比较原题(1)和式①,即知式①是原题(1)左边的一般形式,而原题(1)左边只是式①右边当 $a=b=1$ 时的特殊形式,于是问题迎刃而解.事实上,只要令式①中 $a=b=1$,便有

$$2^n = (1+1)^n = C_n^0 + C_n^1 + C_n^2 + \cdots + C_n^n.$$

对二项展开式中的 a、b 赋予特殊值,就改变了它原先的形态,然后把赋值的过程抽去,仅仅把赋值后的结论摆到我们面前,就构成了一个"特殊形式"的问题.这类问题比比皆是,尽管特殊形式常以"陌生的面孔"出现,但由于特殊性中包含着普遍性,所以不管怎样改变形态,总离不开"一般"所概括出来的本质特征.只要细心观察、分析,总能找到蛛丝马迹,从而发现它的一般原型.

基于上述一般化推广方法,还可以很快推证出(2)、(3)、(4).事实上,在式①中,令 $a=2$,$b=1$,得式(2);在式①中,令 $a=1$,$b=-3$,得式(3);式①两边对 a 求导,再令 $a=b=1$,得式(4).

例 2.21 当 k 为何值时,关于 x 的方程 $7x^2 - (k+13)x + k^2 - k - 2 = 0$ 的两个根分别在区间 $(0,1)$ 与 $(1,2)$ 内.

图 2.11

分析 若设 $0 < x_1 < 1, 1 < x_2 < 2$,然后根据韦达定理求 k 值,显然是不充分的.可以把方程置于函数中考虑.从方程到函数,问题转化为例 1.22 的形式.

设 $f(x) = 7x^2 - (k+13)x + k^2 - k - 2$,如图 2.11 所示,该函数的图象只有在区间 $(0,1)$ 内穿过 x 轴一次,又在区间 $(1,2)$ 内穿过 x 轴一次才能满足题意要求.也就是说,$f(x)$ 必须在 $(0,1)$ 内变号,并且又在 $(1,2)$ 内变号.其充要条件是

$$\begin{cases} f(0)>0, \\ f(1)<0, \\ f(2)>0. \end{cases}$$

据此即可获知本例的答案为 $-2<k<-1$ 或 $3<k<4$.

例 2.22 已知 $x\in[0,1]$,试证明:若 $p\in\mathbf{N},p>1$,则 $\dfrac{1}{2^{p-1}}\leqslant x^p+(1-x)^p\leqslant 1$.

分析 在不等式的证明方法中,有一种方法叫作构造函数法.其具体过程是:先找到不等式的一般原型(即相应的函数),再研究这个函数的性质,然后把研究结果落实到所要证明的不等式中.

暂时不管不等式能否成立,而在更为广阔的领域中考虑 $x^p+(1-x)^p$ 的范围,即构造这样一个函数 $f(x)=x^p+(1-x)^p$,并考虑 $f(x)$ 的值域.

因为 $f'(x)=p[x^{p-1}-(1-x)^{p-1}]$,我们令 $f'(x)=0$ 可解得唯一的驻点 $x=\dfrac{1}{2}$ 是极小值点,故 $f\left(\dfrac{1}{2}\right)=\dfrac{1}{2^{p-1}}$ 是极小值(也是最小值).在区间 $[0,1]$ 内,又因为 $f(0)=f(1)=1$,故 $f(x)$ 的最大值为 1.所以不等式 $\dfrac{1}{2^{p-1}}\leqslant x^p+(1-x)^p\leqslant 1$ 成立.

例 2.23 证明不等式 $\log_a(a+b)>\log_{(a+c)}(a+b+c)(a>1,b,c>0)$.

分析 可以发现不等式左右两边的结构完全相同,差别仅仅在于右边对数的底数和真数比左边多一个 c.因此考虑构造这样一个函数,$f(x)=\log_x(x+b)[x\in(1,+\infty)]$,这样待证不等式就是 $f(a)>f(a+c)$,但由于 $c>0$,故 $a<a+c$,所以需要证明 $f(x)$ 是区间 $(1,+\infty)$ 内的减函数.

由于

$$f(x)=\log_x(x+b)=\dfrac{\ln(x+b)}{\ln x},$$

所以

$$f'(x)=\dfrac{\dfrac{1}{x+b}\cdot\ln x-\dfrac{1}{x}\ln(x+b)}{\ln^2 x}$$

$$=\dfrac{x\ln x-(x+b)\cdot\ln(x+b)}{x(x+b)\ln^2 x}.$$

上式分母显然是一个正数,又由于 $1<x<x+b$,故 $0<\ln x<\ln(x+b)$.故

$$x\ln x<(x+b)\cdot\ln(x+b),$$

所以

$$f'(x)<0.$$

因此 $f(x)$ 在区间 $(1,+\infty)$ 内是减函数,即

$$f(a)>f(a+c),$$

命题得证.

数学题目有的具有一般性,有的具有特殊性,化归法的运用需要具体问题具体分析,根

据问题特点把一般问题化归为特殊问题,或把特殊问题化归为一般问题,其解题模式是:先设法使问题特殊化(或一般化)降低难度;然后解这个特殊(或一般)性的问题,从中获取解题线索或信息;再运用类比法使原问题获解.

"从特殊到一般"与"由一般到特殊"是人类认识客观世界的普遍规律,在如下两个方面制约着化归方法的运用.一方面,由于事物的特殊性中包含着普遍性,即所谓共性存在于个性之中,而相对一般而言,特殊的事物往往显得简单、直观和具体,并为人们所熟知,因而当我们处理问题时,必须注意问题的普遍性存在于特殊性之中,进而分析考虑有没有可能把待解决的问题化归为某个特殊问题.另一方面,由于"一般"概括了"特殊","普遍"更能反映事物的本质,因此当我们处理问题时,也必须置待解决的问题于更为普遍的情形之中,通过对一般情形的研究处理特殊情形.从总体角度来看,这两个方面既各有独特的作用,又互相制约、互相补充.

第四节 分解与组合

分解与组合是实现化归的重要途径.所谓分解,就是把一个复杂的问题分成若干个较简单或较熟悉的问题,从而使原问题得以解决[1].诚然,在许多情况下,"分解"并不能单独解决问题,为完全实现化归过程,还要"组合".所谓组合,即把所给出的问题与有关的其他问题进行综合的研究,使原问题得以解决.分解与组合是相辅相成的,其模式如图 2.12 所示.

图 2.12

对一个问题实施分解与组合,除基本的问题分解与分类讨论外,还有一些升级的分解与组合方法,如局部分解法、逐步逼近法等.

一、问题分解

例 2.24 在边长为 1 的正方形的周界上任意两点间连一条曲线,把正方形分为面积相等的两部分.求证:曲线的长不小于 1.

分析 这两点在正方形边界上各种可能的分布显然有三种情形(分割):①在同一条边上;②在相邻的两边上;③在相对的两边上.

其中情形③不证自明,因为正方形对边两点连线不小于边长.因此,只需将情形①、情形②化归为情形③即可.

---

[1] 段志贵,陈馨悦.分解与重组:让解题充满张力[J].中学数学研究,2020(8):42-44.

设正方形为 $ABCD$,曲线 $\overset{\frown}{PQ}$ 将其面积分为相等的两部分,如图 2.13 所示.

图 2.13

(1) 当 P、Q 都在 AB 上时,如图 2.13(a)所示,设 E、F 分别为 AD、BC 的中点,则线段 EF 与曲线 $\overset{\frown}{PQ}$ 必有交点 R.否则,以线段 PQ 为一边的曲边图形完全位于长方形 $ABFE$ 内,因此面积小于正方形 $ABCD$ 的面积的一半,与题意不合.作曲线 $\overset{\frown}{RQ}$ 关于轴 EF 的对称曲线 $\overset{\frown}{RQ'}$,则 Q' 落在 CD 上,至此,问题转化为情形③.

(2) 当 P、Q 分别在 AB、AD 上时,如图 2.13(b)所示,连结 BD,则 BD 与曲线 $\overset{\frown}{PQ}$ 必有交点 R(理由同前).作曲线 $\overset{\frown}{RQ}$ 关于轴 BD 的对称曲线 $\overset{\frown}{RQ'}$,则 Q' 落在 CD 上,至此,问题也转化为情形③.

本例求解启示我们,对于复杂的或者难以解决的结论分解开来,分为多个简单、易证的部分,逐个击破,问题可能会变得较为容易解决.

例 2.25 设 A、B、M 是圆上的三点,$\overset{\frown}{AM}=\overset{\frown}{BM}$.$P$ 是 $\overset{\frown}{AM}$ 上的一点,且 $MH\perp PB$ 于 H,如图 2.14 所示.求证:$BH=PA+PH$.

分析 PA 与 PH 不在同一直线上,要用它们的和与 BH 比较长短很不方便,所以可考虑在线段 BH 上找一点 C,把结论分解为 $BC=PA$,$CH=PH$ 两个等式证明.

证明 在线段 BH 上截取 $BC=PA$.在 $\triangle BCM$ 和 $\triangle APM$ 中,注意到 $\overset{\frown}{AM}=\overset{\frown}{BM}$,有

$$\left.\begin{array}{r}BM=AM\\BC=AP\\\angle MBC=\angle MAP\end{array}\right\}\Rightarrow \triangle BCM\cong\triangle APM\Rightarrow CM=PM.$$

图 2.14

在等腰 $\triangle CMP$ 中,由 $MH\perp PC$ 即得 $CH=PH$,所以 $BH=BC+CH=PA+PH$.

本题也可以按下面的途径分解结论,谋求证明.

(1) 在线段 HB 上截取 $HC=PH$,然后证 $PA=CB$,如图 2.15 所示.

(2) 在线段 BH 上取一点 C,使 $MC=MP$,然后证 $PA=CB$,$PH=HC$,如图 2.15 所示.

图 2.15

依据简单化原则,本题还可以设法把 PA 和 PH 合成一线,证合成后的线段与 BH 相等,具体途径有:

(1) 延长 AP 至 C,使 $PC=PH$,然后证 $AC=BH$,如图 2.16(a)所示.

(2) 延长 HP 至 C,使 $PC=PA$,然后证 $CH=BH$,如图 2.16(b)所示.

图 2.16

二、分类讨论

分类讨论也是对问题进行分解的一种方法.通过对问题相关变量或讨论对象的分类,实质上等于增加一个已知条件,把原问题转化为有限个相对具体、方便解决的问题.一般来说,分类讨论应遵循标准统一、分层具体、不重不漏三个原则.

例 2.26 设函数 $f(x)=ax^2-2x+2$,对于满足 $1<x<4$ 的一切 x 值都有 $f(x)>0$,求实数 a 的取值范围.

分析 本题求解最好采用分类讨论的方法.当二次项参数不为 0 时,需先对开口方向进行讨论;当二次项参数为 0 时,函数为一次函数.再对其抛物线对称轴的位置与闭区间的关系进行分类讨论,最后综合得解.

(1) 当 $a>0$ 时,$f(x)=a\left(x-\dfrac{1}{a}\right)^2+2-\dfrac{1}{a}$,

$$\begin{cases}\dfrac{1}{a}\leqslant 1,\\ f(1)=a-2+2\geqslant 0;\end{cases} 或 \begin{cases}1<\dfrac{1}{a}<4,\\ f\left(\dfrac{1}{a}\right)=2-\dfrac{1}{a}>0;\end{cases} 或 \begin{cases}\dfrac{1}{a}\geqslant 4,\\ f(4)=16a-8+2\geqslant 0.\end{cases}$$

解之得 $a\geqslant 1$ 或 $\dfrac{1}{2}<a<1$ 或 ϕ,即 $a>\dfrac{1}{2}$.

(2) 当 $a<0$ 时,$\begin{cases}f(1)=a-2+2\geqslant 0,\\ f(4)=16a-8+2\geqslant 0,\end{cases}$ 解得 ϕ.

(3) 当 $a=0$ 时,$f(x)=-2x+2$,$f(1)=0$,$f(4)=-6$,不合题意.

综上所述,实数 a 的取值范围是 $a>\dfrac{1}{2}$.

本题分两级讨论,先对决定开口方向的二次项系数 a 进行讨论,分 $a>0$、$a<0$、$a=0$(一次函数)三种情况;然后,结合函数图象,在 $a>0$ 时将对称轴与闭区间的关系再分三种,即在闭区间左边、中间、右边.本题的解答,关键是分析符合条件的二次函数的图象,也可以看成是"数形结合法"的运用.

中学数学解题常用的分类讨论主要包括以下几种.

(1) 由数学概念本身引起的分类讨论.例如,绝对值、直线斜率、指数函数、对数函数、正切函数等概念本身自带分类要素.

(2) 由性质、定理、公式适用条件的限制所引起的分类讨论.例如,等比数列的前 n 项和公式、函数的单调性等,在不同条件下结论可能并不一致.

(3) 由数学运算要求所引起的分类讨论.例如,代数式除法运算中的除数不为零,偶次方根为非负数等.

(4) 由图形的不确定性所引起的分类讨论.例如,角的终边所在象限;点、线、面之间不同的位置关系等.

(5) 由参数的变化所引起的分类讨论.例如,含参数的方程、不等式的求解或证明.

例 2.27 解不等式 $\dfrac{(x+4a)(x-6a)}{2a+1}>0\left(a\text{ 为常数},\text{且 }a\neq-\dfrac{1}{2}\right)$.

分析 含参数的不等式,参数 a 决定了 $2a+1$ 的符号和两根 $-4a$、$6a$ 的大小,故对参数 a 应分四种情况 $a>0$、$a=0$、$-\dfrac{1}{2}<a<0$、$a<-\dfrac{1}{2}$ 分别加以讨论.

解 (1) 当 $2a+1>0$ 时,$a>-\dfrac{1}{2}$.这一前提下再分三小类进行讨论.

当 $a>0$ 时,$(x+4a)(x-6a)>0$,解得 $x<-4a$ 或 $x>6a$;

当 $a=0$ 时,$x^2>0$,解得 $x\neq 0$;

当 $-\dfrac{1}{2}<a<0$ 时,$(x+4a)(x-6a)>0$,解得 $x<6a$ 或 $x>-4a$.

(2) 当 $2a+1<0$ 时,$a<-\dfrac{1}{2}$,则 $(x+4a)(x-6a)<0$,解得 $6a<x<-4a$.

综上所述,当 $a>0$ 时,不等式的解为 $x<-4a$ 或 $x>6a$;当 $a=0$ 时,$x\neq 0$;当 $-\dfrac{1}{2}<a<0$ 时,$x<6a$ 或 $x>-4a$;当 $a<-\dfrac{1}{2}$ 时,$6a<x<-4a$.

三、局部变动

局部变动法是一种特殊而重要的分解方法,其处理方法是暂时固定问题中的一些可变因素,使之不变,先研究另一些可变因素对求解问题的影响,取得局部的结果后,再从原先保持不变的因素中取出一些继续研究,直到问题全部获解.

例 2.28 在 $\triangle ABC$ 中,求函数 $y=\sin A\sin B\sin C$ 的最大值.

分析 在本章第一节例 2.4 中,曾给出了一种化归方法.这里换一个思路,先将 A 固定下来,视 A 为常量考察 B、C 变化时函数的最值情况.

在 $\triangle ABC$ 中有 $A+B+C=\pi$ 且 $0<A<\pi$,$0<B<\pi$,$0<C<\pi$,从而得

$$y = \sin A \sin B \sin C = \sin A \left\{-\frac{1}{2}[\cos(B+C) - \cos(B-C)]\right\}$$
$$= \sin A \left\{\frac{1}{2}[\cos A + \cos(B-C)]\right\}.$$

使 A 固定,由 $\sin A > 0$ 知,当 $\cos(B-C) = 1$,即 $B = C$ 时,y 达到最大值. 这时 $y = \sin A \cdot \left[\frac{1}{2}(\cos A + 1)\right] = \sin A \cos^2 \frac{A}{2} = 2\sin \frac{A}{2} \cos^3 \frac{A}{2}$. 因 $\sin \frac{A}{2} > 0$, $\cos^3 \frac{A}{2} > 0$,所以 $y = 2\sin \frac{A}{2} \cdot \cos^3 \frac{A}{2}$ 与 $y^2 = 4\sin^2 \frac{A}{2} \cos^6 \frac{A}{2}$ 同时达到最大值.

而 $y^2 = 4\sin^2 \frac{A}{2}\left(1 - \sin^2 \frac{A}{2}\right)^3 = 4\sin^2 \frac{A}{2}\left(1 - \sin^2 \frac{A}{2}\right)\left(1 - \sin^2 \frac{A}{2}\right)\left(1 - \sin^2 \frac{A}{2}\right).$

因为 $\sin^2 \frac{A}{2} > 0, 1 - \sin^2 \frac{A}{2} > 0$,且 $3\sin^2 \frac{A}{2} + \left(1 - \sin^2 \frac{A}{2}\right) + \left(1 - \sin^2 \frac{A}{2}\right) + \left(1 - \sin^2 \frac{A}{2}\right) = 3$(定值),依据均值不等式有 $y^2 \leqslant \frac{4}{3} \times \left(\frac{3}{4}\right)^4 = \frac{27}{64}$.

所以,当 $3\sin^2 \frac{A}{2} = 1 - \sin^2 \frac{A}{2}$ 时,即 $\sin^2 \frac{A}{2} = \frac{1}{4}$, $\sin \frac{A}{2} = \frac{1}{2}$, $0 < \frac{A}{2} < \frac{\pi}{2}$,也即 $\frac{A}{2} = 30°$. 所以,当 $A = 60°$, $B = C = \frac{180° - A}{2} = 60°$ 时, $y = \sin A \sin B \sin C$ 取得最大值 $\frac{3\sqrt{3}}{8}$.

类似地,采用本题求解方法还可以解决许多三角求解中的最值问题,如以下两个三角问题,详细求解过程这里从略.

问题 1:在 $\triangle ABC$ 中,求 $\sqrt{2}\sin A + \sin B \sin C$ 的最大值.

问题 2:在 $\triangle ABC$ 中,a 为常数,求 $\sin A + a\sin \frac{B}{2} \sin \frac{C}{2}$ 的最大值.

例 2.29 求证:圆的所有内接三角形中,正三角形的面积最大.

分析 设圆的内接三角形的三个顶点分别为 A、B、C. 由于 A、B、C 三点均可在圆周上任意变动,所以这是一个有多个可变因素的问题. 为化难为易,先把 B、C 暂时保持不动,只让 A 点在圆周上任意变动,如图 2.17 所示,那么 $|BC|$ 就暂时被认为是定值,三角形面积的大小就取决于 A 点到 BC 的距离,即 BC 边上的高 AD.

图 2.17

显然,当高 AD 通过圆心时,其值最大,从而可知,当 $AB = AC$ 时,三角形面积最大. 接着再把 A、C 固定,让 B 点自由变动. 同样可得 $AB = BC$ 时三角形面积最大. 根据两次变动的结果可知,只当 $AB = BC = CA$ 时三角形面积最大,即正三角形面积最大.

需要说明的是,在上述第二次局部变动时,并没有要求 A 点必须固定在第一次局部变动的最后位置上. 重要的是在局部变动中如何取得"经验",也即设法找到影响最大值的本质因素,如本例中的"$AB = AC$"显然就是本质因素,而 A 点在第一次局部变动时的最后位置则不是本质因素. 本质因素常常是几次变动中影响结论的共同因素.

用同样的方法还可证明圆的内接 n 边形中,以边长相等者面积最大,即正 n 边形面积最大.

四、逐步逼近

公元前 3 世纪,古希腊数学家埃拉托色尼曾对质数进行探求:他先把大于 2 的 2 的倍数划去,再把大于 3 的 3 的倍数划去,接着又把大于 5 的 5 的倍数划去……直至划去了在一定范围内的所有合数,再划去 1. 正是利用这种近乎"笨拙"的朴素的逐步淘汰法,他筛选出了十万以内的质数. 在数学上,人们把这种方法称为逐步逼近法.

所谓逐步逼近法,指的是为解决一个数学问题,先从与该问题的实质内容有着本质联系的某些容易着手的条件或某些减弱的条件出发,再逐步扩大(或缩小)范围,渐次逼近,最后获得问题解答的方法.

例 2.30 某地共有 7 个工厂,它们分布在一条大公路(粗线)两侧. 每个工厂由一些小公路(细线)与大公路相连,如图 2.18 所示. 现在要在公路上设一车站,使车站(沿大小公路)到各工厂的距离总和最小,问车站应设在何处?

分析 本题利用逐步逼近法进行求解.

第一步,车站能不能设在小公路上? 以对分的观点来看,由于每条小公路所通工厂的数目都没有超过全部工厂总数的一半,所以车站不应设在小公路上. 事实上,假定车站设在通往 A_3、A_4 的那条小公路 B_1 处,它与大公路的交叉点 B 距离 m 千米. 此时,若将车站移至 B 处,则车站对 A_3、A_4 两厂虽然都远了 m 千米,但距其他各厂却都近了 m 千米,总路程减少了 $(5-2)m=3m$ 千米,因此交叉点 B 的位置要比 B_1 优越. 同理可证车站也不宜设在其他小公路上. 因此,车站应设在大公路上.

图 2.18

第二步,车站是不是要设在大公路 B 点上方(或者下方)? 考虑 7 个工厂的分布情况,B 点上方工厂数目少于总数的一半,B 点下方工厂数目也少于总数的一半,故车站应设在 B 处. 事实上,如果把车站由 B 处移至上方距 B 点 m 千米的地方,则车站只距 A_1、A_2 两厂近了,而距其他五个厂都远了,总路程增加了 $(5-2)m=3m$ 千米. 因此 B 点的位置要比迁移后的新位置优越,车站不应设在 B 点上方. 同理,车站也不应设在 B 点下方.

第三步,车站设在 B 点是最合适的位置吗? 如果在 P 点处又新建一厂,则以对分的观点来看,B、C 两点具有同样的优越性,车站可以设在从 B 点到 C 点公路段上的任意一点. 若车站原来就已经设在 B 点就不必再搬迁了.

例 2.31 一个定义在有理数集上的实值函数 f,对任意两个有理数 x 和 y,都有 $f(x+y)=f(x)+f(y)$. 求证:对一切有理数 x,都有 $f(x)=kx$,其中 k 为实常数.

分析 k 究竟是什么数? 不妨先从简单的 $x=0,1,2$ 等考察. 在等式 $f(x+y)=f(x)+f(y)$ 中,令 $x=y=1$,就有 $f(2)=f(1)+f(1)=f(1)\times 2$;若取 $x=1,y=2$,有 $f(3)=f(1+2)=f(1)+f(2)=3f(1)=f(1)\times 3$,这使我们猜测 $k=f(1)$,即对一切有理数 x,有

$$f(x)=f(1) \cdot x.$$

下面逐步逼近目标.

(1) 先考虑 x 为任意整数的情形.

若 x 为正整数 n，则当 $n=1$ 时，有 $f(1)=f(1)\times 1$.

设当 $n=k$ 时，有 $f(k)=f(1)\times k$，那么当 $n=k+1$ 时，就有 $f(k+1)=f(k)+f(1)=f(1)(k+1)$，由数学归纳法可知，对一切正整数 n 都有 $f(n)=f(1)\times n$.

又由 $0=f(0)=f(n+(-n))=f(n)+f(-n)$，知 $f(-n)=-f(n)=f(1)\times(-n)$，从而对一切整数 x，都有 $f(x)=f(1)\cdot x$.

(2) 再考虑 x 为整数的倒数的情形.

假设 n 为正整数. 反复运用等式 $f(x+y)=f(x)+f(y)$，可得

$$f(1)=f\left(\frac{1}{n}\right)+f\left(\frac{n-1}{n}\right)=2f\left(\frac{1}{n}\right)+f\left(\frac{n-2}{n}\right)=\cdots=nf\left(\frac{1}{n}\right).$$

即

$$f\left(\frac{1}{n}\right)=f(1)\times\frac{1}{n}.$$

又由 $0=f(0)=f\left(\frac{1}{n}-\frac{1}{n}\right)=f\left(\frac{1}{n}\right)+f\left(-\frac{1}{n}\right)$ 知

$$f\left(-\frac{1}{n}\right)=f(1)\times\left(-\frac{1}{n}\right).$$

故对一切整数 x 的倒数，也都有

$$f(x)=f(1)\cdot x.$$

(3) 最后设 x 为任意有理数，记作 $x=\frac{m}{n}$，其中 m 和 n 是互质的整数，$n>0$. 此时有

$$f\left(\frac{m}{n}\right)=f\left(\frac{1}{n}\right)+f\left(\frac{m-1}{n}\right)=2f\left(\frac{1}{n}\right)+f\left(\frac{m-2}{n}\right)=\cdots=m\times f\left(\frac{1}{n}\right)=f(1)\times\frac{m}{n}.$$

故对一切有理数 x，都有 $f(x)=f(1)\cdot x$.

第五节 关系映射反演

数学中存在各种结构系统，如代数、平面几何、立体几何、三角函数等，这些结构系统之间存在密切的联系，有些甚至可以建立一一对应. 这种把两个结构系统中的问题对应起来的方法称为关系映射反演. 本质上来说，关系映射反演属于一般科学方法论的范畴，其实际应用可渗透到现实生活、社会生活和自然科学各个领域. 这一方法内涵丰富，在中学数学解题中有着比较广泛的应用.

一、反演法

反演，即假定结论正确，然后从结论出发往回推，以获取结论成立的条件. 反演也可以看

作把结论与给出的条件比照看是否相符,以判定结论的正确性.比如,医生观测病人发热原因的过程采用的就是反演法.反演法是古代数学家们常用的一种方法.

为加深对反演法的理解,首先看一下古印度数学家阿利耶波多(约 475—550 年)在公元 6 世纪给出的一道题目.

例 2.32 一个数乘以 3,加上这个乘积的 $\frac{3}{4}$,然后除以 7,减去此商的 $\frac{1}{3}$,自乘,减去 52,取平方根,加上 8,除以 10,得 2.求这个数.

分析 根据反演法,从 2 这个数开始往回推.于是,$(2\times10-8)^2+52=196$,$\sqrt{196}=14$,$14\times\frac{3}{2}\times7\times\frac{4}{7}\times\frac{1}{3}=28$,即为答案.

这个问题告诉我们:在哪个地方除以 10,反演时就乘以 10;在哪个地方加上 8,反演时就减去 8;在哪个地方取得平方根,反演时就自乘等,亦即每一个运算都以其逆运算进行代替.

例 2.33 给定 A、B、C 三个点,作一直线交 AC 于 X 点,交 BC 于 Y 点,使得 $AX=XY=YB$,如图 2.19 所示.

这是波利亚关于一道几何作图题的解题思路.在假想问题已经解决的基础上,反过来寻找与条件相符的答案,从本质上说,运用的也是反演法.

分析 先设想已经知道 X 和 Y 两个点中某一个点的位置,就能用作中垂线的方法求得另一个点.然而,没法知道两个点中的任何一个,此路暂时不通.

再设想:把问题当作是已解决了的,即设想图 2.19 中 $AXYB$ 这条折线的三段 AX、XY 和 YB 正好相等.尝试再添上一条相等的线段,即作 YZ 平行且等于 XA,如图 2.20 所示.

图 2.19

图 2.20

在作了辅助线 YZ 之后,再把 Z 点和 A 点、B 点连结起来,如图 2.21 所示,得到菱形 $XAZY$ 和等腰 $\triangle BYZ$.再把 A 点和 B 点连结起来,得到 $\triangle ABZ$,如图 2.22 所示.

图 2.21

图 2.22

进一步想:能否实际地作出等腰 $\triangle BYZ$?虽然不知道其大小,但知道了其形状,很容易作出与之相似的三角形.于 BC 边上任意一点 Y' 作 CA 的平行线 $Y'Z'$,且令 $Y'Z'=Y'B$,则所得 $\triangle BY'Z'$ 必与想得到的 $\triangle BYZ$ 相似.

再进一步,作四边形 $BY'Z'A'$,使之与四边形 $BYZA$ 相似是可能的.实际上,只是在 AB 上确定一点 A',使得 $A'Z'=Y'Z'$.再考虑作 $AZ \parallel A'Z'$,作 $YZ \parallel Z'Y'$,则实际上得到了四边形

$BYZA$,如图 2.23 所示.

最后作 $YX /\!/ ZA$,所得 X 即所要求的折线上一点.易证:此时折线 $AXYB$ 符合要求,即 $AX=XY=YB$.

图 2.23

二、映射法

在中学数学中,为谋求解题的突破,在不同系统中的两个集合之间建立必要的映射关系,这种解题方法称为映射法.由于系统的状况各异,因此系统间的映射也存在很大的差别.根据系统内是否规定了运算及规定何种运算,可将系统间的映射分为以下三种类型.

(1) 不必考虑或无法规定运算的系统间的一般映射.例如,立体几何问题与平面几何问题之间、点的问题与数的问题之间建立的映射关系.

例 2.34 如图 2.24 所示,圆台上、下底面半径分别为 2cm、10cm,母线 AB 长为 24cm,从 AB 中点 M 拉一条绳子,绕圆台侧面一周到达 B 点,这条绳子的最短长度是多少?

图 2.24

图 2.25

分析 由图 2.24 和图 2.25 可以看出,圆台侧面与扇环 $AA'B'B$ 的点存在一一对应关系,圆台侧面上的最短线段就是扇环内的线段 $B'M$.故可将其映射为平面几何问题:以 O 为中心的两个同心圆,由相似三角形知 $OA=6\text{cm}$,$OB=30\text{cm}$;由 $OA=6\text{cm}$,上底面半径为 2cm 知,$\angle AOA'=\dfrac{2\pi}{3}$,$M$ 为 AB 的中点,求线段 MB' 的长.

运用余弦定理可算得 MB' 长为 42cm.

例 2.35 平面上有 600 个点所组成的点集,证明存在 201 个同心圆,使得其中每相邻两圆周所组成的 200 个圆环中,每个圆环内恰有 600 个点中的 3 个点.

分析 对于平面上 n 个点,可以找到一点 O,使它不在任何两点连线的垂直平分线上,于是,点 O 到这 n 个点的距离两两互不相等.那么平面上点的问题与数的排序问题间就可以建立映射关系了.将点的问题映射为数的问题如下.

有 600 个两两不相等的正数 $0<t_1<t_2<t_3<\cdots<t_{600}$,证明存在 201 个正数 $0<r_1<r_2<r_3<\cdots<r_{201}$,使每相邻的两个 r_i 与 r_{i+1} 间恰含有 3 个 t_j,即 $r_i<t_{k-1}<t_k<t_{k+1}<r_{i+1}$. 其中 t_j 表示各点到圆心的距离,r_i 表示各同心圆的半径,该问题的证明是显而易见的.

(2) 规定简单运算的系统间的有限值的映射.例如,实际问题与有限值建立的一种保持运算关系的映射.

例 2.36 桌面上有 9 只大小一样的杯子,杯口全朝下.规定同时翻转其中 4 只杯子作为一次操作,问能否进行有限次操作,使 9 只杯子的杯口全朝上.

分析 若将杯口朝下记为-1,杯口朝上记为$+1$,那么一次翻转即改变一个数的符号,可将该实际问题映射为有限值问题.

将实际问题数学化.黑板上写着 9 个 -1,规定同时改变其中 4 个数的符号作为一次操作,问能否进行有限次操作,使 9 个数全都变为 $+1$.

答案是不能,因为一开始 9 个 -1 相乘是 -1,一次操作改变 4 个数的符号,于是乘积变为 $(-1)^4\times(-1)=-1$,经 n 次操作,乘积变为 $(-1)^{4n}\times(-1)=-1$,问题要实现的目标是经有限次操作 9 个数全部变为 $+1$,而这些数的乘积是 -1,所以不能经过有限次操作使得最后 9 个数全都变为 $+1$.

(3) 不同运算系统间的同构映射.例如,复数问题与向量问题或复平面上点的问题之间建立的一种具有一一对应关系的映射.

例 2.37 设 z_1、$z_2\in\mathbf{C}$,求证:$|z_1+z_2|^2+|z_1-z_2|^2=2(|z_1|^2+|z_2|^2)$.

分析 一个复数在复平面上所表示的点可对应一个向量,复数的模可对应到向量的模,于是将 z_1、z_2 分别对应到 $\overrightarrow{OZ_1}$、$\overrightarrow{OZ_2}$,z_1+z_2 对应到 $\overrightarrow{OP}$.那么复数问题映射成向量问题:以 $\overrightarrow{OZ_1}$、$\overrightarrow{OZ_2}$ 为边作平行四边形 OZ_1PZ_2,证明:$|\overrightarrow{OP}|^2+|\overrightarrow{Z_2Z_1}|^2=2(|\overrightarrow{OZ_1}|^2+|\overrightarrow{OZ_2}|^2)$.

事实上,$|\overrightarrow{OP}|^2=(\overrightarrow{OZ_1}+\overrightarrow{OZ_2})^2=|\overrightarrow{OZ_1}|^2+|\overrightarrow{OZ_2}|^2+2\overrightarrow{OZ_1}\cdot\overrightarrow{OZ_2}$,

$|\overrightarrow{Z_2Z_1}|^2=(\overrightarrow{OZ_1}-\overrightarrow{OZ_2})^2=|\overrightarrow{OZ_1}|^2+|\overrightarrow{OZ_2}|^2-2\overrightarrow{OZ_1}\cdot\overrightarrow{OZ_2}$,

所以,
$$|\overrightarrow{OP}|^2+|\overrightarrow{Z_2Z_1}|^2=2(|\overrightarrow{OZ_1}|^2+|\overrightarrow{OZ_2}|^2).$$

例 2.38 求满足 $|z-25\mathrm{i}|\leqslant20$ 且辐角主值最小的复数 z.

分析 复数可与复平面上的点建立起一一对应关系,故可将复数问题同构映射为复平面上点的问题:复平面上有一个以 $25\mathrm{i}$ 为圆心、以 20 为半径的圆 P,OT 为在第一象限内圆 P 的切线,T 为切点,O 为原点.求 T 点所表示的复数.

利用解析几何的知识可算得 $T=12+9\mathrm{i}$,即满足条件的辐角主值最小的复数是 $12+9\mathrm{i}$.

三、RMI 方法

给定一个含有目标原像 x 的关系结构 S,如果能找到一个映射 f,将 S 映入或映满 S^*,则可从 S^* 通过一定的数学方法把目标映像 $y=f(x)$ 确定出来,这样,原来的问题就得到了解决.这一方法称为关系映射反演方法(或关系映射反演原则),简称 RMI 方法(或 RMI 原则).RMI 方法如图 2.26 所示.

图 2.26

简而言之,RMI方法的全过程表现为"映射—定映—反演—得解"的关系结构.

例 2.39 求 $x=437^2\times\sqrt[3]{5.61}\div17.49^4$.

分析 运用对数计算方法可解,实际上就是RMI方法的应用.

映射——取对数,得 $\lg x=2\lg437+\dfrac{1}{3}\lg5.61-4\lg17.49$(把乘除法的关系结构映射为加减法的关系结构).

定映——计算,$\lg x=2\times2.6405+\dfrac{1}{3}\times0.7490-4\times1.2428=0.5595$.

反演——取反对数,得 $x=3.6266$.

运用RMI方法时,重要的是寻求适当的映射实现由未知(难、复杂)到已知(易、简单)的化归.

例 2.40 计算 $(\sqrt{3}-i)^6$.

分析 这里直接计算比较麻烦.若把复数 $\sqrt{3}-i$ 映射成三角式,那么用棣莫弗公式计算它的六次方就比较简单,然后把结果反演成代数形式,问题即可得到解决.

由于 $\sqrt{3}-i=2\left(\cos\dfrac{11\pi}{6}+i\sin\dfrac{11\pi}{6}\right)$,则 $\left(2\cos\dfrac{11\pi}{6}+2i\sin\dfrac{11\pi}{6}\right)^6=64(\cos\pi+i\sin\pi)=-64$.

所以 $(\sqrt{3}-i)^6=-64$.

例 2.41 求作△ABC 的内接正方形.

分析 本题直接在△ABC 内作正方形是很难的.先通过"位似"变换,使其映射到另一个三角形中解决,则很方便.如图 2.27 所示,以 BC 为边向外作正方形 $BQ'R'C$(映射),连结 AQ',AR' 交 BC 于 Q、R($Q'R'$ 反演成 QR),以 QR 为边在△ABC 内作正方形 PQRS,该正方形为所求(证明从略).

本题也可以采用另一种作法. 首先,在△ABC 内作一正方形 PQRS,使 SR 在 BC 边上,顶点 P 在 AB 上,如图 2.28 所示.然后,连接 BQ 并延长交 AC 于 Q',过 Q' 分别作 $P'Q'\parallel BC$ 交 AB 于 P',作 $Q'R'\parallel PS$ 交 BC 于 R'.最后,作 $P'S'\parallel PS$,则四边形 $P'Q'R'S'$ 即为要求作的正方形(证明从略).

图 2.27

图 2.28

图 2.29

例 2.42 证明三角形的外心、重心、垂心三点共线.

分析 本题用几何方法直接证明较难,自然想到采用坐标法解决.选择适当的坐标系,把原问题中的点、线间的几何关系映射成代数关系,然后利用代数关系证明外心、重心、垂心满足共线的代数条件,最后把代数关系反演,便知外心、重心、垂心共线.

P、G、H 分别为 $\triangle ABC$ 的外心、重心、垂心,如图 2.29 所示,建立平面直角坐标系,这样就把原题中的一个点映射成一个有序实数对 (x,y),一条直线映射成一个二元一次方程.

假如能求得 P、G、H 三点的坐标 $(x_1,y_1),(x_2,y_2),(x_3,y_3)$,并能证明行列式:

$$D = \begin{vmatrix} x_1 & y_1 & 1 \\ x_2 & y_2 & 1 \\ x_3 & y_3 & 1 \end{vmatrix} = 0 \qquad ①$$

这个代数关系反演回几何问题中,便是 P、G、H 三点共线.

因为 $\triangle ABC$ 是已知的,故可设其各顶点坐标为 $A(a,0),B(b,0),C(0,c)$.

这样可求得 AB、BC 的中点 E 及 F 的坐标,并可求得直线 CH、CE、PE、AH、PF、AF 的方程,从而可求得 P、G、H 的坐标,并证得式①成立,问题便可解决.

例 2.43 已知半圆的直径 AB 长为 $2r$,半圆外的直线 l 与 BA 的延长线垂直,垂足为 T,$|AT|=2a\left(2a<\dfrac{1}{2}r\right)$.半圆上有相异两点 M、N,它们与直线 l 的距离 $|MP|$、$|NQ|$ 满足 $|MP|=|AM|,|NQ|=|AN|$.求证:$|AM|+|AN|=|AB|$.

分析 本题通过建立坐标系采用代数方法完成.可以建立直角坐标系,也可以建立极坐标系.这里我们建立极坐标系,如图 2.30 所示,以 A 为极点,则 M、N 所在的半圆的方程为 $\rho=2r\cos\theta$,M、N 所在的抛物线方程为 $\rho\cos\theta+2a=\rho$,消去 $\cos\theta$ 得 $\rho^2-2r\rho+4ra=0$.由韦达定理得 $\rho_1+\rho_2=2r$,故 $|AM|+|AN|=|AB|$.

从例 2.42 和例 2.43 的解题方法容易看出,其关键在于通过建立欧氏平面 S 到有序实数对集合上的映射,把几何问题转化成了代数(计算)问题.这种化归方法就是解析法,解析法已具模型化,可用以解决相当广泛的一类问题.

习 题 二

1. 已知 $m^2+m-1=0$,求代数式 m^3+2m^2-2018 的值.
2. 解方程 $\sin x+\cos x+\sin 2x=1$.
3. 已知 $|a|<1,|b|<1,|c|<1$,求证:$abc+2>a+b+c$.
4. 如图 2.31 所示,在四边形 $ABCD$ 中,已知 $AB:BC:CD:DA=2:2:3:1$,且 $\angle B=90°$,求 $\angle DAB$ 的度数.
5. 给定实数 $a,a\neq 0$ 且 $a\neq 1$,设函数 $y=\dfrac{x-1}{ax-1}$(其中,$x\in \mathbf{R}$ 且 $x\neq \dfrac{1}{a}$),证明:经过这个函数图象上任意两个不同点的直线不平行于 x 轴.

6. 一条路上共有 9 个路灯,为节约用电,拟关闭其中 3 个,要求两端的路灯不能关闭,任意两个相邻的路灯不能同时关闭,求关闭路灯的方法总数.

7. 甲、乙两名同学在同一道路上从相距 5km 的 A、B 两地同向而行,甲的速度为 5km/h,乙的速度为 3km/h,甲带着一条狗,当甲追乙时,狗先追上乙,再返回遇上甲,又返回追上乙,直至甲追上乙为止,已知狗的速度为 15km/h,求在此过程中,狗跑的总路程是多少?

8. 等差数列 $\{a_n\}$ 和 $\{b_n\}$ 的前 n 项和分别用 S_n 和 T_n 表示,若 $\dfrac{S_n}{T_n}=\dfrac{4n}{3n+5}$,求 $\lim\limits_{n\to\infty}\dfrac{a_n}{b_n}$ 的值.

9. 已知 $m_1=\dfrac{a+b}{a-b}$,$m_2=\dfrac{c+d}{c-d}$,$m_3=\dfrac{ac-bd}{ad+bc}$,求证:$m_1+m_2+m_3=m_1m_2m_3$.

10. 下面是按一定规律排列的一列数.

第 1 个数:$\dfrac{1}{2}-\left(1+\dfrac{-1}{2}\right)$;

第 2 个数:$\dfrac{1}{3}-\left(1+\dfrac{-1}{2}\right)\left[1+\dfrac{(-1)^2}{3}\right]\left[1+\dfrac{(-1)^3}{4}\right]$;

第 3 个数:$\dfrac{1}{4}-\left(1+\dfrac{-1}{2}\right)\left[1+\dfrac{(-1)^2}{3}\right]\left[1+\dfrac{(-1)^3}{4}\right]\left[1+\dfrac{(-1)^4}{5}\right]\left[1+\dfrac{(-1)^5}{6}\right]$;

……

第 n 个数:$\dfrac{1}{n+1}-\left(1+\dfrac{-1}{2}\right)\left[1+\dfrac{(-1)^2}{3}\right]\left[1+\dfrac{(-1)^3}{4}\right]\cdots\left[1+\dfrac{(-1)^{2n-1}}{2n}\right]$.

求在第 10 个数、第 11 个数、第 12 个数、第 13 个数中最大的数.

11. 如图 2.32 所示,AB 是半圆 O 的直径,C 为半圆上一点,N 是线段 BC 上一点(不与 B、C 重合),过 N 点作 AB 的垂线交 AB 于 M,交 AC 的延长线于 E,过 C 点作半圆 O 的切线交 EM 于 F.

(1) 求证:$\triangle ACO\backsim\triangle NCF$.

(2) 若 $NC:CF=3:2$,求 $\sin B$ 的值.

12. 已知 $f(x)=\lg(x+1)$,$g(x)=2\lg(2x+t)(t\in\mathbf{R}$,是参数$)$.

(1) 当 $t=-1$ 时,解不等式 $f(x)\leqslant g(x)$.

(2) 如果当 $x\in[0,1]$ 时,$f(x)\leqslant g(x)$ 恒成立,求参数 t 的取值范围.

13. 已知等腰 $\triangle ABC$ 中,$AB=AC=4$,$\angle BAC=120°$,点 P 是 BC 边上一个动点,如图 2.33 所示,设点 P 到点 A 的距离是 x,点 P 到边 AB 的距离 $PD=y$,求 $x+y$ 的最小值.

图 2.32   图 2.33

14. 对于 $a\in[-1,1]$,求使不等式 $\left(\dfrac{1}{2}\right)^{x^2+ax}<\left(\dfrac{1}{2}\right)^{2x+a+1}$ 恒成立的 x 的取值范围.

15. (1) 已知 p,q 为实数,并且 $e<p<q$,证明 $p^q>q^p$.
  (2) 已知正实数 p,q 满足 $p^q=q^p$,且 $p<1$,证明 $p=q$.

16. 如图 2.34 所示,图 2.34(a)为大小可变化的三棱锥 $P-ABC$.
  (1) 将此三棱锥沿三条侧棱剪开,假定展开图刚好是一个直角梯形 $P_1P_2P_3A$,如图 2.34(b)所示.求证:侧棱 $PB\perp AC$.
  (2) 由(1)的条件和结论,若三棱锥中 $PA=AC$,$PB=2$,求侧面 PAC 与底面 ABC 所成角的角度.

17. 如图 2.35 所示,在五棱锥 $P-ABCDE$ 中,$PA=AB=AE=2a$,$PB=PE=2\sqrt{2}a$,$BC=DE=a$,$\angle EAB=\angle ABC=\angle DEA=90°$.
  (1) 求证:$PA\perp$ 平面 $ABCDE$.
  (2) 求二面角 $A-PD-E$ 的大小.
  (3) 求点 C 到平面 PDE 的距离.

图 2.34

图 2.35

18. 已知双曲线 $\dfrac{x^2}{1}-\dfrac{y^2}{b^2}=1(b>0)$ 的左右焦点分别为 F_1、F_2,直线 l 过 F_2 且与双曲线交于 A、B 两点.
  (1) 若直线 l 的倾斜角为 $\dfrac{\pi}{2}$,$\triangle F_1AB$ 是等边三角形,求双曲线的渐近线方程.
  (2) 设 $b=\sqrt{3}$,若直线 l 斜率存在,且 $\left(\overrightarrow{F_1A}+\overrightarrow{F_2A}\right)\cdot\overrightarrow{AB}=0$,求直线 l 的斜率.

19. 把 $\triangle ABC$ 的各边 n 等分,过各分点分别作各边的平行线,得到一些由三角形的边和这些平行线所组成的平行四边形,试计算这些平行四边形的个数.

20. 设 A、B、C 是平面上的任意三个整点(即坐标都是整数的点),求证:$\triangle ABC$ 不是正三角形.

21. 在直角坐标系中,O 为坐标原点,设直线 l 经过点 $P(3,\sqrt{2})$,且与 x 轴交于点 $F(2,0)$.
  (1) 求直线 l 的方程.
  (2) 如果一个椭圆经过点 P,且以点 F 为它的一个焦点,求椭圆的标准方程.
  (3) 若在(1)(2)的情况下,设直线 l 与椭圆的另一个交点为 Q,且 $\overrightarrow{PM}=\lambda\overrightarrow{PQ}$,当 $|\overrightarrow{OM}|$ 最小时,求 λ 的对应值.

类比是一个伟大的引路人.

——[美]乔治·波利亚(1887—1985)

每当理智缺乏可靠论证的思路时,类比这个方法往往能指引我们前进.

——[德]伊曼努尔·康德(1724—1804)

第三章 类比:解题的抓手

类比是科学研究常用的方法之一,也是一种重要的推理方式,是人们认识新事物或科学新发现的一种重要的创新思维方法.类比不同于演绎和归纳,它是从一个对象的特殊形态过渡到另一个对象的特殊形态.由此可见,它缺乏逻辑上的严格性和充足的理由,带有假定和猜测的色彩.因此,它所推出的结论带有或然性.许多重要研究成果的产生都是因为成功地运用了类比的方法.从某种意义上来讲,类比的猜测和想象的成分越大,发现和创造的潜在机会就越多.[①]

数学解题与科学发现一样,经常会利用类比把待解问题与相关问题作对照,基于某些相同属性,先猜想有关问题的结论或解决方法,然后再设法证明或否定猜想,进而达到解决问题的目的.

第一节 类比的思维方式

在西方,类比的含义为"按比率"或"比例".古希腊数学家用类比表示相似图象的比例关系.而在我国,类比的影子最早出现在古代文学中,如常用"譬"或"类"等词语表示相类似,也就是现在认为的"比喻".墨子是我国最早阐述类比的思想家.他首先提出"明故"和"察类"这两个词,其中明故是指明确事物发生的原因、条件,而察类是指观察比较事物间的相似性,之后他又提出"以故生,以理长,以类行"的推理原理,即要根据事物的原因和条件,按照一定的准则和事物的相似性进行推理.

类比(即类比推理)是由两个对象的某些相同或相似的属性,推断它们在其他性质上也有可能相同或相似的一种推理形式.类比要求人们把陌生的对象同熟悉的对象联系起来,把未知的东西与已知的东西联系起来,异中求同,同中求异,从而推出新知识.

例 3.1 空间 n 个平面最多能把空间分割成几个部分(每部分不重复)?

---

① 段志贵,段敏萱.数学思维方法导引[M].北京:北京师范大学出版社,2019:102.

分析 作为一道立体几何探究性问题,我们把它与平面几何中的相关问题及其求解相类比.由于考虑的是"最多"的情况,因此可以假设这 n 个平面两两都相交,而不必考虑平行的情况,但是问题仍难以解决.为此,我们可以试着先预测结论,然后根据结论寻找问题的解决途径.

第一步,寻找一个类比对象.

由于空间与平面有许多可供类比的内容,而平面内的问题一般又较空间问题简单一点,因而我们采用降维的方法,到平面内寻找一个类比对象,即将原问题中的 n 个平面(二维)降为 n 条直线(一维),将原问题中所求"把空间分成几个部分"降为"把平面分成几块".这样,下述问题* 就成了一个原问题的类比对象.

问题* 平面内 n 条直线,最多可把平面分成多少块?

第一步,不妨设平面分成的块数是关于 n 条直线的一个函数 $f(n)$.第 n 条直线可以被前 $n-1$ 条直线分为 n 段,而每一段将它所在的平面一分为二,从而增加了 n 个平面.

$$f(n)=f(n-1)+n,$$
$$f(n-1)=f(n-2)+n-1,$$
$$\vdots$$
$$f(3)=f(2)+3,$$
$$f(2)=f(1)+2,$$
$$f(1)=f(0)+1.$$

各等式左右两边相加得 $f(n)=f(0)+1+2+\cdots+n$,而 $f(0)=1$,所以 $f(n)=\dfrac{n^2+n+2}{2}$.

第二步,对两个类比对象进行分析.

问题* 的结论是我们所熟知的,即平面内 n 条直线最多能把平面分成 $\dfrac{n^2+n+2}{2}$ 个平面块,那么由此如何预测原问题的结论呢?试把原问题和问题* 作比较,如表 3.1 所示.

表 3.1

			分割所得块数:
问题*	n 条直线 (一维)	分割平面 (二维)	$f(n)=\dfrac{n^2+n+2}{2}$(n 的二次式)
原问题	n 个平面 (二维)	分隔空间 (三维)	分割所得份数?

第三步,建立猜想.

通过对表中两个类比对象维度升级的比较,我们不难作出这样的猜想:空间被 n 个平面分割所得份数应是一个 n 的三次式 $\phi(n)$,而且估计 $\phi(n)$ 的分母是 3.为此,作进一步探索.

不妨设 $\phi(n)=\dfrac{an^3+bn^2+cn+d}{3}$,其中 a、b、c、d 都是待定系数.

因为对任意的 n 上述等式均成立,故可从 $n=1,2,3,4$ 来确定待定系数.由于一个平面最多把空间分成两部分,因此

$$\phi(1)=\frac{a+b+c+d}{3}=2. \qquad ①$$

而两个平面最多能把空间分成四部分,所以又有

$$\phi(2)=\frac{2^3 a+2^2 b+2c+d}{3}=4. \qquad ②$$

同样可得

$$\phi(3)=\frac{3^3 a+3^2 b+3c+d}{3}=8, \qquad ③$$

$$\phi(4)=\frac{4^3 a+4^2 b+4c+d}{3}=15. \qquad ④$$

联立①②③④解方程组可得

$$a=\frac{1}{2}, b=0, c=\frac{5}{2}, d=3.$$

所以

$$\phi(n)=\frac{\frac{1}{2}n^3+\frac{5}{2}n+3}{3}=\frac{1}{6}(n^3+5n+6).$$

至此,可得到 $\phi(n)$ 的具体解析式,也就是说原问题的结论被预测出来.那么判断这个预测的结果是否正确,需要我们进一步思考和探究.

第四步,类比推理.

设 $\phi(n)$ 是空间最多分割部分关于 n 个平面的函数.第 $n+1$ 个平面和其他 n 个平面两两相交,最多形成 n 条相交直线,而这 n 条直线最大能分割成 $b(n)=\frac{n^2+n+2}{2}$(个)平面,被分割的平面又把原来空间一分为二,所以增加了 $b(n)$ 个空间.于是有

$$\phi(n+1)=\phi(n)+b(n),$$

即

$$\phi(n+1)-\phi(n)=b(n),$$

由递推关系有

$$\phi(n)-\phi(n-1)=b(n-1),$$
$$\phi(n-1)-\phi(n-2)=b(n-2),$$
$$\vdots$$
$$\phi(3)-\phi(2)=b(2),$$
$$\phi(2)-\phi(1)=b(1).$$

等式相加得

$$\phi(n)-\phi(1)=b(1)+b(2)+\cdots+b(n-1),$$

代入 $b(n)=\frac{n^2+n+2}{2}$,$\phi(1)=2$,得

$$\phi(n)=\frac{n^3+5n+6}{6}.$$

一般地,按照类比关系的不同,类比可分为简单并存类比、因果类比、对称类比、协变类比、综合类比;按照类比对象的不同,类比可分为普遍性类比、个别性类比、特殊性类比;按照类比内容的不同,类比可分为性质类比、关系类比、条件类比;按照类比思维方向的不同,类比可分为单向类比、双向类比、多向类比等.

影响类比的因素比较多,从客观上来看,问题内容、结构和情境之间的相似性影响类比的进程.有学者曾通过对代数应用题解决的类比迁移研究,将两个问题间的类比分为同形同型问题、同形异型问题、异形同型问题,并指出不同的相似关系导致了不同的迁移过程.从主观上来看,每个人的知识经验、动机和能力也影响类比思维的发生和发展.

例 3.2 在证明了不等式:若 a、$b>0$,$a+b=1$,则 $\left(a+\dfrac{1}{a}\right)\left(b+\dfrac{1}{b}\right)\geqslant\dfrac{25}{4}=\left(2+\dfrac{1}{2}\right)^2$ 之后,可以类比猜测下述不等式成立.

若 a、b、$c>0$,$a+b+c=1$,则 $\left(a+\dfrac{1}{a}\right)\left(b+\dfrac{1}{b}\right)\left(c+\dfrac{1}{c}\right)\geqslant\left(3+\dfrac{1}{3}\right)^3$.

若 a、b、c、$d>0$,$a+b+c+d=1$,则 $\left(a+\dfrac{1}{a}\right)\left(b+\dfrac{1}{b}\right)\left(c+\dfrac{1}{c}\right)\left(d+\dfrac{1}{d}\right)\geqslant\left(4+\dfrac{1}{4}\right)^4$.

在它们得到证实后,又可以继续归纳猜测一般不等式成立.

若 $a_i>0(i=1,2,\cdots,n)$,且 $a_1+a_2+\cdots+a_n=1$,则

$$\left(a_1+\frac{1}{a_1}\right)\left(a_2+\frac{1}{a_2}\right)\cdots\left(a_n+\frac{1}{a_n}\right)\geqslant\left(n+\frac{1}{n}\right)^n.$$

类比是富于创造性的思维方法,它能够开阔解题者的视野,形成丰富的联想,开拓解题思路,使人们往往能够在百思不得其解的情况下,从某个可类比题型或结论上获得启示,探索解题的快捷途径."在求解一个问题时,如果能成功地发现一个比较简单的类比问题,我们就会认为自己运气不错",在《怎样解题》中,波利亚反复强调这种思考策略,"你以前见过它吗?你是否见过相同而形式稍有不同的问题?你是否知道与此有关的问题?……有一个与你现在的问题有关,且早已解决的问题,你能不能利用它?你能利用它的结果吗?你能利用它的方法吗?……如果你不能解决所提出的问题,可先解决一个与此有关的问题.你能不能想出一个更容易着手的有关问题?比如,一个更普遍的问题,一个更特殊的问题,一个类比的问题……"波利亚举例说明了在求解所提出的问题的过程中,我们经常可以利用一个较简单的类比问题的解答方法或者它的结果,或者可能两者同时利用.但是类比问题的解可能不能直接用于我们目前的问题,"需要我们去重新考虑解答,去改变它,修改它,直到我们在试过解答的各种形式之后,终于找到一个适用于我们原来问题的解法为止".

运用类比法解决数学问题的基本过程如图 3.1 所示.

应用类比法解题,关键在于发现两个问题间的相似性质,因此,观察与联想是类比的基础.

例 3.3 设 F_1,F_2 是椭圆 $C:\dfrac{x^2}{a^2}+\dfrac{y^2}{b^2}=1(a>b>0)$ 的左、右两焦点,已知椭圆具有性质:若 M、N 是 C 上关于原点对称的两点,点 P 是 C 上任意一点,当直线 PM、PN 斜率都存在,

```
        原问题  ──类比──→  类比问题
          ↑                  │
          │                  ↓
       原问题的解法 ←─猜想─ 类比问题的解法
                    图 3.1
```

并记为 k_{PM}、k_{PN} 时，k_{PM} 与 k_{PN} 之积是与点 P 位置无关的定值. 试对双曲线 $\dfrac{x^2}{a^2}-\dfrac{y^2}{b^2}=1$ 写出具有类似特点的性质，并加以证明.

分析 这是一道上海市的高考题. 题干中提到的双曲线与椭圆间的类比属于一种性质类比，即已知命题 A，通过类比，得出与命题 A 性质相似的命题 B. 这是数学发现的一个重要途径.

在本题中，双曲线 $\dfrac{x^2}{a^2}-\dfrac{y^2}{b^2}=1$ 类似的性质：若 M、N 是双曲线 $\dfrac{x^2}{a^2}-\dfrac{y^2}{b^2}=1$ 上关于原点对称的两点，点 P 是双曲线上任意一点，当直线 PM、PN 斜率都存在，并记为 k_{PM}、k_{PN} 时，则 k_{PM} 与 k_{PN} 之积是与点 P 位置无关的定值.

证明 设 $M(m,n)$ 和 $N(-m,-n)$ 为双曲线上关于原点的对称点，则 $\dfrac{m^2}{a^2}-\dfrac{n^2}{b^2}=1$. 又设双曲线上任意一点 $P(x,y)$，有 $\dfrac{x^2}{a^2}-\dfrac{y^2}{b^2}=1$ 则

$$k_{PM}\cdot k_{PN}=\dfrac{y-n}{x-m}\cdot\dfrac{y+n}{x+m}=\dfrac{y^2-n^2}{x^2-m^2}.$$

将 $y^2=\dfrac{b^2}{a^2}x^2-b^2$，$n^2=\dfrac{b^2}{a^2}m^2-b^2$ 代入，得 $k_{PM}\cdot k_{PN}=\dfrac{b^2}{a^2}$.

值得注意的是，由于受主、客观因素的限制，运用类比法所得的结果不一定正确. 例如，用 N_P 表示集合 P 的元素个数，由 $N_{A\cap B}=N_A+N_B-N_{A\cup B}$ 类比得：

$$N_{A\cap B\cap C}=N_A+N_B+N_C-N_{A\cup B\cup C}.$$

这个类比结论并不正确. 事实上，对于 A、B、C 三个集合来说，有以下等式成立

$$N_{A\cup B\cup C}=N_A+N_B+N_C-N_{A\cap B}-N_{C\cap A}-N_{B\cap C}+N_{A\cap B\cap C}.$$

综上所述，在数学解题过程中，当我们的思维遇到障碍时，运用类比推理，往往能实现知识的正迁移，将已学过的知识或已掌握的解题方法迁移过来，使问题得以突破. 然而，需要注意的是，类比本质上只是一种主观的不充分的似真推理，其猜想的正确性还需经过严格的逻辑论证.

第二节 题型结构的类比

结构类比是运用类比法解题的一种重要的、常用的方法. 所谓基本题型结构，指的是一些最基本的、被广为熟悉的简单题目，这些题目可以是公式、定理，也可以是一些常见常用的题型. 诸如：①三角形两边之和大于第三边；②勾股定理及其逆定理；③二倍角的正切公式；

④数列的特殊结构及其内在的周期规律;等等.某些待解决的问题没有现成的类比物,但可通过观察,凭借结构上的相似性等寻找类比问题,然后可通过适当的代换,将原问题转化为类比问题解决.

例 3.4 设 $a>0, b>0, c>0$,求证:
$$\sqrt{a^2-ab+b^2}+\sqrt{b^2-bc+c^2} \geqslant \sqrt{a^2+ac+c^2}.$$

分析 $a^2-ab+b^2, b^2-bc+c^2, a^2+ac+c^2$ 与余弦定理的表达式结构相似,类比联想到用余弦定理构造三角形.而
$$a^2-ab+b^2=a^2-2ab\cos 60°+b^2,$$
$$b^2-bc+c^2=b^2-2bc\cos 60°+c^2,$$
$$a^2+ac+c^2=a^2-2ac\cos 120°+c^2.$$

于是构造出以 a、b 为两边,夹角为 $60°$ 的三角形;以 b、c 为两边,夹角为 $60°$ 的三角形;以 a、c 为两边,夹角为 $120°$ 的三角形.此题即转化为三角形三边之间的关系问题,如图 3.2 所示.

图 3.2

$$BD=\sqrt{a^2-2ab\cos 60°+b^2}=\sqrt{a^2-ab+b^2},$$
$$DC=\sqrt{b^2-2bc\cos 60°+c^2}=\sqrt{b^2-bc+c^2},$$
$$BC=\sqrt{a^2-2ac\cos 120°+c^2}=\sqrt{a^2+ac+c^2},$$

而在 $\triangle BDC$ 中 $BD+DC>BC$,故
$$\sqrt{a^2-ab+b^2}+\sqrt{b^2-bc+c^2}>\sqrt{a^2+ac+c^2};$$

若 D 在 BC 上,显然 $BD+DC=BC$,故
$$\sqrt{a^2-ab+b^2}+\sqrt{b^2-bc+c^2} \geqslant \sqrt{a^2+ac+c^2}.$$

例 3.5 设函数 $f(x)=\dfrac{1}{2^x+\sqrt{2}}$,试求 $f(-5)+f(-4)+f(-3)+f(-2)+f(-1)+f(0)+f(1)+f(2)+f(3)+f(4)+f(5)+f(6)$ 的值.

分析 正所谓"大胆猜想,小心求证".要解决这道题应想到等差数列前 n 项和的推导方法(倒序相加法),然后大胆合理地猜想,得出 $f(x)+f(1-x)$ 是一个定值,从而解决此问题.事实上,

$$f(x)=\frac{1}{2^x+\sqrt{2}}, f(1-x)=\frac{1}{2^{1-x}+\sqrt{2}}=\frac{2^x}{2+\sqrt{2}\cdot 2^x}=\frac{\frac{1}{\sqrt{2}}2^x}{2^x+\sqrt{2}},$$

所以 $f(x)+f(1-x)=\dfrac{1+\dfrac{1}{\sqrt{2}}\cdot 2^x}{2^x+\sqrt{2}}=\dfrac{\sqrt{2}}{2}.$

再设所求和式的值为 S,则有 $S=\dfrac{\sqrt{2}}{2}\times 6=3\sqrt{2}$.

例 3.6 证明:若函数 $f(x)$ 有 $f(x+y)=\dfrac{f(x)+f(y)}{1-f(x)f(y)}$,则恒等式 $\dfrac{f(a+b)+f(c+d)}{1-f(a+b)f(c+d)}=\dfrac{f(a+d)+f(b+c)}{1-f(a+d)f(b+c)}$ 必成立.

分析 不难发现,待证等式的两端结构相似,差异仅是 b 与 d 的位置不同.若将左端的 b 和 d 对调,便是右端.所以,猜想此式与 b、d 的位置无关,类比已知条件的结构特征,用整体思想可获得简捷的解法.

事实上,由 $f(x+y)=\dfrac{f(x)+f(y)}{1-f(x)f(y)}$ 可得

$$\dfrac{f(a+b)+f(c+d)}{1-f(a+b)f(c+d)}=f(a+b+c+d),$$

$$\dfrac{f(a+d)+f(b+c)}{1-f(a+d)f(b+c)}=f(a+b+c+d).$$

所以,原恒等式成立.

例 3.7 任意给定 7 个实数 $x_k(k=1,2,\cdots,7)$,证明其中必有两个数 x_i、$x_j(i\neq j)$ 满足不等式 $0\leqslant\dfrac{x_i-x_j}{1+x_ix_j}\leqslant\dfrac{1}{\sqrt{3}}$.

分析 若任意给定 7 个实数中有 2 个数相等,结论是成立的.若 7 个实数都不相等,则我们难以进行下一步的分析.但我们可以发现 $\dfrac{x_i-x_j}{1+x_ix_j}$ 与两角差的正切公式在结构上很相似,由此可以选择后者作为类比对象,并进行适当的代换.

不妨令 $x_k=\tan\alpha_k(k=1,2,\cdots,7)$,$\alpha_k\in\left(-\dfrac{\pi}{2},\dfrac{\pi}{2}\right)$,则原命题可以转化为证明存在 2 个实数 α_i、$\alpha_j\in\left(-\dfrac{\pi}{2},\dfrac{\pi}{2}\right)$,满足 $0\leqslant\tan(\alpha_i-\alpha_j)\leqslant\dfrac{1}{\sqrt{3}}$.

显然 α_k 中必有 4 个在 $\left[0,\dfrac{\pi}{2}\right)$ 或在 $\left(-\dfrac{\pi}{2},0\right)$ 中,不妨设有 4 个在 $\left[0,\dfrac{\pi}{2}\right)$ 中.注意到 $\tan 0=0$,$\tan\dfrac{\pi}{6}=\dfrac{\sqrt{3}}{3}$,而在 $\left[0,\dfrac{\pi}{2}\right)$ 内,$\tan x$ 是增函数,故只需要证明存在 α_i、α_j,使 $0<\alpha_i-\alpha_j<\dfrac{\pi}{6}$ 即可.

为此将 $\left[0,\dfrac{\pi}{2}\right)$ 分成三个小区间:$\left[0,\dfrac{\pi}{6}\right)$、$\left[\dfrac{\pi}{6},\dfrac{\pi}{3}\right)$、$\left[\dfrac{\pi}{3},\dfrac{\pi}{2}\right)$.

又由抽屉原理可知,4 个 α_k 中至少有 2 个(不妨设为 α_i、α_j)同在某一个区间,设 $\alpha_i>\alpha_j$,则 $0<\alpha_i-\alpha_j<\dfrac{\pi}{6}$,故 $0\leqslant\tan(\alpha_i-\alpha_j)\leqslant\dfrac{1}{\sqrt{3}}$.同理有 4 个在 $\left(-\dfrac{\pi}{2},0\right)$ 中也成立.这样,与之相对应的 $x_i=\tan\alpha_i$,$x_j=\tan\alpha_j$,便有 $0\leqslant\dfrac{x_i-x_j}{1+x_i+x_j}\leqslant\dfrac{1}{\sqrt{3}}$.

例 3.8 设 $x \in \mathbf{R}$，a 为正常数，且 $f(x)$ 满足 $f(x+a) = \dfrac{1+f(x)}{1-f(x)}$. 求证：$f(x)$ 是周期函数.

分析 要证明 $f(x)$ 为周期函数，只能从题中的定义来找，但原题并没有提及周期函数. 观察题目，容易想到所给式子与 $\tan\left(x+\dfrac{\pi}{4}\right) = \dfrac{1+\tan x}{1-\tan x}$ 类似，而 $\tan x$ 的最小周期为 $\pi = \dfrac{\pi}{4} \times 4$，不妨大胆猜想 $f(x)$ 的周期可能为 $4a$，于是有如下证明.

$$f(2a+x) = f[a+(a+x)] = \dfrac{1+f(a+x)}{1-f(a+x)} = \dfrac{1+\dfrac{1+f(x)}{1-f(x)}}{1-\dfrac{1+f(x)}{1-f(x)}} = \dfrac{1}{-f(x)}.$$

$$f(4a+x) = f[2a+(2a+x)] = \dfrac{1}{-f(2a+x)} = -\dfrac{1}{\dfrac{1}{-f(x)}} = f(x).$$

又因为 $a>0$，所以 $f(x)$ 为周期函数，$4a$ 为 $f(x)$ 的一个周期.

例 3.9 求证 $\dfrac{\sin 1}{\cos 0 \cos 1} + \dfrac{\sin 1}{\cos 1 \cos 2} + \cdots + \dfrac{\sin 1}{\cos(n-1)\cos n} = \tan n$.

分析 此题左式与 $\dfrac{1}{1 \cdot 2} + \dfrac{1}{2 \cdot 3} + \cdots + \dfrac{1}{n(n+1)}$ 的结构相似，而 $\dfrac{1}{1 \cdot 2} + \dfrac{1}{2 \cdot 3} + \cdots + \dfrac{1}{n(n+1)} = \left(1-\dfrac{1}{2}\right) + \left(\dfrac{1}{2}-\dfrac{1}{3}\right) + \cdots + \left(\dfrac{1}{n}-\dfrac{1}{n+1}\right) = 1 - \dfrac{1}{n+1} = \dfrac{n}{n+1}$. 为此，可用类比法对待证等式的左边进行拆项求和，即对每一项进行拆分，例如，

$$\dfrac{\sin 1}{\cos(n-1)\cos n} = \dfrac{\sin[n-(n-1)]}{\cos(n-1)\cos n} = \dfrac{\sin n \cos(n-1) - \cos n \sin(n-1)}{\cos(n-1)\cos n} = \tan n - \tan(n-1),$$

故 $\dfrac{\sin 1}{\cos 0 \cos 1} + \dfrac{\sin 1}{\cos 1 \cos 2} + \cdots + \dfrac{\sin 1}{\cos(n-1)\cos n} = (\tan 1 - \tan 0) + (\tan 2 - \tan 1) + \cdots + [\tan n - \tan(n-1)] = \tan n$.

例 3.10 设 x、y、z 均为实数，$x+y+z = xyz$，求证：

$$\dfrac{2x}{1-x^2} + \dfrac{2y}{1-y^2} + \dfrac{2z}{1-z^2} = \dfrac{8xyz}{(1-x^2)(1-y^2)(1-z^2)}.$$

分析 已知等式和待证等式都是特定的三项和（左边均为三项和）等于三项积（右边均为三项积），表现出一定的和谐性. 基于观察可将 $\dfrac{2x}{1-x^2}$ 与 $\tan 2\alpha = \dfrac{2\tan\alpha}{1-\tan^2\alpha}$ 进行类比，就此想到，是否可以把原题类比 $\triangle ABC$ 相关边角关系进行解决. 就此，不妨令 $x = \tan A$，$y = \tan B$，$z = \tan C$，则有

$$\tan A + \tan B + \tan C = \tan A \tan B \tan C,$$

进一步改写为 $\tan A + \tan B = \tan A \tan B \tan C - \tan C$，或 $-\tan C = \dfrac{\tan A + \tan B}{1 - \tan A \tan B}$.

于是 $-\tan C = \tan(A+B)$，因此有 $A+B = k\pi - C$，即 $A+B+C = k\pi (k \in \mathbf{Z})$，所以 $2A+$

$2B=2k\pi-2C$.再利用两角和的正切公式得

$$\tan 2A+\tan 2B+\tan 2C=\tan 2A\tan 2B\tan 2C.$$

由二倍角公式有

$$\frac{2\tan A}{1-\tan^2 A}+\frac{2\tan B}{1-\tan^2 B}+\frac{2\tan C}{1-\tan^2 C}=\frac{2\tan A}{1-\tan^2 A}\cdot\frac{2\tan B}{1-\tan^2 B}\cdot\frac{2\tan C}{1-\tan^2 C},$$

即

$$\frac{2x}{1-x^2}+\frac{2y}{1-y^2}+\frac{2z}{1-z^2}=\frac{8xyz}{(1-x^2)(1-y^2)(1-z^2)}.$$

本题利用结构相似性进行类比,非直角三角形中总有 $\tan A+\tan B+\tan C=\tan A\tan B\tan C$ 成立.对于本题则有 $\tan A+\tan B+\tan C=\tan A\tan B\tan C$ 成立的充要条件是 $A+B+C=k\pi(k\in\mathbf{Z})$.

第三节 方法技巧的类比

在长期的解题实践中,每个人都积累了丰富的经验,即解题的方法与技巧.这些方法与技巧如能巧妙地迁移到当前解题过程,也许会达到很好的效果.方法技巧类比迁移是用熟悉问题的解决方法解决新问题的一种解题策略.方法技巧类比迁移有两大环节:一是选取类比源,即搜寻记忆中可利用的解决方法或可利用的例子,以确定利用哪个原理方法解决;二是匹配相关要素,即把目标问题与源问题的相关部分进行匹配,根据匹配产生目标问题的解决方法.

例 3.11 如图 3.3 所示,小圆圈表示网络的结点,结点之间的连线表示它们有网络相连,连线标注的数字表示该段网络单位时间内可以通过的最大信息量,现从结点 A 向结点 B 传递信息,信息可以分开沿不同的路线同时传递,求单位时间内传递的最大信息量.

图 3.3

分析 很多人看不懂题意,其实用类比思维即可轻易解题,即只要类比成供水系统中水管的最大流速问题即可.结合图形分析可以看到,自上而下,单位时间内第一条路线传递的最大信息量是 3,第二条路线传递的最大信息量是 4,第三条路线传递的最大信息量是 6,第四条路线传递的最大信息量是 6.因为 $3+4<12$,$6+6=12$,由加法原理得 $3+4+6+6=19$.

例 3.12 已知 $x_i\geqslant 0(i=1,2,\cdots,n)$ 且 $x_1+x_2+\cdots+x_n=1$,求证:$1\leqslant\sqrt{x_1}+\sqrt{x_2}+\cdots+\sqrt{x_n}\leqslant\sqrt{n}$.

分析 本题相对比较复杂.可以首先类比简单命题:"已知 $x_1\geqslant 0,x_2\geqslant 0,x_1+x_2=1$,求证:$1\leqslant\sqrt{x_1}+\sqrt{x_2}\leqslant\sqrt{2}$."尝试发现这一简单命题的证明思路:由 $2\sqrt{x_1x_2}\leqslant x_1+x_2=1$,得 $0\leqslant 2\sqrt{x_1x_2}\leqslant 1$,从而 $1\leqslant x_1+x_2+2\sqrt{x_1x_2}\leqslant 2$,即 $1\leqslant(\sqrt{x_1}+\sqrt{x_2})^2\leqslant 2$,有 $1\leqslant\sqrt{x_1}+\sqrt{x_2}\leqslant\sqrt{2}$.再迁移到更一般的多元情形,采用相同的方法,使得原命题迎刃而解.

事实上,由基本不等式,得 $0 \leqslant 2\sqrt{x_1 x_2} \leqslant x_1 + x_2$,故

$$0 \leqslant 2\sum_{1 \leqslant i < j \leqslant n} \sqrt{x_i x_j} \leqslant (n-1)(x_1 + x_2 + \cdots + x_n) = n-1,$$

$$1 \leqslant x_1 + x_2 + \cdots + x_n + 2\sum_{1 \leqslant i < j \leqslant n} \sqrt{x_i x_j} \leqslant n,$$

于是,$1 \leqslant (\sqrt{x_1} + \sqrt{x_2} + \cdots + \sqrt{x_n})^2 \leqslant n$,

所以,$1 \leqslant \sqrt{x_1} + \sqrt{x_2} + \cdots + \sqrt{x_n} \leqslant \sqrt{n}$.

例 3.13 设函数 $f(x) = \dfrac{2^x}{2^x + \sqrt{2}}$ 的图象上有两点 $P_1(x_1, y_1)$、$P_2(x_2, y_2)$,若 $\overrightarrow{OP} = \dfrac{1}{2}(\overrightarrow{OP_1} + \overrightarrow{OP_2})$,且点 P 的横坐标为 $\dfrac{1}{2}$.

(1) 求证:点 P 的纵坐标为定值,并求出这个定值.

(2) 若 $S_n = f\left(\dfrac{1}{n}\right) + f\left(\dfrac{2}{n}\right) + f\left(\dfrac{3}{n}\right) + \cdots + f\left(\dfrac{n}{n}\right)(n \in \mathbf{N}_+)$,求 S_n.

分析 第(1)题比较简单.对于第(2)题,通过对 S_n 表达式特点的观察与分析,可以发现 S_n 求解与例 3.5 极其相似,可以类比等差数列求和公式的推导过程,采用倒序相加法(把数列正着写和倒着写再相加),以下略解.

(1) 因为 $\overrightarrow{OP} = \dfrac{1}{2}(\overrightarrow{OP_1} + \overrightarrow{OP_2})$,且点 P 的横坐标为 $\dfrac{1}{2}$,所以 P 是线段 $P_1 P_2$ 的中点,且 $x_1 + x_2 = 1$,所以 $y_1 + y_2 = \dfrac{2^{x_1}}{2^{x_1} + \sqrt{2}} + \dfrac{2^{x_2}}{2^{x_2} + \sqrt{2}} = 1$,所以 $y_P = \dfrac{1}{2}$.

(2) 由(1)可知,$x_1 + x_2 = 1$,$f(x_1) + f(x_2) = 1$,且 $f(1) = 2 - \sqrt{2}$.

又因为 $\qquad S_n = f\left(\dfrac{1}{n}\right) + f\left(\dfrac{2}{n}\right) + \cdots + f\left(\dfrac{n-1}{n}\right) + f\left(\dfrac{n}{n}\right) \qquad ①$

$\qquad\qquad\quad S_n = f\left(\dfrac{n}{n}\right) + f\left(\dfrac{n-1}{n}\right) + \cdots + f\left(\dfrac{2}{n}\right) + f\left(\dfrac{1}{n}\right) \qquad ②$

① + ② 得

$$2S_n = f(1) + \left[f\left(\dfrac{1}{n}\right) + f\left(\dfrac{n-1}{n}\right)\right] + \left[f\left(\dfrac{2}{n}\right) + f\left(\dfrac{n-2}{n}\right)\right] + \cdots + \left[f\left(\dfrac{n-1}{n}\right) + f\left(\dfrac{1}{n}\right)\right] + f(1)$$

$$= 2f(1) + \underbrace{1 + 1 + \cdots + 1}_{n-1 \text{个}} = n + 3 - 2\sqrt{2}.$$

所以 $S_n = \dfrac{n + 3 - 2\sqrt{2}}{2}$.

例 3.14 如图 3.4 所示,AD、BE、CF 分别是锐角 $\triangle ABC$ 三边上的高,a、b、c 分别为 $\angle A$、$\angle B$、$\angle C$ 的对边长,H 是垂心且 $AH = m$,$BH = n$,$CH = p$.求证:$\dfrac{a}{m} + \dfrac{b}{n} + \dfrac{c}{p} = \dfrac{abc}{mnp}$.

分析 这是平面几何中的一道难题,先用平面几何的方法证明.

思路 1 结论可转化为 $anp + bmp + cmn = abc$,由 $S_{\triangle ABC} = \dfrac{1}{2}bc\sin A = \dfrac{abc}{4R}$ 可知,$\dfrac{a}{m}$、$\dfrac{b}{n}$、

$\dfrac{c}{p}$ 与面积有关,可用面积法证明:

$$\text{结论} \Leftarrow \frac{anp}{4R}+\frac{bmp}{4R}+\frac{cmn}{4R}=\frac{abc}{4R} \qquad ①$$

(注意:要证明 $S_{\triangle ABC}=S_{\triangle HBC}+S_{\triangle HAC}+S_{\triangle HAB}$.)

问题转化为只需证明式①中 $\dfrac{anp}{4R}$、$\dfrac{bmp}{4R}$、$\dfrac{cmn}{4R}$ 都是外接圆半径为 R 的三角形的面积,即 $R_1=R_2=R_3=R$.我们仅分析其一,其余可类推.

图 3.4

延长 HD 到 G 使 $DG=HD$ 并连结 BG、CG,易证 $\triangle HBC \cong \triangle GBC$.由三条高知,$\angle 1 = \angle 2$,$\angle 3 = \angle 4$,于是证得 $\angle BHC + \angle BAC = 180°$,$\angle BGC + \angle BAC = 180°$,因此 A、B、C、G 四点共圆.所以 $\triangle HBC$ 的外接圆半径等于 $\triangle GBC$ 的半径,即 $R_1=R$.

思路 2 仔细观察联想,发现三角中的条件恒等式.若 $A+B+C=k\pi(k\in \mathbf{Z})$,则

$$\tan A + \tan B + \tan C = \tan A \tan B \tan C.$$

与待证式极为相似.问题可转化为要证结论只需证 $\dfrac{a}{m}$、$\dfrac{b}{n}$、$\dfrac{c}{p}$ 为某三角形的三内角的正切值即可.

因 $AD \perp BC, BE \perp AC \Rightarrow \triangle BCE \backsim \triangle AHE \Rightarrow \dfrac{BE}{AE}=\dfrac{BC}{AH}=\dfrac{a}{m} \Rightarrow \tan A = \dfrac{BE}{AE}=\dfrac{a}{m}$.

同理 $\tan B = \dfrac{b}{n}$,$\tan C = \dfrac{c}{p}$.于是 $\dfrac{a}{m}+\dfrac{b}{n}+\dfrac{c}{p}=\dfrac{abc}{mnp}$,得证.

一道相当难的题就这样被化简了,从中我们领略到不同解题技巧类比的强大功能.

例 3.15 如果 $a_1,a_2,\cdots,a_n$ 均为小于 1 的正数,且 $b_1,b_2,\cdots,b_n$ 是它们的一个新排列,那么所有形如 $(1-a_1)b_1,(1-a_2)b_2,\cdots,(1-a_n)b_n$ 的数不可能都大于 $\dfrac{1}{4}$.

分析 这种一般性的问题,首先可以通过特殊化方法进行探路.

当 $n=1$ 时,$(1-a_1)a_1 = -a_1^2+a_1 = -\left(a_1-\dfrac{1}{2}\right)^2+\dfrac{1}{4} \leqslant \dfrac{1}{4}$.

同理,$(1-a_2)a_2 \leqslant \dfrac{1}{4}$.

于是有 $(1-a_1)a_1(1-a_2)a_2 = (1-a_1)a_2(1-a_2)a_1 \leqslant \left(\dfrac{1}{4}\right)^2$.

如果有 $(1-a_1)a_2 > \dfrac{1}{4}$、$(1-a_2)a_1 > \dfrac{1}{4}$ 同时成立,则与上式矛盾.

把 $n=2$ 的情形类比到多元结构上去思考,采用反证法加以证明.事实上,

$$0 < (1-a_1)b_1(1-a_2)b_2 \cdots (1-a_n)b_n = (1-a_1)a_1(1-a_2)a_2 \cdots (1-a_n)a_n$$
$$\leqslant \left(\dfrac{1}{4}\right)^n.$$

假如$(1-a_i)b_i > \dfrac{1}{4}(i=1,2,\cdots,n)$,则

$$(1-a_1)b_1(1-a_2)b_2\cdots(1-a_n)b_n > \left(\dfrac{1}{4}\right)^n,$$

从而引发矛盾,所以原题结论得证.

第四节 空间与平面的类比

把立体几何中的几何知识与相关的平面几何知识进行类比,是实现立体几何学习的常用方法,也是立体几何问题解决的有效路径.表3.2列出了部分常见的从平面几何到立体几何命题的类比.

表 3.2

平面几何中的命题	立体几何中的命题
(1) 两点确定一条直线.	(1) 不共线的三点确定一个平面.
(2) 平行于同一直线的两条直线互相平行.即若$a // c, b // c$,则$a // b$.	(2) 平行于同一平面的两个平面互相平行.即若$\alpha // \gamma, \beta // \gamma$,则$\alpha // \beta$.
(3) 垂直于同一直线的两条直线互相平行.即若$a \perp c, b \perp c$,则$a // b$.	(3) 甲:垂直于同一直线的两个平面互相平行.即若$\alpha \perp a, \beta \perp a$,则$\alpha // \beta$. 乙:垂直于同一平面的两条直线互相平行.即若$a \perp \alpha, b \perp \alpha$,则$a // b$.
(4) 两条平行直线中的一条垂直于第三条直线,那么另一条也垂直于第三条直线.即若$a // b, a \perp c$,则$b \perp c$.	(4) 甲:两条平行直线中的一条垂直于一个平面,那么另一条也垂直于这个平面.即若$a // b, a \perp \alpha$,则$b \perp \alpha$. 乙:两个平行平面中的一个垂直于第三个平面,那么另一个也垂直于第三个平面.即若$\alpha // \beta, \alpha \perp \gamma$,则$\beta \perp \gamma$.
(5) 两条相交直线有且只有一个公共点.	(5) 两个相交平面有且只有一条公共直线.
(6) 过直线外一点有且只有一条直线与已知直线垂直.	(6) 甲:过直线外一点有且只有一个平面与已知直线垂直. 乙:过平面外一点有且只有一条直线与已知平面垂直.
(7) 过直线外一点有且只有一条直线与已知直线平行.	(7) 过平面外一点有且只有一个平面与已知平面平行.
(8) 等边三角形内任意一点到三边的距离之和为一定值(即这个等边三角形的高).	(8) 正四面体内任意一点到四个面的距离之和为一定值(即这个正四面体的高).
(9) [勾股定理]设三角形ABC的边$AB \perp AC$,则有$AB^2 + AC^2 = BC^2$.	(9) 三棱锥$A-BCD$的三个侧面ABC、ACD、ADB两两相互垂直,则有$S^2_{\triangle ABC} + S^2_{\triangle ACD} + S^2_{\triangle ADB} = S^2_{\triangle BCD}$.

续表

平面几何中的命题	立体几何中的命题
(10) 两个相似图形的面积比等于相似比的平方.	(10) 两个相似几何体的体积比等于相似比的立方.
(11) 平行四边形的对角线相互平分.	(11) 平行六面体的四条对角线相互平分.
(12) 平行四边形对角线的平方和等于四边长的平方和.	(12) 平行六面体四条对角线的平方和等于各棱长的平方和.
(13) 夹在两平行线间的平行线段相等.	(13) 夹在两个平行平面间的平行线段相等.
(14) 平面上点 $P(x_0,y_0)$ 到直线 $ax+by+c=0$ 的距离为 $\delta = \frac{\|ax_0+by_0+c\|}{\sqrt{a^2+b^2}}$.	(14) 空间中点 $P(x_0,y_0,z_0)$ 到平面 $ax+by+cz+d=0$ 的距离为 $\delta = \frac{\|ax_0+by_0+cz_0+d\|}{\sqrt{a^2+b^2+c^2}}$.
(15) 平面上圆的一般式方程为 $x^2+y^2+dx+ey+f=0 (d^2+e^2>4f)$.	(15) 空间中球的一般式方程为 $x^2+y^2+z^2+dx+ey+fz+g=0 (d^2+e^2+f^2>4g)$.
(16) 平面上不同心两圆 $x^2+y^2+d_ix+e_iy+f_i=0(i=1,2)$ 的根轴(相交时为公共弦所在直线,相切时为切点处的公切线) $(d_1-d_2)x+(e_1-e_2)y+(f_1-f_2)=0$.	(16) 空间中不同心两球 $x^2+y^2+z^2+d_ix+e_iy+f_iz+g_i=0(i=1,2)$ 的根面(相交时为公共圆所在平面,相切时为切点处的公切面) $(d_1-d_2)x+(e_1-e_2)y+(f_1-f_2)z+(g_1-g_2)=0$.

注:表中 $a,b,c,\cdots$ 表示直线; $\alpha,\beta,\gamma,\cdots$ 表示平面.

例 3.16 求证:正四面体内任一点到各面的距离之和为一定值.

分析 平面几何中证过正三角形内任一点到各边的距离之和为一定值,使用的最佳证法是面积法,类比联想我们可以用体积法进行试探.

设 M 是正四面体 $A-BCD$ 内任一点, M 到各面的距离分别设为 d_1、d_2、d_3、d_4,各面的面积设为 S,正四面体 $A-BCD$ 的高设为 h,体积设为 V,则

$$V = \frac{1}{3}d_1S + \frac{1}{3}d_2S + \frac{1}{3}d_3S + \frac{1}{3}d_4S = \frac{1}{3}Sh,$$

从而有

$$d_1+d_2+d_3+d_4=h.$$

例 3.17 在平面几何里,可以得出正确结论:"正三角形的内切圆半径等于这个正三角形的高的 $\frac{1}{3}$."类比平面几何的上述结论,请写出并证明正四面体的内切球半径与这个正四面体的高之间的关系.

分析 如图 3.5 所示,在正三角形 ABC 中,设边长为 a,高为 h,内切圆半径为 r,利用分割思想可得

$$S_{\triangle ABC} = \frac{1}{2}ah = S_{\triangle ABO} + S_{\triangle BCO} + S_{\triangle ACO} = 3 \times \frac{1}{2}ar,$$

所以 $r = \frac{1}{3}h$,即正三角形的内切圆半径等于这个正三角形的高的 $\frac{1}{3}$.

如图 3.6 所示,对于正四面体 $P-ABC$,设高为 H,每个侧面面积为 S,内切球半径为

R，同样利用分割思想可得

$$V_{P-ABC}=\frac{1}{3}SH=V_{O-ABC}+V_{O-PBC}+V_{O-PAC}+V_{O-PAB}=4\times\frac{1}{3}SR,$$

所以 $R=\frac{1}{4}H$，即正四面体的内切球半径等于这个正四面体的高的 $\frac{1}{4}$.

图 3.5

图 3.6

例 3.18 如图 3.7 所示，过四面体 $D-ABC$ 的底面上任一点 O 分别作 $OA_1/\!/DA$，$OB_1/\!/DB$，$OC_1/\!/DC$. A_1、B_1、C_1 分别是所作直线与侧面的交点，求证：$\dfrac{OA_1}{DA}+\dfrac{OB_1}{DB}+\dfrac{OC_1}{DC}$ 为定值.

分析 基于问题的本质，把立体几何中的四面体与平面中的三角形相类比，首先探索平面三角形中的相关问题的解法.过 $\triangle ABC$（底）边 AB 上任一点 O 分别作 $OA_1/\!/AC$，$OB_1/\!/BC$，分别交 BC、AC 于 A_1、B_1，看看 $\dfrac{OA_1}{CA}+\dfrac{OB_1}{CB}$ 是否为定值.这个问题利用相似三角形很容易推导出固定值 1.此外，经过 A、O 作 BC 垂线，过 B、O 作 AC 垂线，用面积法也不难证明定值为 1.于是类比到空间图形，也可结合这两种方法证明其定值为 1.

事实上，如图 3.8 所示，设平面 $OA_1DA\cap BC=M$，平面 $OB_1DB\cap AC=N$，平面 $OC_1DC\cap AB=L$，则 $\triangle MOA_1\sim\triangle MAD$，$\triangle NOB_1\sim\triangle NBD$，$\triangle LOC_1\sim\triangle LCD$，得

$$\frac{OA_1}{DA}+\frac{OB_1}{DB}+\frac{OC_1}{DC}=\frac{OM}{AM}+\frac{ON}{BN}+\frac{OL}{CL}.$$

图 3.7

图 3.8

在底面 $\triangle ABC$ 中，由于 AM、BN、CL 交于一点 O，可以通过 O 作垂线构造相似，再用面积法易证得 $\dfrac{OM}{AM}+\dfrac{ON}{BN}+\dfrac{OL}{CL}=\dfrac{S_{\triangle OBC}}{S_{\triangle ABC}}+\dfrac{S_{\triangle OAC}}{S_{\triangle ABC}}+\dfrac{S_{\triangle OAB}}{S_{\triangle ABC}}=\dfrac{S_{\triangle ABC}}{S_{\triangle ABC}}=1$，所以 $\dfrac{OA_1}{DA}+\dfrac{OB_1}{DB}+\dfrac{OC_1}{DC}=1$.

例 3.19 已知台体上、下两底面的面积分别是 S_1、S_2，如图 3.9 所示，平行于底面的截面到上、下两底的距离比为 $m:n$，求此截面的面积.

分析 直接计算十分复杂，可联想类比平面几何相似问题的解法.

不难得到相似的平面几何问题：已知梯形上、下两底边的长分别是 a、b，夹在两腰之间且平行于底边的线段到上、下两底边的距离之比为 $m:n$，求此线段的长.其解法如下.

设线段 FG 长为 x，作图 3.10，又设 $\dfrac{AL}{BH}=\dfrac{t}{m}$，则有 $\dfrac{b}{a}=\dfrac{t+m+n}{t}$，所以 $t=\dfrac{m+n}{b-a}a$.

图 3.9　　　　图 3.10

又因为 $\dfrac{x}{a}=\dfrac{t+m}{t}$，所以 $x=\left(1+\dfrac{m}{t}\right)a=\dfrac{na+mb}{m+n}$.

那么，类比可得原问题的解法.

如图 3.9 所示，设锥顶点到上底距 : S 截面到上底距 $= t:m$.

因为 $\dfrac{S_2}{S_1}=\dfrac{(t+m+n)^2}{t^2}$，$\dfrac{\sqrt{S_2}}{\sqrt{S_1}}=\dfrac{t+m+n}{t}$，所以 $\dfrac{m+n}{t}=\dfrac{\sqrt{S_2}-\sqrt{S_1}}{\sqrt{S_1}}$，即 $t=\dfrac{(m+n)\sqrt{P}}{\sqrt{Q}-\sqrt{P}}$.

又因为 $\dfrac{S}{P}=\dfrac{(t+m)^2}{t^2}$，所以 $\dfrac{\sqrt{S}}{\sqrt{P}}=\dfrac{t+m}{t}$，$\sqrt{S}=\left(1+\dfrac{m}{t}\right)\sqrt{P}=\dfrac{n\sqrt{P}+m\sqrt{Q}}{m+n}$.

所以 $S=\left(\dfrac{n\sqrt{P}+m\sqrt{Q}}{m+n}\right)^2$.

第五节　抽象与具体的类比

抽象性是数学的基本属性之一.在数学问题中，比较抽象的应数抽象函数问题了.所谓抽象函数，指的是那些没有给出具体解析式的函数，只给出一些特殊条件或特征的函数.抽象函数往往有它所对应的具体的函数模型，如表 3.3 所示.

表 3.3

抽 象 函 数	函数模型
$f(x+y)=f(x)+f(y)+b$	一次函数
$f(m-x)=f(m+x)$ 或 $f(2m-x)=f(x)$	二次函数
$f(xy)=f(x)\cdot f(y)$	幂函数
$f(x+y)=f(x)\cdot f(y)$	指数函数

续表

抽象函数	函数模型
$f(xy)=f(x)+f(y)$	对数函数
$f(x\pm y)=\dfrac{f(x)\pm f(y)}{1\mp f(x)f(y)}$	正切函数
$f(x+y)+f(x-y)=2f(x)f(y)$ $f(x)+f(y)=2f\left(\dfrac{x-y}{2}\right)f\left(\dfrac{x+y}{2}\right)$	余弦函数
$f(n+1)-f(n)=a$	等差数列
$f(n+1)=af(n)$	等比数列

当然,有时并没有我们比较熟悉的函数模型可以类比,而是新定义的一种函数.有关抽象函数性质的研究是具体函数性质的深化和推广,是中学数学的重要研究课题,类比具体函数的性质及其解决方法,对抽象函数问题的解决大有裨益.

例 3.20 已知函数 $f(x)$ 的定义域为 **R**,且对自变量 x_1、x_2 有 $f(x_1)+f(x_2)=2f\left(\dfrac{x_1+x_2}{2}\right)\cdot f\left(\dfrac{x_1-x_2}{2}\right)$,$f\left(\dfrac{\pi}{2}\right)=0$,但 $f(x)$ 不恒等于零,试证:$f(x)$ 为周期函数.

分析 原题函数 $f(x)$ 是一个抽象函数,却要证其为周期函数.根据周期函数的定义,要证 $f(x)$ 为周期函数,必须证明存在常数 $T\neq 0$,使 $f(x+T)=f(x)$,但是 T 为何值,暂时却不得而知.于是根据前述结构上的相似,由

$$f(x_1)+f(x_2)=2f\left(\dfrac{x_1+x_2}{2}\right)\cdot f\left(\dfrac{x_1-x_2}{2}\right) \qquad ①$$

联想到三角公式 $\cos\alpha+\cos\beta=2\cos\left(\dfrac{\alpha+\beta}{2}\right)\cdot\cos\left(\dfrac{\alpha-\beta}{2}\right)$,从而由 $\cos x$ 的最小正周期 2π,可以猜想 $f(x)$ 的最小正周期也为 2π.要想证明 2π 为函数的周期,只需证明 $f(x+2\pi)=f(x)$ 即可.这与本章第二节例 3.8 是相通的,具有题型结构类比的特点,更是抽象与具体之间的类比.但由此只是明确大致的证明思路,离具体操作还有一段距离.

为找到具体的突破口,尚需联系另一个已知条件 $f\left(\dfrac{\pi}{2}\right)=0$,并设法让其发挥作用.

于是,联系到式①,可想到让式①中出现 $f\left(\dfrac{\pi}{2}\right)=0$ 的式子.为此,可令 $\dfrac{x_1-x_2}{2}=\dfrac{\pi}{2}$,并令 $x=x_2$,则 $x_1=x+\pi$,$\dfrac{x_1+x_2}{2}=\dfrac{2x+\pi}{2}$,将 $x_1=x+\pi$ 和 $x_2=x$ 代入式①,得 $f(x+\pi)+f(x)=2f\left(\dfrac{2x+\pi}{2}\right)\cdot f\left(\dfrac{\pi}{2}\right)=0$,从而有

$$f(x+\pi)+f(x)=0. \qquad ②$$

下面以此为突破口证明 $f(x)$ 的周期为 2π.

由式②得,$f(x+2\pi)=f[(x+\pi)+\pi]=-f(x+\pi)=-[-f(x)]=f(x)$.所以,$f(x)$ 为周期函数,且 2π 是它的一个周期.

例 3.21 设 $f(x)$ 是定义在 **R** 上的偶函数,其图象关于直线 $x=1$ 对称,对任意 x_1、$x_2 \in \left[0, \dfrac{1}{2}\right]$,都有 $f(x_1+x_2)=f(x_1) \cdot f(x_2)$,且 $f(1)=a>0$.

(1) 求 $f\left(\dfrac{1}{2}\right)$ 及 $f\left(\dfrac{1}{4}\right)$.

(2) 证明 $f(x)$ 是周期函数.

(3) 记 $a_n = f\left(2n+\dfrac{1}{2n}\right)$,求 $\lim\limits_{n\to\infty}(\ln a_n)$.

分析 第(1)题不算难,第(2)、(3)两题可以通过类比具体函数寻找切入点.

因为对任意的 x_1、$x_2 \in \left[0, \dfrac{1}{2}\right]$ 都有 $f(x_1+x_2)=f(x_1) \cdot f(x_2)$,所以 $f(x) = f\left(\dfrac{x}{2}+\dfrac{x}{2}\right) = f\left(\dfrac{x}{2}\right) \cdot f\left(\dfrac{x}{2}\right) \geqslant 0$.

(1) 因 $f(1) = f\left(\dfrac{1}{2}+\dfrac{1}{2}\right) = f\left(\dfrac{1}{2}\right) \cdot f\left(\dfrac{1}{2}\right)$,$f\left(\dfrac{1}{2}\right) = f\left(\dfrac{1}{4}+\dfrac{1}{4}\right) = f\left(\dfrac{1}{4}\right) \cdot f\left(\dfrac{1}{4}\right)$. 对 $\forall x \in [0,1]$,$f(1)=a>0$,故 $f\left(\dfrac{1}{2}\right) = a^{\frac{1}{2}}$,$f\left(\dfrac{1}{4}\right) = a^{\frac{1}{4}}$.

(2) 类比联想到基本初等函数中,是偶函数且为周期函数的有余弦函数 $y = \cos x$,其图象关于 $x = k\pi (k \in \mathbf{Z})$ 对称,而 $2k\pi$ 是 $y = \cos x$ 的周期,于是我们可以猜想 $1\times 2 = 2$ 是 $f(x)$ 的周期,只需证明 $f(x+2) = f(x)$.

事实上,$f(x)$ 图象上点 $(x+2, f(x+2))$ 关于直线 $x=1$ 的对称点是 $[-x, f(-x)]$,所以 $f(x+2) = f(-x)$. 又因为 $f(x)$ 是偶函数,所以 $f(-x) = f(x)$,于是 $f(x+2) = f(x)$,即 $f(x)$ 是以 2 为周期的周期函数.

(3) 类比(1)的解答过程,先求出 a_n 的表达式. 由(1)可知,$x \in [0,1]$ 时,$f(x) \geqslant 0$,于是

$$f\left(\dfrac{1}{2}\right) = f\left(n \cdot \dfrac{1}{2n}\right) = \underbrace{f\left(\dfrac{1}{2n}\right) \cdot f\left(\dfrac{1}{2n}\right) \cdot f\left(\dfrac{1}{2n}\right) \cdots f\left(\dfrac{1}{2n}\right)}_{n \text{个} f\left(\frac{1}{2n}\right)} = \left[f\left(\dfrac{1}{2n}\right)\right]^n.$$

由 $f\left(\dfrac{1}{2}\right) = a^{\frac{1}{2}}$,得 $f\left(\dfrac{1}{2n}\right) = a^{\frac{1}{2n}}$,再由(2)可知 $a_n = f\left(2n+\dfrac{1}{2n}\right) = f\left(\dfrac{1}{2n}\right) = a^{\frac{1}{2n}}$,所以 $\lim\limits_{n\to\infty}(\ln a_n) = \lim\limits_{n\to\infty} \dfrac{1}{2n} \ln a = 0$.

例 3.22 已知 $f(x)$ 是定义在 **R** 上的不恒为零的函数,且对任意的 a、$b \in \mathbf{R}$ 都满足 $f(a \cdot b) = af(b) + bf(a)$.

(1) 求 $f(0)$、$f(1)$ 的值.

(2) 判断 $f(x)$ 的奇偶性,并证明你的结论.

(3) 若 $U_n = \dfrac{f(2^{-n})}{n}$ ($n \in \mathbf{N}_+$),$f(2) = 2$,求数列 $\{U_n\}$ 的前 n 项和 S_n.

分析 由已知关系式比较容易求得(1)(2)答案,本题难在第(3)题.

(1) 先后令 $a=0$、$b=0$;$a=1$,$b=1$,可得 $f(0) = 0$,$f(1) = 0$.

(2) 令 $a=b=-1$，得 $f(-1)=0$. 再令 $a=x,b=-1$，则 $f(-x)=xf(-1)-f(x)=-f(x)$，所以 $f(x)$ 是奇函数.

(3) 当 $ab\neq 0$ 时，$\dfrac{f(ab)}{ab}=\dfrac{f(b)}{b}+\dfrac{f(a)}{a}$. 令 $g(x)=\dfrac{f(x)}{x}$，则 $g(a\cdot b)=g(a)+g(b)$，且 $f(x)=xg(x)$.

将 $g(x)$ 与具体函数中的对数函数类比，反复应用 $g(a\cdot a)=g(a)+g(a)$，可得 $g(a^n)=ng(a)$，所以

$$f(a^n)=a^n g(a^n)=na^n g(a)=na^{n-1}f(a),\ U_n=\dfrac{f(2^{-n})}{n}=\left(\dfrac{1}{2}\right)^{n-1}f\left(\dfrac{1}{2}\right).$$

又因为 $f(2)=2$，所以 $f(1)=f\left(2\times\dfrac{1}{2}\right)=2f\left(\dfrac{1}{2}\right)+1=0$，得 $f\left(\dfrac{1}{2}\right)=-\dfrac{1}{2}$，从而

$$U_n=\left(-\dfrac{1}{2}\right)\left(\dfrac{1}{2}\right)^{n-1}=-\dfrac{1}{2^n}.$$

故 $S_n=\left(\dfrac{1}{2}\right)^n-1,n\in\mathbf{N}_+$.

例 3.23 已知定义域为 **R** 的函数 $y=f(x)$ 的对称轴为 $x=1$，求 $y=f(2x)$ 的一条对称轴方程.

分析 作为较抽象的函数问题（没有给出具体的解析式），往往让人束手无策，然而运用特殊化这个基本思想，则能激活思维，使问题迎刃而解. 找一个最熟知且对称轴为 $x=1$ 的函数 $y=(x-1)^2$. 这样，$f(2x)=(2x-1)^2=4\left(x-\dfrac{1}{2}\right)^2$，可知其对称轴为 $x=\dfrac{1}{2}$. 由此进行类比，只要证明 $x=\dfrac{1}{2}$ 确实是 $y=f(2x)$ 的一条对称轴就可以了.

事实上，$y=f(x)$ 的一条对称轴为 $x=1$，故对 $x\in\mathbf{R}$，则有 $f(1-x)=f(1+x)$. 设 $P(x_0,y_0)$ 是 $y=f(2x)$ 图形上任一点，则 $y_0=f(2x_0)$，且 $P(x_0,y_0)$ 关于 $x=\dfrac{1}{2}$ 的对称点为 $P(1-x_0,y_0)$，由于 $f[2(1-x_0)]=f(2-2x_0)=f[1-(1-2x_0)]=f(2x_0)=y_0$，因此 Q 也在曲线 $y=f(2x)$ 的图形上，故 $x=\dfrac{1}{2}$ 是 $y=f(2x)$ 的一条对称轴.

例 3.24 已知定义域为 **R** 的函数 $y=f(x)$ 有两条对称轴：$x=m,x=n(m\neq n)$. 求证：$y=f(x)$ 为周期函数.

分析 本题的难点是寻找 $T\neq 0$，使 $f(x+T)=f(x)(x\in\mathbf{R})$. 由于周期某种意义上是三角函数的"专利"，可把思维联系到最熟知的三角函数 $y=\sin x$ 的分析上，如图 3.11 所示. 在许多对称轴中找最基本的两条：$x=-\dfrac{\pi}{2},x=\dfrac{\pi}{2}$. 作最基本的运算（和与差）：$-\dfrac{\pi}{2}+\dfrac{\pi}{2}=0$（舍去），$\dfrac{\pi}{2}-\left(-\dfrac{\pi}{2}\right)=\pi$（进一步分析相邻两条对称轴均具有共性）. 结合 $y=\sin x$ 的周期为 2π，类比推测需要的 $T=2(n-m)$.

图 3.11

事实上，$y=f(x)$有两条对称轴$x=m$，$x=n(m\neq n)$，因此对$x\in \mathbf{R}$，有$f(m+x)=f(m-x)$，$f(n+x)=f(n-x)$.

故对$x\in \mathbf{R}$，有$f[x+2(n-m)]=f[n+(n+x-2m)]=f[n-(n+x-2m)]=f[m+(m-x)]=f[m-(m-x)]=f(x)$.

故可取$T=2(n-m)\neq 0$，使$f(x+T)=f(x)$，因此$y=f(x)$为周期函数.

一般来说，类比具体函数，常用的抽象函数对称性有以下三个方面.

(1) 函数$y=f(x)$关于$x=a$对称$\Leftrightarrow f(a+x)=f(a-x)$，也可以写成$f(x)=f(2a-x)$或$f(-x)=f(2a+x)$.

(2) 函数$y=f(x)$关于点(a,b)对称$\Leftrightarrow f(a+x)+f(a-x)=2b$，也可以写成$f(2a+x)+f(-x)=2b$或$f(2a-x)+f(x)=2b$.

(3) $y=f(x)$与$y=-f(x)$关于x轴对称；

$y=f(x)$与$y=f(-x)$关于y轴对称；

$y=f(x)$与$y=f(2a-x)$关于直线$x=a$对称；

$y=f(x)$与$y=2a-f(x)$关于直线$y=a$对称；

$y=f(x)$与$y=2b-f(2a-x)$关于点(a,b)对称；

$y=f(a-x)$与$y=f(x-b)$关于直线$x=\dfrac{a+b}{2}$对称.

例3.25 若定义在实数集$\mathbf{R}$上的函数$y=f(x)$满足$f(1+x)+f(x-1)=2$，且$f(x)$的图象关于$(1,1)$中心对称，试证明函数$f(x)$是轴对称图形，并求对称轴方程.

分析 由函数$y=f(x)$的图象关于$(1,1)$中心对称，则有

$$f(1+x)+f(1-x)=2 \qquad ①$$

又已知

$$f(1+x)+f(x-1)=2 \qquad ②$$

故$f(1-x)=f(x-1)$.于是$f(-x)=f(x)$，所以$y=f(x)$关于直线$x=0$对称.

将式①中的$1-x$替换为x，则得$f(2-x)+f(x)=2$；将式②中的$x-1$替换为x，则得$f(2+x)+f(x)=2$，故$f(2-x)=f(2+x)$.所以$y=f(x)$关于直线$x=2$对称.而$y=f(x)$是偶函数，于是$f(x+2)=f(2-x)=f(x-2)$，故$f(x+4)=f(x)$，所以函数是以4为周期的周期函数.因此，本题函数$y=f(x)$的图象是轴对称图形，且其对称轴方程为$x=2k(k\in \mathbf{Z})$.

第六节 跨学科的类比

客观世界的各学科内容彼此互相联系，如果能将其他学科与数学学科融合起来，有时会收到意想不到的效果[①].

[①] 段志贵，宁耀莹.类比——数学解题的引擎[J].中国数学教育，2018(24)：58-61.

一、类比力学原理

许多数学问题,特别是有关三角运算的问题,往往能够与物理学中的有关力学原理建立跨学科联系.

例 3.26 试求 $\sin 18°$ 的值.

分析 类比物理中的合力算法,在大小相同、终端分布在正 n 边形 n 个顶点上的共点于正 n 边形中心的力系,其合力为零,如图 3.12 所示.

在图 3.13 中,力系 $\{O; \boldsymbol{f}_1, \boldsymbol{f}_2, \boldsymbol{f}_3, \boldsymbol{f}_4, \boldsymbol{f}_5\}$ 中,合力 $\boldsymbol{F} = \boldsymbol{0}$,考虑它在 x 方向上的合力(令 $|\boldsymbol{f}_i| = 1, i = 1, 2, 3, 4, 5$)有 $1 + \cos 72° + \cos 72° - \cos 36° - \cos 36° = 0$,即

$$1 + 2\cos 72° - 2\cos 36° = 0 \qquad ①$$

图 3.12

图 3.13

又因 $\cos 72° = \sin 18°$, $\cos 36° = 1 - 2\sin^2 18°$,再代入式①有 $4\sin^2 18° + 2\sin 18° - 1 = 0$,解之得 $\sin 18° = \dfrac{\sqrt{5} - 1}{4}$(仅取正值).

例 3.27 求值:$\sin \dfrac{2}{5}\pi + \sin \dfrac{4}{5}\pi + \sin \dfrac{6}{5}\pi + \sin \dfrac{8}{5}\pi$.

分析 物理中的力学原理告诉我们:对于均匀分布的凸 n 边形,若其 n 个顶点坐标是 $(x_k, y_k)(k = 1, 2, \cdots, n)$,则其重心 $G(x, y)$ 满足 $x = \dfrac{1}{n} \sum\limits_{k=1}^{n} x_k, y = \dfrac{1}{n} \sum\limits_{k=1}^{n} y_k$.

注意到点 $A_k \left(\cos \dfrac{2k}{5}\pi, \sin \dfrac{2k}{5}\pi \right) (k = 1, 2, \cdots, 5)$,刚好把单位圆周五等分;顺次连结各分点,得正五边形.设重心 $G(x, y)$,则

$$y = \dfrac{\sin \dfrac{2}{5}\pi + \sin \dfrac{4}{5}\pi + \sin \dfrac{6}{5}\pi + \sin \dfrac{8}{5}\pi + \sin 2\pi}{5}.$$

又因单位圆的内接正多边形的重心在原点 $(0, 0)$ 及 $\sin 2\pi = 0$,所以,$\sin \dfrac{2}{5}\pi + \sin \dfrac{4}{5}\pi + \sin \dfrac{6}{5}\pi + \sin \dfrac{8}{5}\pi + \sin 2\pi = 0$,即 $\sin \dfrac{2}{5}\pi + \sin \dfrac{4}{5}\pi + \sin \dfrac{6}{5}\pi + \sin \dfrac{8}{5}\pi = 0$.

例 3.28 如图 3.14 所示,G 是 $\triangle ABC$ 的重心,l 是 $\triangle ABC$ 外一直线,若自 A、B、C、G 各点向 l 作垂线,垂足分别是 A'、B'、C'、G',则 $AA' + BB' + CC' = 3GG'$.

分析 这个问题可以直接用几何法证明,只是稍显麻烦(要引辅助线).但若从力学角度考虑,结论几乎是显而易见的.

事实上,在 A、B、C 各置一个单位质点,则整个质点系的质量为三个单位,且重心恰好在 G.

若重力方向视为与 l 垂直的方向,则质点组 $\{A, B, C\}$ 对 l 的力矩为 $1 \cdot AA' + 1 \cdot BB' + 1 \cdot CC'$,恰好等于重心 G(质量为 3 个单位)对 l 的力矩,而这个力矩正好是 $3GG'$,即 $AA' + BB' + CC' = 3GG'$.

本题的结论还可以推广:自 A、B、C、G 向 l 所作直线不一定要与 l 垂直,它们只需彼此平行即可.本题也可以推广到任意多边形的情形.

图 3.14

例 3.29 A、B、C 村庄各有学生 a、b、c 人,三村打算联合办一所学校,问学校建在什么地方最好(使所有学生走的路程总和最短)?

分析 如图 3.15 所示,在标有三村位置的木板上,三村表示的点处各钻一个孔,然后把三根系在一起的细绳从孔中穿过,再在它们下面分别拴上重为 a、b、c 的物品.当整个力学系统处于平衡位置时,三绳结点 M 的位置即为所求.可以确定,M 的位置是使

$$\frac{\sin\angle BMC}{a} = \frac{\sin\angle CMA}{b} = \frac{\sin\angle AMB}{c} \qquad (*)$$

图 3.15

成立的点,以下采用面积法证明这个结论.

设 M 是 $\triangle ABC$ 内使式($*$)成立的点,又设 P 为 $\triangle ABC$ 内其他点,则 $a \cdot PA + b \cdot PB + c \cdot PC \geq a \cdot MA + b \cdot MB + c \cdot MC$,等号仅当 M、P 重合时成立.

如图 3.16 所示,过 A、B、C 分别作 MA、MB、MC 的垂线.易证:$\sin D = \sin\angle BMC$,$\sin E = \sin\angle CMA$,$\sin F = \sin\angle AMB$.

由题设及正弦定理有

$$\frac{EF}{a} = \frac{DF}{b} = \frac{DE}{c} = k \quad (k > 0),$$

图 3.16

而 $S_{\triangle DEF} = S_{\triangle FME} + S_{\triangle FMD} + S_{\triangle DME}$

$$= \frac{1}{2}(EF \cdot MA + FD \cdot MB + DE \cdot MC)$$

$$= \frac{k}{2}(a \cdot MA + b \cdot MB + c \cdot MC),$$

又 $\frac{k}{2}(a \cdot PA + b \cdot PB + c \cdot PC) = \frac{1}{2}(EF \cdot PA + FD \cdot PB + DE \cdot PC)$

$$\geq S_{\triangle PEF} + S_{\triangle PDF} + S_{\triangle PDE} = S_{\triangle DEF},$$

$a \cdot PA + b \cdot PB + c \cdot PC \geq a \cdot MA + b \cdot MB + c \cdot MC.$

上式当且仅当 $EF \perp PA, FD \perp PB, DE \perp PC$ 同时成立时等号成立,即 P 与 M 重合时成立.

二、类比光学原理

类比光学原理在数学解题中也常常被借用,特别是"光行最速原理"对于许多数学问题的分析理解上具有独特的利用价值."光行最速原理"指的是光从空间一点传播到另一点总是选择用时最少的路线.以下通过三个例题说明其在相关问题解决过程中的类比价值及应用方法.

例 3.30 如图 3.17 所示,l 为一条河,A、B 分别为位于两岸的居民点,由于两岸的地理环境不同,汽车在两岸行驶的速度分别设为 v_A、v_B.如要使汽车由 A 到 B 所用的时间最少,应在何处架桥?

分析 假如选择在河岸点 C 处架桥,使汽车由 A 到 B 所用时间最少.把河两岸类比为以 l 为边界的两种不同物质,光线在这两种物质中的传播速度分别为 v_A、v_B,把汽车行进路线类比为由 A 射到 B 的光线,由光行最速原理,光道路应由 A 经 C 折射到 B,再由折射定理求解.

令 $\dfrac{v_A}{\sin\alpha} = \dfrac{v_B}{\sin\beta} = \dfrac{1}{k}$,从而有

$$\tan\alpha = \frac{kv_A}{\sqrt{1-(kv_A)^2}}, \quad \tan\beta = \frac{kv_B}{\sqrt{1-(kv_B)^2}}.$$

因为

$$A'B' = A'C + CB' = AA'\tan\alpha + BB'\tan\beta$$
$$= \frac{kv_A h_a}{\sqrt{1-(kv_A)^2}} + \frac{kv_B h_b}{\sqrt{1-(kv_B)^2}}.$$

图 3.17

从中求出 k,即可求出 α、β,于是点 C 可定.

例 3.31 设 F_1、F_2 是椭圆 $\dfrac{x^2}{a^2} + \dfrac{y^2}{b^2} = 1$ 的焦点,P 是椭圆上的一个动点,l 是过点 P 的切线,F_2' 是 F_2 关于 l 的对称点,求证:$|F_1 F_2'| = 2a$.

分析 按通常的解法,需先设出切线的方程,再由对称性求出 F_2' 的坐标,然后由距离公式求 $|F_1 F_2'|$,这将陷入复杂的计算.如图 3.18 所示,如注意联想到椭圆定义 $|PF_1| + |PF_2| = 2a$,问题转化为只需证 F_1、P、F_2' 共线.

联想到椭圆的光学性质知∠1=∠2,由对称性又有∠1=∠3,因此∠2=∠3,证明便容易了.

例 3.32 在任意锐角△ABC 中,求作内接△$A'B'C'$,使其周长最短.

分析 这道作图题用平面几何方法求解极为困难,可类比光行最速原理进行探索.

依据"光行最速原理",由光源 A 射出的光线,经过平面镜反射后照到点 B,走过的路线

一定最短.在本例中,不妨假定所求△A'B'C'已作出,A'B'+B'C'+C'A'最短,如图3.19所示.想象一条光线从A'出发经CA、AB,两次镜面反射后又回到A',由光行最速原理,光道路应与△A'B'C'重合.由光反射定理,此时∠A'B'C=∠C'B'A,∠BC'A=∠B'C'A,∠C'A'B=∠B'A'C,这样的三角形就是△ABC的垂足三角形,因此,我们找到了简捷的解题途径.

图 3.18

图 3.19

综上所述,类比是数学中发现和创造的一种思维方法,特别是在把已知的事物的性质推广到类似的事物方面有着重要的作用.数学的发展历程处处存在类比的影子,特别是在数学解题的研究中,巧用类比的方法可使数学的解题变得容易.

习 题 三

1. 若 $(z-x)^2-4(x-y)(y-z)=0$ 且 x、y、z 三数两两互不相等,求证: $2y=x+z$.

2. 证明: $\tan 20°+\tan 40°+\sqrt{3}\tan 20°\cdot\tan 40°=\sqrt{3}$.

3. 设 $x_1,x_2,\cdots,x_n$ 都是正数,求证: $\dfrac{x_1^2}{x_2}+\dfrac{x_2^2}{x_3}+\cdots+\dfrac{x_n^2}{x_1}\geqslant x_1+x_2+\cdots+x_n$.

4. 函数 $y=f(x)$ 的图象与直线 $x=a$,$x=b$ 及 x 轴围成图形的面积成为函数 $f(x)$ 在 $[a,b]$ 上的面积,已知函数 $y=\sin nx$ 在 $\left[0,\dfrac{\pi}{n}\right]$ 的面积为 $\dfrac{2}{n}(n\in\mathbf{N}_+)$,求函数 $y=\sin 3x$ 在 $\left[0,\dfrac{2\pi}{3}\right]$ 上的面积.

5. 在等差数列 $\{a_n\}$ 中,若 $a_{10}=0$,则有等式 $a_1+a_2+a_3+\cdots+a_n=a_1+a_2+\cdots+a_{19-n}$ ($n<19,n\in\mathbf{N}_+$).类比上述性质,相应地,在等比数列 $\{b_n\}$ 中,若 $b_9=1$,则有等式_____.

6. 在以原点为圆心,半径为 r 的圆上有一点 $P(x_0,y_0)$,则过此点的圆的切线方程为 $x_0x+y_0y=r^2$.而在椭圆中 $\dfrac{x^2}{a^2}+\dfrac{y^2}{b^2}=1(a>b>0)$,当圆心率 e 趋近于 0 时,短半轴 b 就趋近于长半轴 a,此时椭圆就趋近于圆.类比圆的面积公式,在椭圆中,$S=$_____;类比过圆上一点 $P(x_0,y_0)$ 的圆的切线方程,则过椭圆 $\dfrac{x^2}{a^2}+\dfrac{y^2}{b^2}=1(a>b>0)$ 上的一点 $P(x_1,y_1)$ 的椭圆的切线方程为_____.

7. 设等差数列 $\{a_n\}$ 的前 n 项和为 S_n,则 $S_4,S_8-S_4,S_{12}-S_8,S_{16}-S_{12}$ 成等差数列.类

比这一结论填空:设等比数列 $\{b_n\}$ 的前 n 项积为 T_n,则 T_4,_____,_____,$\dfrac{T_{16}}{T_{12}}$ 成等比数列.

8. 求函数 $s=\dfrac{4\tan\theta-1}{2\sec\theta-1}\left(-\dfrac{\pi}{2}<\theta<\dfrac{\pi}{2}\right)$ 的最大值和最小值.

9. 设实数 x、y 满足 $3\leqslant xy^2\leqslant 8,4\leqslant\dfrac{x^2}{y}\leqslant 9$.求 $\dfrac{x^3}{y^4}$ 的最大值.

10. 已知 x、y、z 为实数,且 $xy\neq-1,yz\neq-1,zx\neq-1$,求证:
$$\dfrac{x-y}{1+xy}+\dfrac{y-z}{1+yz}+\dfrac{z-x}{1+zx}=\dfrac{x-y}{1+xy}\cdot\dfrac{y-z}{1+yz}\cdot\dfrac{z-x}{1+zx}.$$

11. 四面体交于一个顶点 O 的三条棱两两垂直,与 O 相邻的三个面的面积分别为 A、B、C,与 O 相对的面的面积为 D,求证:$A^2+B^2+C^2=D^2$.

12. 在平面上,若两个正三角形的边长的比为 $1:2$,则它们的面积比为 $1:4$.类似地,在空间,若两个正四面体的棱长的比为 $1:2$,求它们的体积比.

13. 证明:任何面积等于 1 的凸四边形的周长及两条对角线的长度之和不小于 $4+\sqrt{8}$.

14. 以棱长为 1 的正四面体的各棱为直径作球,S 是所作六个球的交集.证明 S 中没有一对点的距离大于 $\dfrac{1}{\sqrt{6}}$.

15. 如图 3.20 所示,在四面体 $ABCD$ 中,面 ECD 为二面角 $A-CD-B$ 的平分面,交 AB 于 E.求证:$\dfrac{S_{\triangle ACD}}{S_{\triangle BCD}}=\dfrac{AE}{BE}$.

16. 求 $\cos\dfrac{\pi}{11}+\cos\dfrac{3\pi}{11}+\cos\dfrac{5\pi}{11}+\cos\dfrac{7\pi}{11}+\cos\dfrac{9\pi}{11}$ 的值.

17. (1) 解方程:$\sqrt[3]{x+1}+\sqrt[3]{3x+2}+4x+3=0$.

(2) 求证:$\dfrac{(1+\sqrt{2019})^{2018}-(1-\sqrt{2019})^{2018}}{\sqrt{2019}}\in\mathbf{N}_+$.

图 3.20

18. 在一直线上从左到右依次排列着 2018 个点 $P_1,P_2,\cdots,P_{2018}$,且 P_k 是线段 $P_{k-1}P_{k+1}$ 的 k 等分点中最靠近 P_{k+1} 的那个点($2\leqslant k\leqslant 2018$),$P_1P_2=1$,$P_{2017}P_{2018}=l$.求证:$\dfrac{1}{l}=2016!$.

19. 已知 $\triangle ABC$ 中,D、E、F、G、H、I 分别是边 BC、CA、AB 的三等分点,连结 AD、AE、BF、BG、CH、CI,相交点 $R=AD\cap BG$,$S=AD\cap CI$,$T=CI\cap BF$,$W=BF\cap AE$,$X=AE\cap CH$,$Y=CH\cap BG$.求证:RW、SX、TY 的共点.

20. 已知函数 $f(x)$ 对于 $x>0$ 有意义,且满足条件 $f(2)=1,f(xy)=f(x)+f(y)$,$f(x)$ 是非减函数(定义:$\forall x_1<x_2\in D,f(x_1)\leqslant f(x_2)$,则称 $f(x)$ 是定义域在 D 上的非减函数).

(1) 证明 $f(1)=0$.

(2) 若 $f(x)+f(x-2)\geqslant 2$ 成立,求 x 的取值范围.

21. 设函数 $f(x)$ 的定义域为 $\mathbf{R}$,对于任意实数 m、n,总有 $f(m+n)=f(m) \cdot f(n)$,且 $x>0$ 时,$0<f(x)<1$.

(1) 证明:$f(0)=1$,且 $x<0$ 时 $f(x)>1$.

(2) 证明:$f(x)$ 在 $\mathbf{R}$ 上单调递减.

(3) 设 $A=\{(x,y)|f(x^2) \cdot f(y^2)>f(1)\}$,$B=\{(x,y)|f(ax-y+2)=1,a\in\mathbf{R}\}$,若 $A\cap B=\phi$,确定 a 的范围.

22. 定义在 $\mathbf{R}$ 上的单调函数 $f(x)$ 满足 $f(3)=\log_2 3$,且对任意 $x,y\in\mathbf{R}$ 都有 $f(x+y)=f(x)+f(y)$.

(1) 求证 $f(x)$ 为奇函数.

(2) 若 $f(k \cdot 3^x)+f(3^x-9^x-2)<0$ 对任意 $x\in\mathbf{R}$ 恒成立,求实数 k 的取值范围.

23. 化简:$\sin 2x \sin 2y \sin 2z + \sin(x+y)\sin(y+z)\sin(z+x) + \sin(x+z)\sin(y+z) \cdot \sin(y+x) - \sin(y+x)\sin 2z \sin(x+y) - \sin(y+z)\sin(z+y)\sin 2x - \sin(z+x)\sin(x+z)\sin 2y$.

24. 如图 3.21 所示,已知椭圆 $\dfrac{x^2}{a^2}+\dfrac{y^2}{b^2}=1(a>b>0)$,点 P 为其上一点,F_1、F_2 为椭圆的焦点,$\angle F_1PF_2$ 的外角平分线为 l,点 F_2 关于 l 的对称点为 Q,F_2Q 交 l 于点 R.当点 P 在椭圆上运动时,求 R 形成的轨迹方程.

图 3.21

数学推理的每一步,直觉都是不可缺少的.

——[法]笛卡儿(1596—1690)

数学的全部力量就在于直觉和严格性巧妙地结合在一起.

——[英]伊恩·斯图尔特(1945—　)

第四章　直觉:解题的精灵

人们认识事物是一个复杂的过程,需要经历若干阶段才能逐渐透过现象认识事物的本质.认识的最初阶段只能根据已有的部分事实及结果,运用某种判断推理的思维方法,对某类现象提出一种推测性看法,这种推测性看法就是直觉.数学直觉就是依据某些已知的事实和数学知识,对未知量及其关系作出的一种似真判断.直觉思维如同逻辑思维与形象思维一样,是人类的基本思维形式.

直觉也是数学思维的重要内容之一,如欧氏几何的建立就充分体现了"依据直觉建立理论"的古希腊精神.把几何学公理看作不证自明的事实,是古希腊哲学家、科学家共有的直觉观念.在数学解题中,直觉是一种念头.好的念头如同精灵,能使解题顺利完成.

第一节　直觉解题的心理机制

直觉思维是以高度省略、简化、浓缩的形式洞察问题实质的思维.正如南京大学数学教育专家郑毓信教授所说,"数学直觉是一种直接反映数学对象结构关系的心智活动形式,它是人脑对于数学对象的某种直接的领悟或洞察".

例 4.1　如图 4.1 所示,在平面直角坐标系中,设三角形 ABC 顶点分别为 $A(0,a)$、$B(b,0)$、$C(c,0)$;点 $P(0,p)$ 为线段 AO 上的一点(异于端点),这里 a、b、c、p 为非零常数.设直线 BP、CP 分别与边 AC、AB 交于点 E、F.某同学已正确求得直线 OE 的方程:$\left(\dfrac{1}{b}-\dfrac{1}{c}\right)x+\left(\dfrac{1}{p}-\dfrac{1}{a}\right)y=0$.请你完成直线 OF 的方程:$(\quad)x+\left(\dfrac{1}{p}-\dfrac{1}{a}\right)y=0$.

分析　数学的直觉告诉我们,只要把 b 和 c 轮换一下即可,即只要在圆括号中填上 $\dfrac{1}{b}-\dfrac{1}{c}$ 的相反数 $\dfrac{1}{c}-\dfrac{1}{b}$,则直线 OF 的方程即是 $\left(\dfrac{1}{c}-\dfrac{1}{b}\right)x+\left(\dfrac{1}{p}-\dfrac{1}{a}\right)y=0$.

不夸张地说,凭借直觉获得本题解答可能只在一瞬间,这要比

图　4.1

对题设进行特殊化,诸如 BE 与 AC 垂直、$\angle EOC$ 与 $\angle FOB$ 相等等处理方法快得多.显然,直觉判断运用"轮换对称"法则在这里起到了重要作用.

如果要求严格意义上的证明,即把演绎推理的步骤一步一步地表达出来,上面的这个直觉等于完成了以下较为复杂的思维过程.

首先,根据题设中所给的点的坐标,我们不难求出直线 AB 和 AC 的方程,即

$$AB: ax + by - ab = 0;$$
$$AC: ax + cy - ac = 0.$$

由 B、P 和 C、P 得到直线 BE 和 CF 的方程,即

$$BE: px + by - bp = 0;$$
$$CF: px + cy - cp = 0.$$

分别联立方程组并求解,从而可以确定点 E、F 的坐标:

$$E = AC \cap BE: \begin{cases} ax + cy - ac = 0, \\ px + by - bp = 0; \end{cases}$$

$$F = AB \cap CF: \begin{cases} ax + by - ab = 0, \\ px + cy - cp = 0. \end{cases}$$

解之得,点 E、F 的横坐标与纵坐标分别为

$$E_x = \frac{abc - pbc}{ab - pc}, \quad E_y = \frac{pab - pac}{ab - pc};$$

$$F_x = \frac{abc - pbc}{ac - pb}, \quad F_y = \frac{pac - pab}{ac - pb}.$$

这里,字母 b 和 c 的地位仍与上面相同,仅是一种轮换与对称.我们来看直线 OE 和 OF 的斜率:

$$k_{OE} = \frac{E_y}{E_x} = \frac{pab - pac}{abc - pbc}, \quad k_{OF} = \frac{F_y}{F_x} = \frac{pac - pab}{abc - pbc}.$$

它们互为相反数,结论正确无误.当然,我们在思维上也不必完全按照上述步骤推进.以下方法可能更为简捷.

事实上,直线 AB 和直线 $CP(CF)$ 的方程可由直线方程的截距式直接求出.

$$AB: \frac{x}{b} + \frac{y}{a} = 1, \quad CP: \frac{x}{c} + \frac{y}{p} = 1.$$

把它们联立起来,左右两边分别相减可得

$$\begin{cases} \frac{x}{b} + \frac{y}{a} = 1 \\ \frac{x}{c} + \frac{y}{p} = 1 \end{cases} \Rightarrow \left(\frac{1}{c} - \frac{1}{b}\right)x + \left(\frac{1}{p} - \frac{1}{a}\right)y = 0.$$

显然,直线 AB 和直线 CF 的交点 F 的坐标满足上式右边的方程,故答案为 $\frac{1}{c}-\frac{1}{b}$. 这一解答过程非常简单,但其解题速度相比解题直觉要慢一拍.

数学解题直觉虽然给人一种"知其然,不知其所以然""只可意会,难以言传"的感觉,但它并不是一种神秘而不可捉摸的主观幻象. 一般认为,数学解题直觉是基于某种适宜的环境条件,通过大脑激活主体建构解题认知结构的心理过程. 主体的数学知识经验越丰富,大脑发育越成熟,各种心理能力发展得越好,那么该主体所建构的解题认知结构就越完善,由此产生的解题直觉水平就越高. 比如上题,熟悉数学中的"轮换对称"法则、熟悉直线的各类形式、知道运算上的技巧等,产生直觉的土壤也就基本形成了,否则,就很难产生这样一种解题直觉.

激活数学认知结构是数学解题直觉发生的关键. 一般地,容量大、内涵丰富、概括性极强、反映数学对象本质的高水平数学认知结构,或者是已被多次激活过、处于活跃期的数学认知结构更容易被激活[1]. 数学认知结构一旦被激活,大脑过滤的各类信息就会增多,想象力与理解力就会增强,因而更容易产生解题直觉.

基于数学解题的心理学分析,可以发现解题直觉具有以下几个特点.

1. 非逻辑性

解题直觉的非逻辑性,主要体现在直觉与逻辑之间的对立上. 著名数学家、数学教育家波利亚曾对直觉思维有过惟妙惟肖的描述,他写道:"一个突然产生的,展示了惊人的新念头或新想法,具有一种令人难忘的重要气氛,并给人以强烈的信念. 这种信念常常表现为诸如'现在我有啦!''我求出来了!''原来是这一招!'等惊叹."高斯曾以数年的时间企图证明一个算术定理,后来,他写道:"我突然证出来了,但这简直不是我自己努力的结果,而是由于上帝的恩赐——如同一个闪电那样突然出现在我脑海之中,疑团一下子被解开了,连我自己也无法说清在先前已经了解的东西与使我获得成功的东西之间是怎样直接联系起来的."

例 4.2 如图 4.2 所示,圆内接四边形边长依次是 25、39、52 和 60,这个圆的直径是( ).

A. 62   B. 63   C. 65   D. 69

分析 看到这一题目,我们一开始并不能找出正确答案,但"扫描"这四个选项,倘若有一定的知识或经验积累,我们就会有这样的直觉——选 C. 究其原因,也许并不能肯定地回答说:65、25、60 都是 5 的倍数. 这一答案是正确的,当然根据这个直觉选 C,理由并不充分,但优先考虑 C 是合理的:$65=5\times13$,$25=5\times5$,$60=5\times12$ 是一组勾股数,而 65、52、39 又都是 13 的倍数,组成另一组勾股数,所以 C 正确.

图 4.2

2. 或然性

数学直觉思维是一种不连贯的跳跃式思维,通过数学直觉思维获得的认知是在逻辑依据不充分的前提下,对数学对象(结构及关系)作出的一种判断. 这种判断可能是正确的,也

---
[1] 段志贵. 基于认知心理分析的数学直觉思维探究[J]. 数学学习与研究,2011(22):100-101.

可能是错误的,这一特殊性就是数学直觉思维的或然性(或猜测性).采用直觉思维的目的在于能在较短的时间内找到事物的本质或内在的联系,凭直觉大胆提出猜想.事实上,这个猜想有可能经严格的逻辑证明被证实,从而成为定理,也有可能被推翻.

例如,一百多年前,英国人格色里凭直觉提出一个"四色猜想"问题,直到 1976 年才由美国数学家借助大型电子计算机严格地证明了四色猜想的正确性.

又如,法国数学家费马曾根据 $2^{2^1}+1=5;2^{2^3}+1=247;2^{2^4}+1=65537$ 都是素数,提出猜想"任何形如 $2^{2^n}+1$ 的数都是素数".半个多世纪以后,才由欧拉指出:当 $n=5$ 时,$2^{2^5}+1=4294967597=641\times6700417$,它并非素数,从而推翻了费马当时的猜想.

3. 跳跃性

数学解题直觉思维在时间上表现为快速性、突然性(突发性),而在过程上表现为跳跃性或间断性(不连贯性),思维者不是按部就班地推理,而是跳过若干中间步骤或略过一些细节,直接把握对象或问题的本质联系.

例 4.3 已知 $\dfrac{c}{a+b}=\dfrac{a}{b+c}=\dfrac{b}{a+c}$,且 $a+b+c\neq0$,则 a、b、c 满足什么关系?

分析 数学直觉思维能力强的解题者,能够根据已知条件的特征,直接得出答案 $a=b=c$,而省去了中间的步骤.就本题而言,中间步骤如下.

令 $\dfrac{c}{a+b}=\dfrac{a}{b+c}=\dfrac{b}{a+c}=k$,即 $a=k(b+c),b=k(a+c),c=k(a+b),a+b+c=2k(a+b+c)\Rightarrow k=\dfrac{1}{2},2c=a+b,2b=c+a,2a=b+c$.又因为 $a+b+c\neq0$,所以 $a=b=c$.

4. 整体性

一般来说,数学直觉是关于研究对象的整体性认识,尽管这并非一幅毫无遗漏的"图画",它的某些细节甚至可能是模糊的,因为不拘小节,直觉便可能更深刻地揭示出事物的本质或问题的关键.下面用一个浅显的例题说明直觉的整体性.

例 4.4 3 个空瓶可换回 1 瓶汽水,某人现有 10 瓶汽水,他不再添钱,最多还可喝上几瓶汽水?

分析 一般思路是按照已知条件逐一兑换,第一次有 10 个空瓶,可换 3 瓶汽水,剩 1 个空瓶;第二次有 4 个空瓶,可换 1 瓶汽水,剩 1 个空瓶;第三次有 2 个空瓶,可借 1 个空瓶,换来 1 瓶汽水,喝后还回一个空瓶,一共可喝上 3+1+1=5(瓶).这个算术解法将细节展示无遗,第三次兑换时,还需要一点小机智,而这点机智之所以可行,恰好在于它抓住了问题的本质,恰如其分地被揭示出来.

本题还可以从方程的角度考虑,设最多还可喝上 x 瓶汽水,则共有 $10+x$ 个空瓶,按兑换条件有 $\dfrac{10+x}{3}=x$,解得 $x=5$(瓶).这个方程解法已经不拘泥于细节,而是直接抓住问题的本质了,且整个过程是合乎逻辑的.

那么,有没有出奇制胜的解法呢?我们看到由兑换条件"3 个空瓶可换回 1 瓶汽水",本质上就是 2 个空瓶可换回 1 个瓶里的"汽水",所以 10 个空瓶可换回 $10\div2=5$(瓶)"汽水".这个解法多少有点令人兴奋,因为它透过现象直接抓住已知条件的"本质",如果没有良好的整体直觉,是很难产生这种直接抓实质的念头的.

综上所述,在解题过程中,人们依据直觉,通过观察、类比、想象、猜想及审美等对问题作出判断、猜想或假设,使问题渐次有了可靠的抓手.因此,直觉往往会成为解决问题的关键因素.

第二节　解题直觉的呈现

对不同的人来说,对同样的问题可能有不同的反映或表示方式,直觉受制于个人水平、阅历、外界环境等多个方面.同一个人不同时间对于不同对象的直觉也不尽相同.一般来说,数学解题中的直觉的呈现主要包括以下几种形态.

一、在探寻解法过程中突现灵感

波利亚认为,虽然解决重大问题是一个重大发现,但求解任何问题都有一个过程,哪怕是点滴的发现.他把这个过程中的突然进展称为"好念头",我们现在称之为直觉.波利亚说他的《怎样解题》中的所有问题和建议都与好念头有关.他还说,冒出一个好念头是一种"灵感活动".虽然每个人都体验过好念头的出现,但只能心领神会而难以言传,因为它往往是"潜意识"工作的结果.

在探索和发现问题解法的过程中,数学直觉起了重要的作用.虽然直觉过程是认识上的一个飞跃,但这种飞跃并不全是爆发性的"顿悟".事实上,面对某一问题迅速留下的印象或作出的判断,许多都不具有明显的爆发性,并不能将其称为"灵感"或"顿悟",但仍然属于直觉的范围.只是灵感在解决问题时的突然点破,所获得的结果更令人兴奋,因而更引人注目罢了.

例 4.5　若两个等差数列 $\{a_n\}$、$\{b_n\}$ 的前 n 项和分别为 A_n 和 B_n,且满足 $\dfrac{A_n}{B_n}=\dfrac{3n+2}{2n+1}$ ($n\in \mathbf{N}_+$),则 $\dfrac{a_{11}}{b_{11}}$ 的值是＿＿＿＿＿.

分析　直接计算 $\dfrac{a_{11}}{b_{11}}$,或者通过题目所给条件 $\dfrac{A_n}{B_n}=\dfrac{3n+2}{2n+1}$,代入 $n=11$,都不能得到解题的结果.然而,如果在探究的过程中注意到一个概念——等差数列,可能就会在脑海里闪现出一个念头,即 $a_{11}=\dfrac{a_1+a_{21}}{2}$,$b_{11}=\dfrac{b_1+b_{21}}{2}$,从这里出发,再令 $n=21$,问题便容易解决了.事实上,

$$\dfrac{a_{11}}{b_{11}}=\dfrac{2a_{11}}{2b_{11}}=\dfrac{a_1+a_{21}}{b_1+b_{21}}=\dfrac{\dfrac{21(a_1+a_{21})}{2}}{\dfrac{21(b_1+b_{21})}{2}}=\dfrac{A_{21}}{B_{21}}=\dfrac{3\times 21+2}{2\times 21+1}=\dfrac{65}{43}.$$

例 4.6　集合 $\left\{23,-34,57,\dfrac{18}{17},86,-75,\dfrac{3}{7},-1\right\}$ 的每一个非空子集的元素乘积(单元素集取元素本身)之和是＿＿＿＿＿.

分析　看似复杂的题目,随着单元素集、两元素集的尝试,就会感觉到在所有子集中存

在一个特殊的元素-1,当出现$23,-34,57,\frac{18}{17},86,-75,\frac{3}{7}$单元素集时,只要取其中任意一个数与$-1$搭配,形成的乘积正好是原来数的相反数.以此类推,可以得到$23,-34,57,\frac{18}{17}$,$86,-75,\frac{3}{7}$中任意几个数的乘积,必定存在一个相反数,相加之后正好为0,最后只剩下一个数,也就是-1.所以原题的答案是-1.

二、在演绎推理过程中超越规则

在数学发现中,当演绎推理与直觉交织在一起时,一般不是依三段论规则按步解题,而是采用比较迅速、比较"自由"的方式解题.这里,通常有两种情况:一种是原有逻辑程序的简化和压缩,多表现为在大脑中迅速检索到一种"思维块"并直接作出判断,把它展开也可分解为连续的三段论的推理链;另一种是推理链中包含不合三段论规则的环节.成功地作出这些判断,就是直觉起作用的结果.

例 4.7 已知$a>0,b>0,c>2$,且$a+b=2$,求$\frac{ac}{b}+\frac{c}{ab}-\frac{c}{2}+\frac{\sqrt{5}}{c-2}$的最小值.

分析 本题目标中含有三个变量,从已知条件看,c与a、b之间无直接联系,因此,直觉判断可以把对c和对a、b分开处理.显然,a、b二元关联,应当优先处理,而后再单独解决变量c.基于直觉的思路,为解题明确了前进的方向,也为最终实现问题解决奠定了基础.事实上,

$$\frac{ac}{b}+\frac{c}{ab}=c\left(\frac{a}{b}+\frac{1}{ab}\right)=c\left[\frac{a}{b}+\frac{(a+b)^2}{4ab}\right]=c\left(\frac{5a}{4b}+\frac{b}{4a}+\frac{1}{2}\right)\geqslant\frac{\sqrt{5}+1}{2}c.$$

于是,

$$\frac{ac}{b}+\frac{c}{ab}-\frac{c}{2}+\frac{\sqrt{5}}{c-2}\geqslant c\cdot\frac{\sqrt{5}+1}{2}-\frac{c}{2}+\frac{\sqrt{5}}{c-2}=\frac{\sqrt{5}}{2}c+\frac{\sqrt{5}}{c-2}$$
$$=\sqrt{5}\left(\frac{c-2}{2}+\frac{1}{c-2}+1\right)\geqslant\sqrt{10}+\sqrt{5}.$$

由$c-2>0$知,当且仅当$c=2+\sqrt{2}$时,取等号.

例 4.8 已知函数$f(x)$对于一切实数x,y都有$f(x+y)=f(x)+f(y)$成立,且当$x>0$时,恒有$f(x)<0$,试判断函数$f(x)$的单调性.

分析 从题目条件中可以推出:任取x_1,x_2,使得$x_1<x_2$,则$x_2-x_1>0$,所以$f(x_2-x_1)<0$.而结论则是要判断$f(x_1)$和$f(x_2)$之间的大小关系,两者好像差距甚远.从"对于一切实数x,y都有$f(x+y)=f(x)+f(y)$成立"这一条件出发,若有$f(-x)=-f(x)$.则可得出

$$f(x_2)-f(x_1)=f(x_2)+f(-x_1)=f(x_2-x_1)<0,$$

所以$f(x_2)<f(x_1)$,函数$f(x)$在$\mathbf{R}$上单调递减.据此,探索能不能证明$f(-x)=-f(x)$?顺着这样的直觉思路继续下去,本题也许能够得到解决.事实上,$f(0)=0$.再由$f(x-x)=$

$f(x)+f(-x)$,得 $f(-x)=-f(x)$.

在以直觉为基础的创造性思维中,非演绎的或超越演绎规则的思维不仅是允许的,甚至是"合理"和必要的.数学发现极其需要思维的跳跃,从对象甲跳到对象乙,乃至跳到对象丙和对象丁,这样才有可能发现已有的知识系统中所没有包含的新东西.

三、在归纳总结过程中跳跃进程

与演绎推理不同,不完全归纳推理只是一种合情推理.波利亚认为,虽然数学家的创造性工作成果是论证推理,即证明,但这个证明是通过合情推理和猜想而引发的.想要数学的学习稍能反映数学的发现过程,那么就应当让猜测、合情推理占有适当的位置.

例 4.9 已知数列 $\{a_n\}$ 的首项 $a_1=1$,且有 $a_{n+1}=\dfrac{a_n}{a_n+1}$,求这个数列的通项公式.

分析 对于熟悉数列各种解法的人来说,本题很简单,采用倒数法即可.事实上,由 $a_{n+1}=\dfrac{a_n}{a_n+1}$ 得 $\dfrac{1}{a_{n+1}}=\dfrac{a_n+1}{a_n}=1+\dfrac{1}{a_n}$,$\dfrac{1}{a_{n+1}}-\dfrac{1}{a_n}=1$,故 $\left\{\dfrac{1}{a_n}\right\}$ 是首项为1、公差为1的等差数列,然后利用等差数列通项公式,很快求得 $a_n=\dfrac{1}{n}$.

而对一个刚开始学习数列的人来说,本题可以分别代入 $n=1,n=2,n=3,\cdots$,得到 $a_2=\dfrac{1}{2},a_3=\dfrac{1}{3},a_4=\dfrac{1}{4},\cdots$,直觉猜想出本题结论应当是 $a_n=\dfrac{1}{n}$.

正如波利亚所指出的,作为合情推理的特殊情况的归纳,它的作用本身还存在很多争议.这是因为,我们根本不可能仅由形式逻辑意义上的归纳推理就能实现数学的发现.一个普遍性判断包含了被归纳的事实中所没有的内容,因而在由几个单称判断归纳出一个新的全称判断时,归纳进程必然会存在跳跃.

数学发现也不可能局限于这种从一个个单个陈述跳到普遍陈述,而是可能在对事物的观察中,根本就没有这种结论的陈述.这些用形式逻辑解释显得无能为力的地方,只能视为直觉思维创造的结果.因此,在处理数学问题时,无论是把一般性问题特殊化,还是把特殊性问题一般化,都需要直觉的跳跃.

四、在解题联想过程中不落窠臼

依据解题中的相关对象或相似因素,或熟悉的解题模式,人们在解题中常常会作出不落窠臼的跳跃式的自由联想.比如,遇有平面向量数量积的求解,可以联想转化为基底向量运算或者坐标法,或者利用射影定义,甚至可以想到利用极化恒等式.但是,数学发现中所用的联想,同样不可能是形式逻辑中所说的由现成的前提就可以得出结论的推理.事实上,无论是由原象联想类比象,还是基于某种已知因素探寻合适的解题模式,都是具有很大跳跃性的直觉判断,根本无法用形式逻辑解释清楚.因此,在数学发现中运用过往的经验时,我们可以发散思维,而无须受某种思维束缚.

例 4.10 设 $f(x)=\dfrac{4^x}{4^x+2}$,若 $S=f\left(\dfrac{1}{2015}\right)+f\left(\dfrac{2}{2015}\right)+\cdots+f\left(\dfrac{2014}{2015}\right)$,求 S.

分析 本题若直接求和难度较大.在本书第三章例 3.5 和例 3.13 中都曾讨论过这一题

型,由此我们也许会受到某种启发.观察所求和式发现:$f(x)$中的自变量分别满足

$$\frac{1}{2015}+\frac{2014}{2015}=\frac{2}{2015}+\frac{2013}{2015}=\cdots=\frac{1007}{2015}+\frac{1008}{2015}=1.$$

进一步作出推测,是否存在关系式:

$$f\left(\frac{1}{2015}\right)+f\left(\frac{2014}{2015}\right)=f\left(\frac{2}{2015}\right)+f\left(\frac{2013}{2015}\right)=\cdots=f\left(\frac{1007}{2015}\right)+f\left(\frac{1008}{2015}\right)=常数,$$

即 $f\left(\frac{k}{2015}\right)+f\left(\frac{2015-k}{2015}\right)=常数(1\leqslant k\leqslant 1007)$.这一直觉猜测使解题思路明朗了.由题设条件不难推得 $f\left(\frac{k}{2015}\right)+f\left(\frac{2015-k}{2015}\right)=1(1\leqslant k\leqslant 1007)$.

据此,可以类比高斯求解"$1+2+3+\cdots+100$"的倒序相加法,有

$$S=f\left(\frac{1}{2015}\right)+f\left(\frac{2}{2015}\right)+\cdots+f\left(\frac{2014}{2015}\right),$$

$$S=f\left(\frac{2014}{2015}\right)+f\left(\frac{2013}{2015}\right)+\cdots+f\left(\frac{1}{2015}\right).$$

两式相加可得,$2S=2014$,所以 $S=1007$.

第三节 解题直觉的捕获

突然闪现的直觉也会瞬间消逝,那么我们如何捕捉解题直觉呢?以下几个途径对于我们在解题中萌生和运用直觉具有十分重要的意义.

一、透视原题背景形成直觉

许多问题的解决往往要通过仔细的观察分析,发现问题各个环节中的联系,尤其是要透过问题的表象,直觉捕捉问题背后蕴藏的数学知识点与数学思想方法,真正感知到编题者命题的意图所在,为顺利解决问题奠定基础[①].

例 4.11 设 n 为正整数,证明:$\frac{2^{2n}}{2n}\leqslant C_{2n}^n\leqslant 2^{2n}$.

分析 看到这个问题,可能会觉得很难,不知道怎么下手,而且如果企图通过演算求解,一定非常繁琐.通过对原题的仔细观察不难发现,C_{2n}^n 为 $(x+y)^{2n}$ 展开式的第 $n+1$ 项的系数,所以直觉可以使用二项式定理证明.通过观察发现,这个题目会用到二项式定理的相关知识,那么下面应该怎么做呢?由这一直觉出发,我们把解题思路向下延伸.

$$(x+y)^{2n}=C_{2n}^0 x^{2n}+C_{2n}^1 x^{2n-1}y+\cdots+C_{2n}^n x^n y^n+\cdots+C_{2n}^{2n}y^{2n},$$

其中,C_{2n}^n 为二项式展开式中的最大系数.令 $x=y=1$,又因

---

① 段志贵,陈馨悦,黄云鹤.直觉:数学解题的精灵[J].中学数学研究,2021(1):42-45.

$$(1+1)^{2n} = C_{2n}^0 + C_{2n}^1 + \cdots + C_{2n}^n + \cdots + C_{2n}^{2n} \leqslant 2n C_{2n}^n.$$

在此大背景下,可得出 $\dfrac{2^{2n}}{2n} \leqslant C_{2n}^n \leqslant 2^{2n}$.

例 4.12 设 $a \in \mathbf{R}$,若 $x > 0$,均有 $[(a-1)x-1](x^2-ax-1) \geqslant 0$,求 a 的值或取值范围.

分析 首先介绍本题求解的一般思路.基于问题所给条件,两个代数式乘积为非负数,则按照一般思路可分两种情况.

(1) $\begin{cases}(a-1)x-1 \leqslant 0, \\ x^2-ax-1 \leqslant 0.\end{cases}$ 或(2) $\begin{cases}(a-1)x-1 \geqslant 0, \\ x^2-ax-1 \geqslant 0.\end{cases}$

对于不等式组(1),因为 $x > 0$,若 a 有解,则 $\dfrac{x^2-1}{x} \leqslant a \leqslant \dfrac{x+1}{x}$.

因为 $\dfrac{x+1}{x} \in \left[\dfrac{3}{2}, +\infty\right)$, $\dfrac{x^2-1}{x} \in \left(-\infty, \dfrac{3}{2}\right]$,所以 $a = \dfrac{3}{2}$.

不等式组(2)的求解同理可得 $a = \dfrac{3}{2}$.

上述一般思路的求解并不轻松,不小心还可能出错.有没有更直观、更明了的解法呢?观察本题已知条件,可能发现本题的背景源自两个简单的函数之积,一个是一次函数 $y_1 = (a-1)x-1$,一个是二次函数 $y_2 = x^2-ax-1$.从这两个函数入手,我们分别作出它们的函数图象,如图 4.3 所示,很快可以分析得到这两个函数都过定点 $P(0, -1)$.

再考察函数 $y_1 = (a-1)x-1$:令 $y_1 = 0$,得 $M\left(\dfrac{1}{a-1}, 0\right)$. 通过讨论可以发现 $a > 1$;考察函数 $y_2 = x^2-ax-1$,因为 $x > 0$ 时均有 $[(a-1)x-1](x^2-ax-1) \geqslant 0$,所以 $y_2 = x^2-ax-1$ 也过点 $M\left(\dfrac{1}{a-1}, 0\right)$,如图 4.3 所示.代入得 $\left(\dfrac{1}{a-1}\right)^2 - \dfrac{a}{a-1} - 1 = 0$,解得 $a = \dfrac{3}{2}$ 或 $a = 0$(舍去).

图 4.3

本题在真正实施求解时,为体现解题的完整与规范,首先要进行分类,把 a 分为两类,即 $a = 1$ 和 $a \neq 1$ 两种情况讨论.

综上所述,对于一个比较难的问题,我们要力求把它还原到其所在的大背景下进行审视,也许这样就会容易得多了.

二、数形结合产生直觉

华罗庚说过:"数缺形时少直观,形离数时难入微."数与形是相辅相成的,在一定的条件下可互相转化.通俗地理解数形结合,就是将某些几何问题转化为代数问题,某些代数问题转化为直观的几何图形去解决.数形结合是数学学习常用的思想方法.在解题中经常用到数与形的转换,通过数形结合构造某种数学形式,使数学条件和结论的关系更清晰地表现出来,从而使问题得到解决.

例 4.13 已知复数 z 满足 $|z-2-2i|=\sqrt{2}$，求 z 的模的最大值、最小值.

分析 $|z-2-2i|$ 的几何意义是表示复数 z 对应的点到复数 $2+2i$ 对应的点之间的距离，因此满足 $|z-2-2i|=\sqrt{2}$ 的复数 z 对应的点 Z，应在以 $(2,2)$ 为圆心，以 $\sqrt{2}$ 为半径的圆上，如图 4.4 所示. 而 $|z|$ 表示复数 z 对应的点 Z 到原点 O 的距离. 显然，当点 Z、圆心 C、点 O 三点共线时，$|z|$ 取得最值，此时 $|z|_{\min}=\sqrt{2}$，$|z|_{\max}=3\sqrt{2}$.

图 4.4

本题还可以令 $z=a+bi$，利用代数思想求解模的最值. 但是利用复数的几何意义，借助数形结合是解决本例复数最值问题最有效的途径，它将代数问题转化为几何问题，使求解更加直观、形象，解题思路更加清晰、明朗.

例 4.14 已知 $y=f(x)$ 是定义在 $\mathbf{R}$ 上的增函数，函数 $y=f(x+1)$ 的图象关于点 $(-1,0)$ 对称，则当 $f(x^2-6x+21)+f(y^2-8y)<0$ 时，求 x^2+y^2 的取值范围.

分析 由题目很容易可以看出 $y=f(x)$ 是定义在 $\mathbf{R}$ 上的奇函数，且为增函数. 根据已知条件，$f(x^2-6x+21)<-f(y^2-8y)$，我们容易推导出这样的结论：$x^2-6x+21+y^2-8y<0$，这是一个二元二次不等式，我们无法求出 x 和 y 的具体值. 再看所要求的是 x^2+y^2 的取值范围，所以这题我们没有必要求出 x 和 y 的具体值.

图 4.5

由直觉我们猜想它可能和圆有关，再仔细分析题目可以看出，$x^2-6x+21+y^2-8y<0$ 可以写成 $(x-3)^2+(y-4)^2<4$，它表示以 $(3,4)$ 为圆心，以 2 为半径的圆的内部；而 x^2+y^2 可以看成是以 $(0,0)$ 为圆心，以 r 为半径的圆，如图 4.5 所示. 于是原命题即可转化为如何寻找符合题意的半径的问题.

易知，当两圆外切时，x^2+y^2 可以取得最小值为 9；当两圆内切时，x^2+y^2 可以取得最大值为 49. 由圆 B 的圆周式可知 9 和 49 是取不到的. 基于直觉思想及构造法的运用，我们可以很容易地求出答案为 $(9,49)$.

例 4.15 设 $0<a<\dfrac{1}{4}$，解关于 x 的方程：$x^2+2ax+\dfrac{1}{16}=-a+\sqrt{a^2+x-\dfrac{1}{16}}$.

分析 本题如果直接去掉这个方程的根号，将其化为一个系数含有参数 a 的四次方程，则不易求解. 直觉告诉我们可以考虑借助函数的图象分析，也就是把方程两边看作 x 的函数

$$y=x^2+2ax+\dfrac{1}{16}, \qquad ①$$

$$y=-a+\sqrt{a^2+x-\dfrac{1}{16}}. \qquad ②$$

将问题转化为求两个图象的交点的横坐标.

两个函数的解析式的形式有些相似，启发我们将式②进行变形，得 $x=y^2+2ay+\dfrac{1}{16}$. 函数图象如图 4.6 所示.

由此可得知,函数②的图象与函数①的部分图象关于直线 $y=x$ 对称,它们的交点在直线 $y=x$ 上.

仔细观察这些图象,就可能产生这样的念头:为什么一定要求函数①与函数②的图象的交点呢?难道求函数①的图象与直线 $y=x$ 的交点不是一样的吗?在这当中类比了反函数的一般性质,于是解方程 $x^2+2ax+\dfrac{1}{16}=x$,得到原方程的两根为 $x_1=\dfrac{1-2a}{2}+\sqrt{\left(\dfrac{1-2a}{2}\right)^2-\dfrac{1}{16}}$,$x_2=\dfrac{1-2a}{2}-\sqrt{\left(\dfrac{1-2a}{2}\right)^2-\dfrac{1}{16}}$.

图 4.6

三、审美赏析产生直觉

对于一个特定的数学问题,在我们寻找解题路径时利用数学的和谐美、简单美和奇异美,也能收获特别的数学直觉.事实上,在和谐美的情境下,追求统一性、对称性、不变性、恰当性;在简单美的情境下,思考如何用简单的原理、公式概括大量的事实;在奇异美的感悟下,人们会涌现奇特与新颖的感受.所有这些都可能在美的感召下,迸发出智慧的火花,这火花就是数学直觉.因此,美感与直觉紧密相关,数学美的审视与挖掘是直觉思维的源泉,美的意识能唤起和支配直觉.诚如法国数学家阿达玛所说,"数学直觉的本质是某种'美感'或'美的意识','美的意识'越强,发现和辨别隐蔽的和谐关系的直觉也就越强."

例 4.16 设 $(5+2\sqrt{6})^n=a_n-\sqrt{6}b_n(a_n,b_n\in\mathbf{Z})$,求证:$a_n^2-6b_n^2=1$.

分析 本题即欲证:$(a_n+\sqrt{6}b_n)(a_n-\sqrt{6}b_n)=1$,直觉告诉我们要构造 $5+2\sqrt{6}$ 的对偶式 $5-2\sqrt{6}$ 进行尝试.由 $(5+2\sqrt{6})^n=a_n-\sqrt{6}b_n$ 可知,$(5-2\sqrt{6})^n=a_n+\sqrt{6}b_n$.

故 $$a_n^2-6b_n^2=(5+2\sqrt{6})^n(5-2\sqrt{6})^n=1.$$

例 4.17 求 $\sin10°\sin30°\sin50°\sin70°$.

分析 设 $A=\sin10°\sin30°\sin50°\sin70°$,不妨设它的对偶式为 $B=\cos10°\cos30°\cos50°\cos70°$.

由 $A\cdot B=\dfrac{1}{16}\sin20°\sin60°\sin100°\sin140°=\dfrac{1}{16}\cos10°\cos30°\cos50°\cos70°=\dfrac{1}{16}B$.

由于 $B\neq 0$,所以 $A=\dfrac{1}{16}$.

例 4.18 在平面直角坐标系 XOY 中,若动点 $P(a,b)$ 到直线 $l_1:y=x$ 和 $l_2:y=-x+2$ 的距离之和为 $2\sqrt{2}$,则 a^2+b^2 的最大值为_____.

分析 这是江苏省苏北四市(徐州、连云港、宿迁、淮安)某年高三期末统考数学试题的最后一道填空题,难度系数约为 0.15[①],属于难题.要按部就班地完整解出答案是有一定难度的,但是如果我们依据点到直线距离的公式,对题中条件进行变换后,可以将原题转化为这样一道题:"已知 $|a-b|+|a+b-2|=4$,求 a^2+b^2 的最大值."

[①] 段志贵,张雯,胡涛.发现解法　生长思维——一道数学模考题的分析与探究[J].中小学数学(高中版),2021(Z1):108-110.

这是一道"条件最值"问题,容易发现题中条件式和目标式都是关于 a、b 的对称式,凭借以往的解题经验可以得到这样一种直观的结论:当 $a=b$ 时,目标式得到最大值或最小值,于是我们可以由 $a=b$ 得到 $a=b=3$ 或 $a=b=-1$.

当 $a=b=3$ 时,$a^2+b^2=18$;当 $a=b=-1$ 时,$a^2+b^2=2$.至此,我们可以直观地感知到,本题的答案应该是 18.

当然,直观地感知结论只能满足应试要求.在平常的解题训练中,还需要对感知的结论进行必要的推理和演绎.严格意义上的推证,可以通过分类讨论去掉绝对值分别求出 a、b 的值,自然就可以得到原问题的答案了.

例 4.19 设 x_1、x_2 是一元二次方程 $x^2+x-3=0$ 的两个根,那么 $x_1^3-4x_2^2+19$ 的值等于( ).

A. -4　　　　　　B. 8　　　　　　C. 6　　　　　　D. 0

分析 由所求式中的 x_1 与 x_2 不对等可以想到,求 $x_1^3-4x_2^2+19$ 的值也许应有两个取值,但各选项暗示取值是唯一的.这说明 $M=x_1^3-4x_2^2+19$,$N=x_2^3-4x_1^2+19$ 是相等的,这是一个非常宝贵的直觉.

又由 $M+N=\sum_{i=1}^{2}(x_i^3-4x_i^2+19)=\sum_{i=1}^{2}[(x_i-5)(x_i^2+x_i-3)+8x_i+4]=8(x_1+x_2)+8=0$,得 $M=N=0$.

这是一种配对解法,最终归结为 x_1+x_2 的求值,自始至终有一种审美直觉在调控着:①二次方程的两根与系数之间的关系有对称性;②构造配对 M 与 N 有对称性;③$M+N$ 的计算利用了对称性.

这一切源于构题时数字的选择.一般地,对二次方程 $x^2+px+q=0$ 的两个实根 x_1、x_2,代数式 $M=x_1^3+ax_2^2+b$,$N=x_2^3+ax_1^2+b$,有
$$M+N=[(x_1+x_2)^3-3x_1x_2(x_1+x_2)]+a[(x_1+x_2)^2-2x_1x_2]+2b$$
$$=(-p^3+3pq)+a(p^2-2q)+2b.$$
$$M-N=(x_1^3-x_2^3)+a(x_2^2-x_1^2)$$
$$=(x_1-x_2)[(x_1+x_2)^2-x_1x_2-a(x_1+x_2)]$$
$$=\pm\sqrt{p^2-4q}(p^2-q+ap)\quad(p^2>4q).$$

可见,M 的取值通常有两个,但当 $a=\dfrac{q-p^2}{p}$ 时,只有一个值 $M=N=b-\dfrac{p^4-3p^2q+q^2}{p}$.

四、结构相似产生直觉

结构相似也可以看作类比构造.它是由于比较所研究问题对象之间或这些对象与已学过的知识之间存在形式上的相同或相似性而受到启发,在此基础上构造一种兼有两者共同特点的数学形式,运用这种数学形式的丰富内涵达到解决问题的目的.

基于问题的结构相似性,我们在第一章研究了观察的方法,在第三章研究了类比的路径,这里我们侧重于直觉对问题结构相似的感知,以促进解题思路的形成和解题方向的确定.

例 4.20 设 $0<a<l$,$0<b<l$,试证:$\sqrt{(l-b)^2+a^2}+\sqrt{(l-a)^2+b^2}\geqslant\sqrt{2}l$.

分析 看到不等式左边的结构,有点像两个"距离"之和,不妨写成 $\sqrt{(l-b)^2+(0-a)^2}+$

$\sqrt{(l-a)^2+(0-b)^2}$;右边 $\sqrt{2}l$ 像是边长为 l 的正方形的对角线[或点 (l,l) 到原点的距离],于是就想到了构图,如图 4.7 所示.

作边长为 l 的正方形 $OABC$,在正方形内取一点 $P(a,b)$(因为 $0<a<l,0<b<l$),三角形两边之和大于第三边:$AP+PC \geqslant AC$ 即可证明.

例 4.21 若 $\{a_n\}$ 是由正数组成的等比数列,S_n 是它的前 n 项和.证明:$S_n \cdot S_{n+2}<S_{n+1}^2$.

分析 把结论化为 $4S_n \cdot S_{n+2}<(2S_{n+1})^2$,其结构形式类似一元二次方程的根的判别式 b^2-4ac,因此可以尝试构造一元二次方程解题.

构造一元二次方程

$$S_n x^2 + 2S_{n+1} x + S_{n+2} = 0. \qquad ①$$

因为 S_n 是正项数列前 n 项的和,故 $S_n>0$.

欲证

$$S_n \cdot S_{n+2} < S_{n+1}^2,$$

只要证

$$(2S_{n+1})^2 - 4S_n \cdot S_{n+2} > 0. \qquad ②$$

为此,只需证明方程①有两个不等实数根即可.

当 $q=1$ 时,不妨令 $a_1=1$,则方程①为

$$nx^2 + 2(n+1)x + (n+2) = 0, \qquad ③$$

即 $[nx+(n+2)](x+1)=0$.

可见方程③有两个不同的实数根,即方程①也有两个不同的实数根,则式②成立.

当 $q \neq 1$ 时,方程①即为

$$(1-q^n)x^2 + 2(1-q^{n+1})x + (1-q^{n+2}) = 0,$$

即 $(x+1)^2 - q^n(x+q)^2 = 0$.

显然,它也有两个不同的实数根,故式②成立.

综上所述,$S_n \cdot S_{n+2} < S_{n+1}^2$.

五、问题变式产生直觉

有些问题生疏隐晦,直接求解无从入手.这时,解题者应对问题作一番变换处理,并根据对应同构原理,对其进行恰当赋义,构造出一个全新的数学模型,利用新获得的数学机理,找到有效的解题途径.这类模型的构想往往超越了问题的原有意境,因此需要更为丰富的想象力和创造力,特别是直觉的能力.

例 4.22 已知 $\alpha、\beta \in \left(0, \dfrac{\pi}{2}\right)$,且 $\cot\alpha + \cot\beta - \cot(\alpha+\beta) = \sqrt{3}$,求 $\alpha、\beta$ 的值.

分析 本题所给的条件是一个含有两个未知数的三角方程,一般不能直接确定 $\alpha、\beta$ 的值.让我们将已知方程变式,化成一种特殊模式,诸如 $(\quad)^2 + (\quad)^2 = 0$,或者化成一个关于

$\cot\alpha$ 或 $\cot\beta$ 的一元二次方程,而其判别式 $\Delta = -(\quad)^2$,以此探索解题的有效路径.

事实上,我们可利用两角和的余切公式代换 $\cot(\alpha+\beta)$,将方程化成 $\cot^2\alpha + (\cot\beta - \sqrt{3})\cot\alpha + \cot^2\beta - \sqrt{3}\cot\beta + 1 = 0$. 关于 $\cot\alpha$ 的一元二次方程的判别式为 $\Delta = -(\sqrt{3}\cot\beta - 1)^2$. 由题意知 $\Delta = 0$,由此可求得 β 的值,进而求出 α 的值.

六、反思回顾产生直觉

解题后的反思也是一个必要的过程,许多人对此并不重视.波利亚曾精辟地指出:"没有任何问题可以解决得十全十美,总剩下些工作要做."有时我们虽然把题目做出来了,但并不能确认做得正确与否,也许会寻求另一条路径解题.比如,我们时常会考虑用数形结合方法检测答案是否正确.这一不同于原本解题方法的路径就是直觉,这一直觉不仅对修正与完善解题过程有作用,而且对提高解题者的解题能力也有着特别重要的意义.

例 4.23 若实数 x、y、z、t 满足 $1 \leqslant x \leqslant y \leqslant z \leqslant t \leqslant 10000$,求 $\dfrac{x}{y} + \dfrac{z}{t}$ 的最小值.

分析 题目本身并不难.但很多人拿到这道题目后的第一感觉就是无从下手.应该怎么处理呢? 可以先蒙再算,抓矛盾焦点!

本题让我们求 $\dfrac{x}{y} + \dfrac{z}{t}$ 的最小值,其实一个非常简单的思路就是让分子 x、z 最小,让分母 y、t 最大,由此可以得到 $\dfrac{x}{y} + \dfrac{z}{t} \geqslant \dfrac{1}{10000} + \dfrac{1}{10000} = \dfrac{1}{5000}$. 但是这样的结果显然不对,那矛盾在什么地方呢?

由已知条件 $1 \leqslant x \leqslant y \leqslant z \leqslant t \leqslant 10000$ 不难发现: 当 x 和 z 取到最小值 1 时,我们立马就能得出 $1 \leqslant y \leqslant 1$,即 $y = 1$. 同理,当 y 和 t 取到最大值 10000 时,z 也会等于 10000. 也就是说,因为 x、z 和 y、t 是交叉不等的,我们不能同时把它们进行放缩.当我们找到这个矛盾点时,正确的方法自然就出来了.

我们可以先只对 x、t 放缩,得到 $\dfrac{x}{y} + \dfrac{z}{t} \geqslant \dfrac{1}{y} + \dfrac{z}{10000}$. 对于 y、z,我们不妨先研究 z. 显然,若将 z 放缩到 1,则 $y = 1$,跟前面的矛盾一样,所以 z 的最小值只能是 y. 此时便可利用均值不等式.

$$\frac{x}{y} + \frac{z}{t} \geqslant \frac{1}{y} + \frac{z}{10000} \geqslant \frac{1}{y} + \frac{y}{10000} \geqslant 2\sqrt{\frac{1}{10000}} = \frac{1}{50}.$$

所以,在很多时候,如果我们拿到题目后没有感觉,甚至读不懂题,那么不如先蒙一蒙,找最简单的情况,然后通过矛盾点挖掘题目背后的东西,这也是一种常见的做创新题的办法.

例 4.24 若实数 $a_1, a_2, a_3, a_4, \cdots, a_{2n-1}, a_{2n}$ 满足

$$1 \leqslant a_1 \leqslant a_2 \leqslant a_3 \leqslant a_4 \leqslant \cdots \leqslant a_{2n-1} \leqslant a_{2n} \leqslant 10^{2n},$$

则 $\dfrac{a_1}{a_2}+\dfrac{a_3}{a_4}+\dfrac{a_5}{a_6}+\cdots+\dfrac{a_{2n-1}}{a_{2n}}$ 的最小值为_____.

分析 依据例 4.23 的分析与解答,对于本题,可以把 a_1 放到最小,把 a_{2n} 放到最大;如果 a_3 放缩到 a_1,则 a_2 只能等于 a_1,此时 $\dfrac{a_1}{a_2}$ 只能等于 1,不是最小值,所以 a_3 只能放缩到 a_2;把所有的项都进行这样的处理,再利用均值不等式不难得出

$$\dfrac{a_1}{a_2}+\dfrac{a_3}{a_4}+\dfrac{a_5}{a_6}+\cdots+\dfrac{a_{2n-1}}{a_{2n}}\geqslant \dfrac{1}{a_2}+\dfrac{a_2}{a_4}+\dfrac{a_4}{a_6}+\cdots+\dfrac{a_{2n-3}}{a_{2n-2}}+\dfrac{a_{2n-2}}{10^{2n}}\geqslant n\sqrt[n]{\dfrac{1}{10^{2n}}}=\dfrac{n}{100}.$$

第四节　解题直觉的运用

我们解题时会陷入这样一个误区,就是过分依赖于程式化的解题策略,缺少灵活性,不懂得变通创新,也就使得很多人在学习数学及解决数学问题时遇到很多困难.而如果利用好直觉思维,许多问题就会变得异常简单.

一、基于数学直觉顺藤摸瓜

笛卡儿把数学推导看作"一条相继而行的步骤序列",特别强调每一步上的直觉洞察力.无独有偶,庞加莱也曾从"序"的角度谈整体把握,他认为,一旦直觉有了"序",就再也不必害怕会忘掉任何一个元素,以至于一眼就能领悟出整个推理.由此可见,解题时,要从整体上把握推理过程,把握好推理的一列序、一条链,顺着这个序、这条链,"顺藤摸瓜",也许会成功地发现解题思路[①].

例 4.25 已知 $y=3x^2+\sqrt{\arcsin x-\dfrac{\pi}{2}}+x-2$,求 $\log_4 y$ 的值.

分析 对于该题如果不假思索,直接进行对数运算显然无效.为此我们应仔细审题,捕捉直觉.考虑偶次根式被开方数大于等于零,就可以发现题设隐含了条件 $\arcsin x-\dfrac{\pi}{2}\geqslant 0$;再考虑反正弦函数的值域 $|\arcsin x|\leqslant \dfrac{\pi}{2}$,本题就不难解决了.

例 4.26 如图 4.8 所示,已知 $\triangle ABC$ 是等边三角形,D、E 分别是 BC、AC 边上的点,且 $BD=\dfrac{1}{3}BC$,$CE=\dfrac{1}{3}AC$,AD 与 BE 相交于点 P.求证:$CP\perp AD$.

分析 观察题中条件、结论及图形的结构特征,借助直觉洞察力,我们可以推测解决问题的"序":①证明 $\triangle ABD\cong\triangle BCE$;②证明 P、D、C、E 四点共圆;③证明 CD 是四边形 $PDCE$ 的外接圆的直径;④证明 $DE\perp$

图 4.8

---
① 段志贵,刘进.基于数学直觉的解题发现[J].数学之友,2013(6):67-70.

EC(即 $\triangle DEC$ 为直角三角形),从而得证 $CP \perp AD$.

事实上,这的确是一条有效的序.根据这个序,我们就有了解题思路,只要一步一步推导,一步一步证明,就能顺利地解决问题.

二、基于数学直觉回忆例题

波利亚说过,为解题,我们必须回忆各式各样的基本事实,回忆以前解答过的问题、已知的定理和定义.从我们的记忆中汲取相关的内容可称为"动员".在考察问题过程中,如果洞察到熟悉的某种模式或某个例题,就能引导我们回忆起某些有用的东西,把相关的知识整合起来,帮助我们发现解题思路.

例 4.27 如图 4.9 所示的"风车三角形"中,$AA' = BB' = CC' = 2$,$\angle AOB' = \angle BOC' = \angle COA' = 60°$,求证:$S_{\triangle AOB'} + S_{\triangle BOC'} + S_{\triangle OCA'} \leqslant \sqrt{3}$.

分析 德国地球物理学家魏格纳在观察世界地图时发现了有些大陆刚好可以拼在一起,由此产生了大陆漂移假说.本题中,先观察"风车三角形".它的线长都是那么整齐,它的夹角都是那么匀称,会不会也是一个"木板"断裂后"飘移"而成为"风车"的?

经过试验"平移",如图 4.10 所示,发现果然是边长为 2 的正 $\triangle OPQ$ 被 $\triangle AB'R$ 割开,再"飘移"成一个风车.

由 $S_{\triangle AOB'} + S_{\triangle BOC'} + S_{\triangle OCA'} < S_{\triangle OPQ}$,又 $S_{\triangle OPQ} = \sqrt{3}$,即得 $S_{\triangle AOB'} + S_{\triangle BOC'} + S_{\triangle OCA'} < \sqrt{3}$.

图 4.9　　　　图 4.10

例 4.28 如图 4.11 所示,已知 $\angle ACB = 90°$,$AC = 8$,$BC = 6$.以 C 为圆心,定长 4 为半径画圆,分别交 AC、BC 于 E、F.D 为 $\overset{\frown}{EF}$ 上一动点,连结 AD、BD、CD.求 $\dfrac{1}{2}AD + BD$ 的最小值.

分析 本题求的是两条线段之和的最小值,直觉想到是否能将这两条线段通过变换,化归到三点共线的问题上.

由条件可知,$CD = 4$,$AC = 8$,这里面包含了一个 1:2 的关系,而 CD、AC 及要转化的 $\dfrac{1}{2}AD$ 都在 $\triangle ACD$ 上,所以自然地想到要构造相似三角形,而且构造的三角形的相似比是 1:2,进一步想到作 CE 中点 G,如图 4.12 所示,构造 $\triangle DCG$ 与 $\triangle ACD$ 相似.这样就可以把 $\dfrac{1}{2}AD$ 转化为与 GD 相等,到此问题转化为三点共线求线段和的最小值,非常容易解决.

图 4.11

图 4.12

三、基于数学直觉整体把握

对于有些数学问题,若拘泥于细节方面的考察,则难以突破;如果从整体上把握,洞察某些结构特征,问题也就迎刃而解了.直觉思维的一大特点就是能从整体上把握考察对象.就像我国魏晋时期伟大的数学家刘徽在考察圆面积时,先观察圆内接正 3×2^n 边形的面积 S_n,他不是着眼于个别内接正多边形的面积,而是从整体上把握 S_n 的变化趋势,凭直觉确认了"随着 n 越来越大,S_n 越来越接近于圆面积".

例 4.29 求证:$n\sqrt[n]{n+1} < n+1+\dfrac{1}{2}+\dfrac{1}{3}+\cdots+\dfrac{1}{n}(n\in\mathbf{N},n>1)$.

分析 如果用数学归纳法证明,在论证的第二步,"从 k 推到 $k+1$"时,将遭遇很大的困难.如果我们整体考察求证式,不难发现这个等式和均值不等式 $\sqrt[n]{a_1 a_2 \cdots a_n} \leqslant \dfrac{a_1+a_2+\cdots+a_n}{n}$ 在结构上有相似之处.若把题中不等式的两端都除以 n,则结构上就更相似了.因此,可将题中不等式改写为

$$\sqrt[n]{n+1} < \dfrac{1}{n}\left(n+1+\dfrac{1}{2}+\dfrac{1}{3}+\cdots+\dfrac{1}{n}\right).$$

为此,我们必须设法把右端括号中的 $n+1$ 个数的和改写成 n 个数的和,而这 n 个数的积正好是 $n+1$.这的确是可以做到的,因为

$$n+1+\dfrac{1}{2}+\dfrac{1}{3}+\cdots+\dfrac{1}{n}=2+\dfrac{3}{2}+\dfrac{4}{3}+\cdots+\dfrac{n+1}{n}.$$

因此,欲证的不等式可改写为

$$\sqrt[n]{n+1} < \dfrac{1}{n}\left(2+\dfrac{3}{2}+\dfrac{4}{3}+\cdots+\dfrac{n+1}{n}\right).$$

显然这一不等式成立.该例题的求解中,没有将所证不等式的元素分开来思考,而是将它们看成一个整体,继而联想到均值不等式,通过一步步改写,向均值不等式靠拢.由此,解题思路逐渐清晰,从而解决了问题.

例 4.30 已知 x、$y \in \left[-\dfrac{\pi}{4}, \dfrac{\pi}{4}\right], a \in \mathbf{R}$,且有

$$\begin{cases} x^3 + \sin x - 2a = 0, \\ 4y^3 + \sin y \cos y + a = 0. \end{cases}$$

求 $\cos(x+2y)$ 的值.

分析 如果用常规方法,从方程中解出 x、y,再代入 $\cos(x+2y)$ 求值,是极困难的.我们可以对方程组的结构作整体考察,凭直觉不难看出,第二个方程乘以 2 可得 $(2y)^3 + \sin 2y + 2a = 0$,它与第一个方程的结构完全一样,可构造奇函数 $f(t) = t^3 + \sin t \left(t \in \left[-\frac{\pi}{2}, \frac{\pi}{2} \right] \right)$.

易知,$f(t)$ 在 $\left[-\frac{\pi}{2}, \frac{\pi}{2} \right]$ 是增函数.于是,原方程组可改写为

$$\begin{cases} f(x) - 2a = 0, \\ f(-2y) - 2a = 0. \end{cases}$$

从而有 $f(x) = f(-2y)$,所以 $x = -2y$,$\cos(x+2y) = 1$.

本题从整体出发分析题目,为避免原方程组复杂的结构,通过简单的变形,构造一个单调递增的奇函数,最终根据其性质求解出结果.

综上可以看出,直觉既要利用模型和规则,又要依靠知识和经验.如果离开了知识和经验谈直觉洞察力就是无源取水、无本伐木.

四、基于数学直觉出奇制胜

在解题过程中,我们常常会走进死胡同,发现用平常的解法解决不了,或者解题过程很麻烦,从而将这类题目归为难题.实则不然,很多题目,只要你换一种思路,就会出现一些灵感,继而豁然开朗,发现解题思路,这些方法往往能够出奇制胜.

例 4.31 在正项等比数列 $\{a_n\}$ 中,$a_5 = \frac{1}{2}$,$a_6 + a_7 = 3$,求满足

$$a_1 + a_2 + \cdots + a_n > a_1 a_2 \cdots a_n$$

的最大正整数 n 的值.

分析 这是江苏省某年高考的一道填空题,该题有一定的难度.一般的思路是由条件 "$a_5 = \frac{1}{2}$,$a_6 + a_7 = 3$" 求出 $a_1 = \frac{1}{32}$,$q = 2$,再将条件 "$a_1 + a_2 + \cdots + a_n > a_1 a_2 \cdots a_n$" 化归为关于 n 的不等式,并求出不等式的解集,最后在所求得的解集中找出最大的正整数.应该说思路比较清楚,而且大多数考生能够想到,但我们最终得到的关于 n 的不等式是

$$2^n - 1 > 2^{\frac{n^2 - 11n + 10}{2}}.$$

这个不等式的求解对高中学生而言是没法完成的,很多学生花了不少时间得到这个结论后就无所适从了.

如果我们能够直觉感知到 2^n 与 $2^{\frac{n^2-11n+10}{2}}$ 都是正的偶数,就能比较容易地得到其等价不等式:$2^n > 2^{\frac{n^2-11n+10}{2}}$,于是问题转化为解一元二次不等式 $n > \frac{n^2 - 11n + 10}{2}$,求解得到

$$\frac{13-\sqrt{129}}{2}<n<\frac{13+\sqrt{129}}{2}.$$

由于 $\frac{13+\sqrt{129}}{2}\in(12,13)$,因此本题的答案应为 12.

可以看到解决本题的关键是把 $2^n-1>2^{\frac{n^2-11n+10}{2}}$ 转化为等价不等式 $2^n>2^{\frac{n^2-11n+10}{2}}$,从而得到 $n>\frac{n^2-11n+10}{2}$.

例 4.32 在 $\triangle ABC$ 中,$\cos B$ 为 $\sin A$、$\sin C$ 的等比中项,$\sin B$ 为 $\cos A$、$\cos C$ 的等差中项,则 $\angle B=$ _____.

分析 许多人拿到此题后不知道该如何寻找解题方向,直觉指引不失为一种有效的措施.事实上,根据已知条件,知

$$\cos^2 B=\sin A\sin C, \qquad ①$$
$$2\sin B=\cos A+\cos C. \qquad ②$$

由式①②可知 $\angle A$ 和 $\angle B$ 是对称出现的.凭直觉,在题设条件下,$\angle A$ 既不能大于 $\angle C$,又不能小于 $\angle C$,也就是说,$\angle A$ 应该等于 $\angle C$,将 $A=C$ 代入式②得 $\sin B=\cos A$,由此推出 $B=\frac{\pi}{2}+A$,所以 $B=\frac{2}{3}\pi$.如上直觉可靠吗?也就是说,能否证明 $A=C$?也正是因为有了证明 $A=C$ 这一目标,以下的变式思路是明确的,而非盲目进行的.

证法 1 式①左右两端同时乘以 4,式②左右两端同时平方得

$$\begin{cases}4\cos^2 B=4\sin A\sin C,\\4\sin^2 B=\cos^2 A+2\cos A\cos C+\cos^2 C.\end{cases}$$

两式相加得

$$4=4\sin A\sin C+\cos^2 A+\cos^2 C+2\cos A\cos C, \qquad ③$$

即

$$4=4\cos(A-C)+(\cos A-\cos C)^2, \qquad ④$$

进一步化简得,$\sin^2\frac{A-C}{2}\left(2-\sin^2\frac{A+C}{2}\right)=0$,所以 $\sin\frac{A-C}{2}=0$.

因为 A、B、C 为 $\triangle ABC$ 的三内角,$-\frac{\pi}{2}<\frac{A-C}{2}<\frac{\pi}{2}$,所以 $\frac{A-C}{2}=0$,即 $A=C$.

证法 2 同证法 1,由式③得

$$4=4\sin A\sin C+1-\sin^2 A+1-\sin^2 C+2\cos A\cos C,$$
$$2=-(\sin A-\sin C)^2+2\cos(A-C)\leqslant 2\cos(A-C),$$

即 $\cos(A-C)\geqslant 1$,又因 $\cos(A-C)\leqslant 1$,所以 $\cos(A-C)=1$,得 $A=C$.

证法 3 由式①得

$$\cos^2 B = \sin A \sin C \leqslant \left(\frac{\sin A + \sin C}{2}\right)^2,$$

由式②得

$$\sin^2 B = \left(\frac{\cos A + \cos C}{2}\right)^2,$$

两式相加,即可得 $1 \leqslant \cos(A-C)$.

接下来同证法2,可得 $A = C$.

综上所述,面对较为综合、复杂的问题,运用直觉指引寻找解题的方向不失为一条快捷有效的路径.当然,我们还应注意到:随着解题计划的实施,原先的直觉可能需要调整、完善或改变.正如杨振宁教授所说,"直觉不断被修正的过程就是自我提升的过程",直觉会带领我们深入分析题目,带领我们把解题进行到底,带领我们走向解题研究更新、更宽广的领域.

习 题 四

1. 已知实数 a、b、c 满足 $b = 6 - a$,$c^2 = ab - 9$,试求 a、b 的值.

2. 当 $k = 1, 2, \cdots, n$ 时,求所有 $y = k(k+1)x^2 - (2k+1)x + 1$ 的图象在 x 轴上所截线段长度的和.

3. 化简:$(x+y+z)^3 - (y+z-x)^3 - (z+x-y)^3 - (x+y-z)^3$.

4. 设 $\dfrac{a-b}{1+ab} + \dfrac{b-c}{1+bc} + \dfrac{c-a}{1+ca} = 0$,求证:$a$、$b$、$c$ 中至少有两个相等.

5. 求证:$\dfrac{3 \times 5 \times 7 \times \cdots \times (2n-1)}{2 \times 4 \times 6 \times \cdots \times (2n-2)} > \sqrt{n}$ $(n \in \mathbf{N}, n > 1)$.

6. 已知复数 z_1、z_2 满足 $10z_1^2 + 5z_2^2 = 2z_1 z_2$,且 $z_1 + 2z_2$ 为纯虚数,求证:$3z_1 - z_2$ 为实数.

7. 甲、乙、丙3人卖小鸡,甲带了10只,乙带了16只,丙带了26只.中午之前他们按同一价格卖出了一部分小鸡.过了中午,他们把所剩的小鸡又按同一价格全部降价销售.回家时3人均带回35元.问他们的小鸡上午、下午各按什么价格卖出的?

8. 设 p、q 都是自然数,使得 $\dfrac{p}{q} = 1 - \dfrac{1}{2} + \dfrac{1}{3} - \cdots - \dfrac{1}{1318} + \dfrac{1}{1319}$,试证 p 可被1979整除.

9. 设 $A = \{(x,y) \mid y^2 = x+1\}$,$B = \{(x,y) \mid 4x^2 + 2x - 2y + 5 = 0\}$,$C = \{(x,y) \mid y = kx + b\}$,是否存在自然数对 (k, b),使 $(A \cup B) \cap C = \varnothing$?请证明你的假设.

10. 已知 $\triangle ABC$ 的外接圆的半径为 R,并且有 $2R(\sin^2 A - \sin^2 C) = (\sqrt{2}a - b)\sin B$,求 $\triangle ABC$ 面积的最大值.

11. 如图4.13所示,在 $\triangle ABC$ 中,$\angle BAC = 40°$,$\angle ABC = 60°$,点 D、E 分别在 AC、AB 上,且 $\angle BCE = 70°$,$\angle CBD = 40°$,F 是 BD 与 CE 的交点.试证:$AF \perp BC$.

12. 椭圆 $\dfrac{x^2}{9} + \dfrac{y^2}{4} = 1$ 的焦点是 F_1、F_2,点 P 是椭圆上的动点,如图4.14所示.当 $\angle F_1 P F_2$ 为钝角时,求点 P 横坐标的取值范围.

图 4.13

图 4.14

13. 已知双曲线过点 $A(-2,4)$ 和 $B(4,4)$，它的一个焦点恰好是抛物线 $y^2=4x$ 的焦点，求其另一个焦点的轨迹.

14. 设 $\{a_n\}$ 是由整数组成的数列，其前 n 项和为 S_n，并且对于所有的自然数 n，a_n 与 2 的等差中项等于 S_n 与 2 的等比中项，求数列 $\{a_n\}$ 的通项公式.

15. 已知定义在 **R** 上的奇函数 $f(x)$ 满足 $f(x)=f(4+x)$，且 $f(3)=0$，求方程 $f(x)=0$ 在区间 $(0,10)$ 内的实数根的个数.

16. 已知三个正数 a、b、c 满足 $a+b+c=1$，求证 $\left(a+\dfrac{1}{a}\right)^2+\left(b+\dfrac{1}{b}\right)^2+\left(c+\dfrac{1}{c}\right)^2 \geqslant \dfrac{100}{3}$.

17. 在三棱锥 $P-ABC$ 中，PA、PB、PC 两两互相垂直，$PO\perp$ 平面 ABC，O 为垂足，$\angle APO=\angle BPO$.

(1) 求证 $\triangle ABC$ 为等腰三角形.

(2) 当 $\angle APO=\angle BPO=60°$ 时，求 PC 与平面 ABC 所成的角.

18. 已知函数 $f(x)=\dfrac{x+2}{x+1}[x\in(0,+\infty)]$，数列 $\{x_n\}$ 满足 $x_{n+1}=f(x_n)(n\in\mathbf{N}_+)$，且 $x_1=1$.

(1) 设 $a_n=|x_n-\sqrt{2}|$，证明：$a_{n+1}<a_n$.

(2) 设(1)中的数列 $\{a_n\}$ 的前 n 项和为 S_n，证明：$S_n<\dfrac{\sqrt{2}}{2}$.

19. 设

$$x=\cfrac{1}{1+\cfrac{1}{1+\cfrac{1}{1+\cdots+\cfrac{1}{1+1}}}},$$

已知上式有 2018 条水平分数线，问 $x^2+x>1$ 是否成立？

20. 已知 $f(x)$ 是定义在实数集上的函数，对一切 x 都有 $f(x)=f(x+1)+f(x-1)$，求证：$f(x)$ 是周期函数.

21. 已知 n 个任意正方形 $(n\in\mathbf{N}_+)$. 试证：可以用剪刀把它们剪开，然后组拼成一个新的正方形.

22. 如图 4.15 所示，已知三个圆 k、m、l 具有相同的半径 r，且通过同一点 O，l 和 m 相交于 A，m 和 k 相交于 B，k 和 l 相交于 C. 求证：A、B、C 所确定得到圆 e 的半径也是 r.

图 4.15

进了大学学习戴德金分割及其他构造法后,我才理解整个数学的建构是如此美轮美奂.

——[美]丘成桐(1949—)

数学中的一切进步都是引进符号后的反响.

——[意]皮亚诺(1858—1932)

第五章　构造:解题的突破

作为数学思想两大源泉的古代中国数学(以《九章算术》为代表)和古希腊数学(以《几何原本》为代表),都有着明显的构造性特点和丰富的构造思想.构造思想对数学来说是"与生俱来"的.数学中的许多概念和理论,本身就是一种构造.作为一种重要的数学思想方法,构造法一直被许多数学家运用,为解决数学中的难题、推动数学的发展研究起到了重大作用.一般来说,构造法能连接数学各个不同的分支,甚至还连接着数学与其他的学科,实现跨度极大的问题转化,这是一种难度大、规律不易掌握的高层次的数学方法.利用构造法解题往往巧妙简捷,许多时候让人拍案叫绝.

第一节　构造法的本质特征

构造法不同于一般的逻辑方法,它属于非常规思维,其关键是借助对问题特征的敏锐观察,展开丰富的联想、实施有效的解题转化.

一、构造法的实质

构造法是数学中的一种基本方法,它是指当某些数学问题使用通常办法、按定式思维很难解决时,根据问题的条件和结论的特征、性质从新的角度,采用新的观点观察、分析、解释对象,抓住反映问题的条件与结论之间的内在联系,把握问题的数量、结构等关系的特征,构造出满足条件或结论的新的数学对象,或构造出一种新的问题形式,使原问题中隐晦不清的关系和性质在新构造的数学对象(或问题形式)中清楚地表现出来,从而借助该数学对象(或问题形式)简捷地解决问题的方法.[1]

通俗地理解,构造法就是依据某些数学问题的条件或结论所具有的典型特征,用已知条件中的元素为"元件",用已知的数学关系为"支架",在思维中构造一种相关的数学对象、一

---

[1] 段志贵.构造:让解题突破思维瓶颈[J].数学通报,2018,57(9):53-57.

种新的数学形式;或者利用具体问题的特殊性,为待解决的问题设计一个合理的框架,从而使问题转化并得到解决的方法.

例 5.1 求函数 $f(x)=\sqrt{x^4-3x^2-6x+13}-\sqrt{x^4-x^2+1}$ 的最大值.

分析 原函数可以变换为 $f(x)=\sqrt{(x-3)^2+(x^2-2)^2}-\sqrt{x^2+(x^2-1)^2}$,从而将其转化为几何问题.其几何意义是抛物线 $y=x^2$ 上动点 $M(x,x^2)$ 到点 $P(3,2)$ 和到点 $Q(0,1)$ 的距离之差.由 $|MP|-|MQ|\leqslant|PQ|$,解得 $f(x)$ 的最大值为 $|PQ|=\sqrt{10}$.

本题还可以考虑利用平面向量不等式求解.

$$||\vec{a}|-|\vec{b}||\leqslant|\vec{a}\pm\vec{b}|\leqslant|\vec{a}|+|\vec{b}| \qquad ①$$

不妨设 $|\vec{a}|=\sqrt{(x-3)^2+(x^2-2)^2}$,$|\vec{b}|=\sqrt{x^2+(x^2-1)^2}$,则有 $\vec{a}=(x-3,y-2)$ 和 $\vec{b}=(x,y-1)$.

于是 $f(x)\leqslant|\vec{a}-\vec{b}|$.由 $\vec{a}-\vec{b}=(x-3,y-2)-(x,y-1)=(-3,-1)\Rightarrow|\vec{a}-\vec{b}|=\sqrt{3^2+1^2}=\sqrt{10}$.当且仅当 $\vec{a}$ 与 $\vec{b}$ 共线同向时等号成立,所以 $f(x)$ 的最大值是 $\sqrt{10}$.

与本题相同,许多问题可以借助某些特定对象(如数、式、方程、函数、复数等)进行构造,以沟通条件与结论之间的逻辑联系,获得问题解决的有效策略.

构造法是一种极其富有技巧性和创造性的解题方法.用构造法解题的关键是构造,它并没有确定的套路,常表现出思维的试探性、不规则性和创造性.它体现了数学中发现、类比、转化的思想.首先,在数学解题中,构造法体现了数学发现的思想方法,因为解决问题往往要通过仔细观察、分析,发现问题各个环节及其中的联系,从而为寻求解法创造条件.其次,为找出解题途径,要联系已有知识中与之类似的或与之相关的问题,从而为构造模型提供参照对象,体现了构造法中的类比思想.最后,在解题中把一个个零散的发现由表及里、由浅入深地集中和联系起来,通过恰当的方法加以处理,化归为已有的认识就自然形成了构造模型的方法,体现了化归的思想.除此之外,构造法还渗透着试验、归纳等数学思想方法.

二、构造法在解题中的运用

构造法在数学解题中有着广泛的应用,主要体现在两个方面.

一方面,许多数学问题本身具有构造性的要求,或者说可以通过构造直接得解.例如,为证明"能够表示为一个平方数与一个质数之和的平方数有无穷多个",可以构造无穷多个这样的数:$\left\{\dfrac{(p+1)^2}{4},p\text{ 为奇质数}\right\}$.由于质数有无穷多个,故构造的是一个无限集.又由 $\left(\dfrac{p+1}{2}\right)^2=\left(\dfrac{p-1}{2}\right)^2+p$,故上面构造的这个无限集中的每个数都是平方数.

另一方面,许多数学问题如果通过构造相应的数学对象,如方程、函数、数列、图形、命题等,作为辅助工具问题则更容易解决.数学解题中运用构造法,常常体现为不直接对问题本身求解,而是构造一个与之相关的辅助问题进行求解.波利亚十分重视这种方法,他认为"构造一个辅助问题是一项重要的思维活动""学会(或教会)怎样聪明地处理辅助问题是一项重大的任务".

例 5.2 若 $\dfrac{\sin\alpha}{a^2-1}=\dfrac{\cos\alpha}{2a\sin2\beta}=\dfrac{1}{a^2+2a\cos2\beta+1}$,求证: $\sin\alpha=\dfrac{a^2-1}{a^2+1}$.

分析 此题用常规方法证明显然比较繁琐,但通过观察条件的特征进行分析,条件与两重合直线的系数比相似,故可构造两重合直线.

不妨设两直线分别为
$$l_1: x\cos\alpha + y\sin\alpha = 1;$$
$$l_2: 2a\sin2\beta x + (a^2-1)y = a^2+2a\cos2\beta+1.$$

由已知条件可知 l_1 与 l_2 重合,而从 l_1 的形式可知其是单位圆 $x^2+y^2=1$ 的一条切线,故原点到直线 l_2 的距离为 1.由距离公式有

$$\dfrac{|a^2+2a\cos2\beta+1|}{\sqrt{(2a\sin2\beta)^2+(a^2-1)^2}}=1,$$

进一步化简可得 $\cos2\beta=0$.

所以, $\sin\alpha=\dfrac{a^2-1}{a^2+2a\cos2\beta+1}=\dfrac{a^2-1}{a^2+1}$.

历史上不少著名的数学家都曾采用构造法成功地解决过数学上的难题,如欧几里得在《几何原本》中证明"素数的个数是无限的"就是一个典型的范例.

例 5.3 素数的个数是无限的.

分析 假设素数的个数是有限的,不妨记为 $p_1,p_2,\cdots,p_n$.由 $p_1,p_2,\cdots,p_n$ 构造一个新的数 $p_1p_2\cdots p_n+1$.

如果这个新数是素数,那么它大于 $p_1,p_2,\cdots,p_n$ 中的任一数,于是就得到了第 $n+1$ 个素数;如果这个新数是合数,那么它必然能被某个素数整除,但那个素数不可能是 $p_1,p_2,\cdots,p_n$ 中任何一个,因为用它们中的任何一个去除 $p_1p_2\cdots p_n+1$ 时都有余数 1,因此必有另一个素数能整除 $p_1p_2\cdots p_n+1$,这样也能得到第 $n+1$ 个素数.

显然与假设矛盾,这就证明了素数的个数是无限的.

总之,构造法解题思路很宽,用途很广.构造法可以使数学不同分支或与其他学科之间相互渗透、相互借鉴,开辟出解题的新路径.

第二节 挖掘问题背景进行构造

在第四章第三节,我们曾经研究过问题的背景对于解题直觉产生的影响,提出在解题中要善于通过问题背景形成直觉感知.本节将着重于相关问题的背景分析,深入探索如何基于问题背景进行有效构造,以实现问题的顺利解决.事实上,有些问题,当孤立地运用题设条件难以获得解题思路时,不妨把所考虑的问题置于特定的背景下,构造原题的原形,往往可得到简捷而巧妙的解法[①].

例 5.4 已知 $a<b<c$, x 是实数,求 $|x-a|+|x-b|+|x-c|$ 的最小值.

---

① 段志贵.从直觉到构造:数学解题的突破[J].中学数学教学参考(上半月高中),2010(11):34-36.

分析 这是一道代数题.我们试图用构造几何图形的方法加以解决.事实上,$|x-a|$的几何意义是在数轴上表示两数x与a之间的距离.因此要求$|x-a|+|x-b|+|x-c|$的最小值,就是要在数轴上找一点x,使其到数轴上a、b、c三点的距离之和最小.经尝试发现当x取在b以外的地方时,三条线段$|x-a|$、$|x-b|$、$|x-c|$都有重叠部分,所以当x取在b点时$|x-a|+|x-b|+|x-c|$有最小值,最小值为$c-a$.

例 5.5 如图 5.1 所示,在$\triangle ABC$中,$AB=AC$,$\angle BAC=90°$,BD是中线,$AF \perp BD$交BC于点E,求证:$BE=2EC$.

图 5.1

分析 像生活在不同环境中的人会形成不同的思维方式一样,不同的数学背景会使人产生不同的联想和思考方法.同时,将一个问题放在更大的背景下思考,一个看似"复杂"的问题,可能会变成一个简单的特例,便于发现新的方法、抽象出更一般的结论.

通过"$\triangle ABC$是等腰直角三角形"这个特征,可以把它放到正方形或圆中证明,以构造成有关正方形或圆的问题.

(1) 将$\triangle ABC$置入正方形中,如图 5.2 所示,正方形$ABHC$中,将AE延长线交HC于点G,可以证得$\text{Rt}\triangle ABD \cong \text{Rt}\triangle CAG$,故$CG=AD$.

又由$AB \parallel CH$,有$\triangle ABE \sim \triangle GCE$,故$\dfrac{BE}{CE}=\dfrac{BA}{CG}$,所以$\dfrac{BE}{CE}=\dfrac{BA}{CG}=\dfrac{AB}{AD}=2$,即$BE=2EC$.

(2) 将$\triangle ABC$置入圆中,如图 5.3 所示,$\triangle ABC$内接于圆心O,AE延长线交圆心O于点G,连结BG、CG,$\angle GBC=\angle CAG=\angle ABD$,所以$\text{Rt}\triangle ABD \sim \text{Rt}\triangle GBC$,所以$\dfrac{AB}{AD}=\dfrac{GB}{GC}=2$.

图 5.2

图 5.3

综上所述,对于一个相对比较难的问题,只要把它还原到其所在的大背景下看就容易多了.

例 5.6 已知a、b、$c>0$,满足关系式$a^2+b^2=c^2$,求证:$a^n+b^n<c^n$,其中n为不小于 3 的自然数.

分析 代数问题的解决往往需要通过几何意义的建构去实现.本题条件$a^2+b^2=c^2$的几何意义是:a、b、c是一个直角三角形的三边,故可以以a、b为直角边,c为斜边构造直角三角形,且边c是斜边.此时,$\sin A = \dfrac{a}{c}$,$\cos A = \dfrac{b}{c}$,且$0<\sin A<1$,$0<\cos A<1$.

当$n \geqslant 3$时,有$\sin^n A < \sin^2 A$,$\cos^n A < \cos^2 A$,则$\sin^n A + \cos^n A < \sin^2 A + \cos^2 A = 1$.显然原命题成立.

例 5.7 求证:$\dfrac{1}{n+1}+\dfrac{1}{n+2}+\cdots+\dfrac{1}{3n+1}>1(n \in \mathbf{N}_+)$.

分析 某些关于自然数的不等式问题,与数列有着密切的联系,可构造有关数列模型,利用其单调性进行证明或求解.依据本题结构特点,我们可以尝试构造数列模型 $a_n = \dfrac{1}{n+1} + \dfrac{1}{n+2} + \cdots + \dfrac{1}{3n+1} - 1$,则有

$$a_{n+1} - a_n = \frac{1}{3n+4} + \frac{1}{3n+3} + \frac{1}{3n+2} - \frac{1}{n+1} = \frac{1}{3n+4} + \frac{1}{3n+2} - \frac{2}{3n+3}$$

$$= \frac{2}{(3n+2)(3n+3)(3n+4)} > 0,$$

所以数列 $\{a_n\}$ 为递增数列.

又因 $a_1 = \dfrac{1}{2} + \dfrac{1}{3} + \dfrac{1}{4} - 1 = \dfrac{1}{12} > 0$,故 $a_n > 0 (n \in \mathbf{N}_+)$,原不等式得证.

在本例中,欲证含有与自然数 n 有关的和的不等式 $f(n) > g(n)$,可以构造数列模型 $a_n = f(n) - g(n)$,只需证明数列 $\{a_n\}$ 单调递增,且 $a_1 > 0$.本题也可以用数学归纳法证明,但用构造数列模型证明更简捷.

例 5.8 已知 α、β、γ 均为锐角,且 $\cos^2\alpha + \cos^2\beta + \cos^2\gamma = 1$,求证:$\tan\alpha + \tan\beta + \tan\gamma \geqslant 3\sqrt{2}$.

分析 由题设条件可知,可以构造一个长度、宽度、高度分别为 $\cos\alpha$、$\cos\beta$、$\cos\gamma$ 的长方体,原问题就可以建立在这个长方体内进行讨论和证明了.

为此,构造一个长方体 $ABCD$—$A_1B_1C_1D_1$,如图 5.4 所示,使 $\angle C_1AD = \alpha, \angle C_1AB = \beta, \angle C_1AA_1 = \gamma$. 设 $AD = a, AB = b, AA_1 = c$,由于长方体的一条对角线和与它过同一顶点的三条棱所成角的余弦值的平方和等于 1,则

$$\tan\alpha = \frac{\sqrt{b^2+c^2}}{a}, \quad \tan\beta = \frac{\sqrt{a^2+c^2}}{b}, \quad \tan\gamma = \frac{\sqrt{b^2+a^2}}{c}.$$

图 5.4

由基本不等式得

$$\tan\alpha + \tan\beta + \tan\gamma \geqslant \sqrt{2}\left(\frac{\sqrt{bc}}{a} + \frac{\sqrt{ca}}{b} + \frac{\sqrt{ab}}{c}\right)$$

$$\geqslant \sqrt{2} \cdot 3\sqrt[3]{\frac{\sqrt{bc}}{a} \cdot \frac{\sqrt{ca}}{b} \cdot \frac{\sqrt{ab}}{c}}$$

$$= 3\sqrt{2} \quad (当且仅当 a = b = c \text{ 时取等号}).$$

例 5.9 设 x、y、z 为实数,且 $0 < x$、y、$z < \dfrac{\pi}{2}$. 证明

$$\frac{\pi}{2} + 2\sin x\cos y + 2\sin y\cos z > \sin 2x + \sin 2y + \sin 2z.$$

分析 首先把待证结论作适当变形,得

$$\frac{\pi}{4} + \sin x\cos y + \sin y\cos z > \sin x\cos x + \sin y\cos y + \sin z\cos z,$$

即

$$\frac{\pi}{4} > \sin x(\cos x - \cos y) + \sin y(\cos y - \cos z) + \sin z \cos z.$$

$\frac{\pi}{4}$ 是一个单位圆面积的 $\frac{1}{4}$，结合问题所给已知条件 $0 < x、y、z < \frac{\pi}{2}$，可以把问题放在 $\frac{1}{4}$ 个单位圆上考虑，这便是本题的背景所在.

构造一个单位圆如图 5.5 所示，因为 $0 < x、y、z < \frac{\pi}{2}$，故可设 $OA、OB、OC$ 与 x 轴夹角分别为 $x、y、z$，此时最右端小矩形（阴影部分）面积为 $\sin x(\cos x - \cos y)$.同理可得另外两个矩形面积分别为 $\sin y(\cos y - \cos z)$ 和 $\sin z \cos z$.

由图 5.5 易知，三个矩形的面积的和小于 $\frac{1}{4}$ 圆的面积，即

$$\frac{\pi}{4} > \sin x(\cos x - \cos y) + \sin y(\cos y - \cos z) + \sin z \cos z.$$

图 5.5

第三节 借用数形结合进行构造

第四章第三节研究了数形结合思想促进数学解题直觉形成的规律.在本节将从具体问题的解决入手，进一步探索基于数形结合的构造法在数学解题中的运用.

在数学中，数形结合主要体现在两个方面：一是以形助数，即借助形的直观性来阐明数之间的联系；二是以数助形，即借助于数的精确性来阐明形的某些属性.一般来说，由"形"到"数"的转换比较明显，而由"数"到"形"的转换，却需要有构造的意识，因此，研究数形结合思想在解题中的运用，往往偏重于由"数"到"形"的构造.

例 5.10 已知 $0 < a < 4$，求 $W = \sqrt{a^2 + 4} + \sqrt{(4-a)^2 + 1}$ 的最小值.

分析 此题若用代数方法很难解决，这里可以运用数形结合的思想构建一个几何图形.

图 5.6

如图 5.6 所示，探究原代数式的几何意义，先构造两个直角边长分别为 2 和 a 及 1 和 $4-a$ 的直角三角形，它们的斜边长之和是 W.要求 W 的最小值，就是要在线段 AB 上找一个动点 P，使得 $EP + FP$ 最短.人们通常把这一问题称为"将军饮马问题".然后作点 F 关于线段 AB 的对称点 F'，连结 EF' 交 AB 于点 P，则点 P 为符合条件的点，W 最小值 $= EF'$.再平移 $AB、BF'$ 得到 $Rt\triangle ECF'$，求出斜边 $EF' = 5$，即 W 最小值为 5.最后利用三角形相似，可求出 $a = \frac{8}{3}$（满足 $0 < a < 4$）.

例 5.11 设 $x、y、z$ 为正数，求证：$\sqrt{x^2 + y^2} + \sqrt{x^2 + z^2 - xz} \geq \sqrt{y^2 + z^2 + \sqrt{3}yz}$，并确

定式中等号成立的条件.

分析 本题与例 3.4 极其相似.式中有三个根号,若采用常规方法(平方去根号的方法)处理,需两次平方,这使表达式变得非常复杂.但若注意到其形如"三角形两边之和大于第三边",把每一个根号对应于一条线段,就会萌发利用勾股定理和余弦定理构造三角形解题的想法.

如图 5.7 所示,设 $OA=x, OB=y, OC=z, \angle AOB=90°, \angle AOC=60°$,则有

$$|BA|=\sqrt{x^2+y^2}, |AC|=\sqrt{x^2+z^2-xz}, |BC|=\sqrt{y^2+z^2+\sqrt{3}yz},$$

由两点之间线段最短可知 $|BA|+|AC| \geqslant |BC|$.

为确定 x、y、z 满足何种条件时等号成立,不妨作 $CD \perp BO$ 交 BO 延长线于 D,易知 $CD=\dfrac{z}{2}, OD=\dfrac{\sqrt{3}}{2}z$,若点 A 在 BC 上,则 $\dfrac{OA}{CD}=\dfrac{BO}{BD}$,即

$$\dfrac{x}{\dfrac{1}{2}z}=\dfrac{y}{y+\dfrac{\sqrt{3}}{2}z}.$$

图 5.7

所以,$x=\dfrac{yz}{2y+\sqrt{3}z}$,即当且仅当 $x=\dfrac{yz}{2y+\sqrt{3}z}$ 时,原不等式等号成立.

这样求得当且仅当 $x=\dfrac{yz}{2y+\sqrt{3}z}$ 时,原不等式成立.

例 5.12 正数 a、b、c、A、B、C 满足条件 $a+A=b+B=c+C=k$,求证:$aB+bC+cA<k^2$.

分析 本题是一道苏联第 21 届中学生数学竞赛题.由求证的不等式每一项都是二次式,联想到可以利用面积关系进行构造来证明.

方法 1 由所设条件联想到构造边长为 k 的正三角形,如图 5.8 所示.由图 5.8 易知 $S_{\triangle RML}+S_{\triangle PMN}+S_{\triangle QNL}<S_{\triangle QRP}$,可得

$$\dfrac{1}{2}aB\sin 60°+\dfrac{1}{2}bC\sin 60°+\dfrac{1}{2}cA\sin 60°<\dfrac{1}{2}k^2\sin 60°,$$

图 5.8

所以 $aB+bC+cA<k^2$.

方法 2 由题设条件式联想到边长为 k 的正方形,如图 5.9 所示.显然原命题得证.

方法 3 以上两种证法是通过联想面积法加以构造,使命题得证,那么,可否通过联想体积法进行构造证明?

不妨构造棱长为 k 的正方体,则有

$$k^3=(a+A) \cdot (b+B) \cdot (c+C)$$
$$=abc+ABC+k(aB+bC+cA).$$

显然 $k^3>k(aB+bC+cA)$.所以,$k^2>aB+bC+cA$.

图 5.9

方法 3 的构造本质上还是一种代数思维.本题还可以通过构造函数加以证明.

方法 4 利用分析法.先将条件代入结论,有 $a(k-b)+b(k-c)+c(k-a)<k^2$,且有 $a、b、c\in(0,k)$,即证

$$(k-a-b)c+k(a+b)-ab-k^2<0.$$

为此,构造以 c(或 a 或 b)为变量字母的一次函数式 $f(c)=(k-a-b)c+k(a+b)-ab-k^2(0<c<k)$.此函数式的图象是无端点的线段,且 $f(0)<0,f(k)<0$.

事实上,当 $k-a-b\geqslant 0$ 时,运用放缩法,取 $c=k$,则左边 $\leqslant -ab<0$;
当 $k-a-b<0$ 时,运用放缩法,取 $c=0$,则左边 $\leqslant -(k-a)\cdot(k-b)<0$.
所以 $f(c)<0$,代换即得 $aB+bC+cA<k^2$.

例 5.13 证明 $\sin 5°+\sin 77°+\sin 149°+\sin 221°+\sin 293°=0$.

分析 此题若作为三角函数问题处理,当然也可以证出来,但从题中的数量特征来看,发现这些角都依次相差 $72°$,联想到正五边形的内角关系,由此构造一个正五边形,如图 5.10 所示.

由于 $\overrightarrow{AB}+\overrightarrow{BC}+\overrightarrow{CD}+\overrightarrow{DE}+\overrightarrow{EA}=\vec{0}$,从而,它们的各个向量在 y 轴上的分量之和也为 0,故知原式成立.

这里,正五边形作为切合题意构造的一个对象,恰到好处地体现了题中角度的数量特征,需要敏锐的观察能力与想象能力.如果没有一定的构造法训练,是很难"创造"出如此简捷、优美的证明的.

图 5.10

例 5.14 求证:$\dfrac{1}{\sin 12°}=\dfrac{1}{\sin 24°}+\dfrac{1}{\sin 48°}+\dfrac{1}{\sin 96°}$.

分析 这道题若用通常的做法,先进行通分,然后进行三角变形来证明非常麻烦.观察到这些三角函数的角的倍数特征,由三角函数的定义,可以构造含有 $12°、24°、48°、84°$(即 $96°$ 的补角)的直角三角形,且为将这些基本图形联系起来,在构造图形时应考虑让它们有公共的直角边.

如图 5.11 所示,作直角三角形 ABC,使 $BC=1,\angle A=12°$,作 AB 的中垂线交 AC 于 D,连结 BD,作 BD 的中垂线交 AC 于 E,连结 BE,作 BE 的中垂线交 AC 的延长线于 F,连结 BF,这时有

$$\angle A=12°, \quad \angle BDC=24°, \quad \angle BEC=48°, \quad \angle BFC=84°,$$

所以

$$AB=\dfrac{1}{\sin 12°},\quad AD=BD=\dfrac{1}{\sin 24°},\quad DE=BE=\dfrac{1}{\sin 48°},\quad EF=BF=\dfrac{1}{\sin 96°}.$$

显然 $\angle ABF=12°+24°+48°=84°=\angle AFB,AB=AF=AD+DE+EF$,于是 $\dfrac{1}{\sin 12°}=\dfrac{1}{\sin 24°}+\dfrac{1}{\sin 48°}+\dfrac{1}{\sin 96°}$.

图 5.11

例 5.15 求函数 $y=\dfrac{\sin x+2}{\cos x-2}$ 的值域.

分析 本题可以把原函数化为关于 x 的三角函数式,然后利用其有界性求值域,但其运

算量较大,对运算能力也有较高要求,有一定的难度.换一个思路,可以采用构造法进行求解,把原命题看成求过两点 $M(\cos x,\sin x)$、$P(2,-2)$ 所作直线的斜率的范围.因为 $M(\cos x,\sin x)$ 在一个单位圆上,故可构造图象求此函数值域.

事实上,$y=\dfrac{\sin x+2}{\cos x-2}$ 的形式类似于斜率公式 $k=\dfrac{y_2-y_1}{x_2-x_1}$,$y=\dfrac{\sin x+2}{\cos x-2}$ 表示过两点 $M(\cos x,\sin x)$、$P(2,-2)$ 构成直线的斜率.由于点 M 在单位圆 $x^2+y^2=1$ 上,如图 5.12 所示,显然 $k_{PA}\leqslant y\leqslant k_{PB}$.设过点 P 的圆的切线方程为 $y+2=k(x-2)$,则有 $\dfrac{|2k+2|}{\sqrt{k^2+1}}=1$,解得 $k=\dfrac{-4\pm\sqrt{7}}{3}$,即 $k_{PA}=\dfrac{-4-\sqrt{7}}{3}$,$k_{PB}=\dfrac{-4+\sqrt{7}}{3}$.所以,$\dfrac{-4-\sqrt{7}}{3}\leqslant y\leqslant\dfrac{-4+\sqrt{7}}{3}$.

图 5.12

本题揭示了三角函数值域与直线斜率之间的内在联系,考查学生的数形结合能力.在解决三角函数的有关问题时,要善于把三角函数的性质、化简的形式通过构造思想融于函数的图象之中,将数(量)与图形结合起来进行分析、研究,使抽象复杂的数量关系通过几何图形直观地表现出来,这是解决三角函数问题的一种思维策略.

例 5.16 求函数 $y=\left|x+2-\sqrt{1-x^2}\right|$ 的单调区间和值域.

分析 此题用常规方法求解较为繁琐.转换思维视角,依条件构造解析几何模型,可获得新颖别致的解法.原函数式可以变形为

$$\dfrac{y}{\sqrt{2}}=\dfrac{\left|x+2-\sqrt{1-x^2}\right|}{\sqrt{2}}=\dfrac{\left|1\cdot x+(-1)\sqrt{1-x^2}+2\right|}{\sqrt{1^2+(-1)^2}}.$$

这样,$\dfrac{y}{\sqrt{2}}$ 是动点 $P(x,\sqrt{1-x^2})$ 到直线 $X-Y+2=0$ 的距离,点 P 在单位圆的上半圆运动,如图 5.13 所示.过 O 作直线 $X-Y+2=0$ 的垂线,分别交半圆、直线于 P_0、R,易求得 $P_0\left(-\dfrac{\sqrt{2}}{2},\dfrac{\sqrt{2}}{2}\right)$.

由图 5.13 可以看出,$\dfrac{y}{\sqrt{2}}$ 在 $-1\leqslant x\leqslant-\dfrac{\sqrt{2}}{2}$ 上是递减的,在 $-\dfrac{\sqrt{2}}{2}<x<1$ 上是递增的,即

$y=\left|x+2-\sqrt{1-x^2}\right|$ 在 $x\in\left[-1,-\dfrac{\sqrt{2}}{2}\right]$ 上为减函数,在 $x\in\left[-\dfrac{\sqrt{2}}{2},1\right]$ 上为增函数.半圆上的点到直线 $X-Y+2=0$ 的最短距离为 $|PR|=\sqrt{2}-1$,最长距离 $|AH|=\dfrac{|1-0+2|}{\sqrt{2}}=\dfrac{3\sqrt{2}}{2}$,故所求值域为 $y\in[2-\sqrt{2},3]$.

图 5.13

第四节 透析结构相似进行构造

用构造法解题的关键是通过观察分析厘清题设条件和结论的结构特征,寻找相关模型,捕捉题感,构造出相应的数学对象(方程、几何图形、函数等),从而使问题得到解决.这时一些基本的数学结构形式就是联想与转化的出发点.中学数学中常见的用于构造的结构形式大致有以下几种.

(1) 方程的根(或方程组的解)的结构关系,如根与系数的关系(韦达定理)、未知量相互之间的关系等.

(2) 基本的代数表示,如在整数集合中,以自然数 n 为模,任一整数可表示为 $np+r(0\leqslant r<n)$.

(3) 点、直线、圆、抛物线及双曲线的代数表示形式,复平面中复数的表示形式,向量的表示形式等.

(4) 重要的定理、恒等式,如余弦定理、三角恒等式、二项式定理等,重要不等式,如柯西不等式、闵可夫斯基不等式等.

(5) 平面几何、立体几何中的常用定理或一些基本图形,如三垂线定理、异面直线之间的公垂线等.

基于以上一些基本数学结构形式的理解和运用,可避免构造时的盲目性.

例 5.17 不查表,求 $\sin^2 74°+\sin^2 76°-\sqrt{3}\sin 74°\sin 76°$ 的值.

分析 看到这个式子,便会想到余弦定理,注意 $74°+76°=150°$,于是想到画一个三角形,并且让它的一条边等于 $\sin 74°$,另一条边等于 $\sin 76°$,所对的角分别等于 $74°$ 和 $76°$,如图 5.14 所示.所画三角形的外接圆的直径为 1,余下的一个角等于 $30°$.因为 $\cos 30°=\dfrac{\sqrt{3}}{2}$,恰好满足所求值的式子.所以原式的几何意义就是 $30°$ 角所对的边长的平方.

图 5.14

又根据正弦定理可知:$30°$ 角所对边长为 $\sin 30°$,所以原式 $=\sin^2 30°=\dfrac{1}{4}$.

例 5.18 求证:$\dfrac{|a_1+a_2+\cdots+a_n|}{1+|a_1+a_2+\cdots+a_n|}\leqslant\dfrac{|a_1|}{1+|a_1|}+\dfrac{|a_2|}{1+|a_2|}+\cdots+\dfrac{|a_n|}{1+|a_n|}$.

分析 观察不等式中左、右两边各项的式子,其结构均相似于形式 $\dfrac{M}{1+M}$,于是可构造函数 $f(x)=\dfrac{x}{1+x}(x\geqslant 0)$.

由于 $f'(x)=\dfrac{1}{(1+x)^2}>0$,所以 $f(x)$ 在 $[0,+\infty)$ 上单调递增.

令 $x_1=|a_1+a_2+\cdots+a_n|,x_2=|a_1|+|a_2|+\cdots+|a_n|$,则 $x_1\leqslant x_2,f(x_1)\leqslant f(x_2)$.

即

$$\frac{|a_1+a_2+\cdots+a_n|}{1+|a_1+a_2+\cdots+a_n|} \leqslant \frac{|a_1|+|a_2|+\cdots+|a_n|}{1+|a_1|+|a_2|+\cdots+|a_n|}$$

$$= \frac{|a_1|}{1+|a_1|+|a_2|+\cdots+|a_n|} + \frac{|a_2|}{1+|a_1|+|a_2|+\cdots+|a_n|} + \cdots$$

$$+ \frac{|a_n|}{1+|a_1|+|a_2|+\cdots+|a_n|}$$

$$\leqslant \frac{|a_1|}{1+|a_1|} + \frac{|a_2|}{1+|a_2|} + \cdots + \frac{|a_n|}{1+|a_n|}.$$

例 5.19 设 $a_0=1, a_n=\dfrac{\sqrt{1+a_{n-1}^2}-1}{a_{n-1}}(n\in \mathbf{N}_+)$,求证:$a_n > \dfrac{\pi}{2^{n+2}}$.

分析 本题题设含有 $\sqrt{1+a_{n-1}^2}$ 及结论中含有 π 这两个特征,并且 $a_n > 0$,于是考虑构造新数列 $\{\alpha_n\}$,使 $a_n=\tan\alpha_n$,其中 $\alpha_n\in\left(0,\dfrac{\pi}{2}\right)$.

通过化简去掉了根号,即

$$\tan\alpha_n = \frac{\sqrt{1+\tan^2\alpha_{n-1}}-1}{\tan\alpha_{n-1}} = \frac{1-\cos\alpha_{n-1}}{\sin\alpha_{n-1}} = \tan\frac{\alpha_{n-1}}{2},$$

则 $\alpha_n=\dfrac{\alpha_{n-1}}{2}$.又因 $a_0=1, a_1=\sqrt{2}-1=\tan\dfrac{\pi}{8}$,从而 $\alpha_1=\dfrac{\pi}{8}$.

因此,数列 $\{\alpha_n\}$ 是以 $\dfrac{\pi}{8}$ 为首项,以 $\dfrac{1}{2}$ 为公比的等比数列,则

$$\alpha_n = \left(\frac{1}{2}\right)^{n-1}\cdot\frac{\pi}{8} = \frac{\pi}{2^{n+2}}.$$

考虑到当 $x\in\left(0,\dfrac{\pi}{2}\right)$ 时,有 $\tan x > x$,故 $a_n=\tan\dfrac{\pi}{2^{n+2}} > \dfrac{\pi}{2^{n+2}}$.

事实上,对含有形如 $\sqrt{1\pm a_n^2}$、$\sqrt{1\pm a_n}$、$\dfrac{a_{n+1}\pm a_n}{1\mp a_n a_{n+1}}$ 的问题,都可尝试通过三角换元构造一个新数列,把一般数列问题化归为特殊数列问题.

例 5.20 已知 $f(x)$ 是定义域在 $\mathbf{R}$ 上的增函数,其图象恒过 $(1,1)$ 点,求 $f[\log_2(2^x-2)] < 2-\log_2(2^x-2)$ 的解集.

分析 基于原命题待求不等式的观察和题意理解,可以首先通过换元重新表征,使原不等式主体进一步清晰化.令 $\log_2(2^x-2)=t$,则原不等式转化为 $f(t) < 2-t$,即 $f(t)+t < 2$.因为 $f(1)+1=2$,所以

$$f(t)+t < f(1)+1.$$

不等式左、右两边的结构相同——这是一个重要的发现.因此采用构造法可轻松解答问题.事实上,令 $\varphi(x)=f(x)+x$,则 $\varphi(x)$ 在 $\mathbf{R}$ 上单调递增,由 $\varphi(t) < \varphi(1)$,得 $t < 1$.即

$\log_2(2^x-2)<1=\log_2 2$.所以 $0<2^x-2<2$,解得 $1<x<2$.

例 5.21 函数 $f(x)$ 是定义在区间 $(0,+\infty)$ 上的可导函数,其导函数为 $f'(x)$,且满足 $xf'(x)+2f(x)>0$,求不等式 $\dfrac{(x+2024)f(x+2024)}{5}<\dfrac{5f(5)}{x+2024}$ 的解集.

分析 本题与上例有一定的相似性.求解的关键是利用已知条件中不等式 $xf'(x)+2f(x)>0$,构造新函数 $g(x)=x^2f(x)$,以期判断其导数的正负,确定新函数的单调性,具体求解思路如下.

设 $g(x)=x^2f(x)$,则 $g'(x)=2xf(x)+x^2f'(x)=x[xf'(x)+2f(x)]$. 由已知 $x>0$,$g'(x)>0$,所以 $g(x)$ 在定义域里是单调递增函数.进一步分析可知,不等式 $\dfrac{(x+2024)f(x+2024)}{5}<\dfrac{5f(5)}{x+2024}$ 等价于 $(x+2024)^2 f(x+2024)<5^2 f(5)$.

所以 $0<x+2024<5$,解得 $-2024<x<-2019$.

遇有与导数相关的不等式问题时,常常构造新函数,以期把导数和不等式都能融合其中.

对于不等式 $f'(x)>k(k\neq 0)$,构造函数 $g(x)=f(x)-kx+b$;

对于不等式 $xf'(x)+f(x)>0$,构造函数 $g(x)=xf(x)$;

对于不等式 $xf'(x)-f(x)>0$,构造函数 $g(x)=\dfrac{f(x)}{x}(x\neq 0)$;

对于不等式 $xf'(x)+nf(x)>0$,构造函数 $g(x)=x^n f(x)$;

对于不等式 $xf'(x)-nf(x)>0$,构造函数 $g(x)=\dfrac{f(x)}{x^n}(x\neq 0)$;

对于不等式 $f'(x)+f(x)>0$,构造函数 $g(x)=e^x f(x)$;

对于不等式 $f'(x)-f(x)>0$,构造函数 $g(x)=\dfrac{f(x)}{e^x}$;

对于不等式 $f'(x)+kf(x)>0$,构造函数 $g(x)=e^{kx}f(x)$;

对于不等式 $f'(x)+2xf(x)>0$,构造函数 $g(x)=e^{x^2}f(x)$;

对于不等式 $f'(x)+\ln a f(x)>0$,构造函数 $g(x)=a^x f(x)$;

对于不等式 $f(x)+f'(x)\tan x>0$,构造函数 $g(x)=f(x)\sin x$;

对于不等式 $f(x)-f'(x)\tan x>0$,构造函数 $g(x)=f(x)\cos x$;

对于不等式 $\dfrac{f'(x)}{f(x)}>0$,构造函数 $g(x)=\ln f(x)$;

对于不等式 $f'(x)\ln x+\dfrac{f(x)}{x}>0$,构造函数 $g(x)=f(x)\ln x$.

例 5.22 解方程组 $\begin{cases} y=4x^3-3x, \\ z=4y^3-3y, \\ x=4z^3-3z. \end{cases}$

分析 观察方程组中 3 个方程式的结构特征,不难发现它们的结构相同.进一步地,每个方程式右边的三个数字"4,3,3"也使我们容易联想到公式 $\cos 3\theta=4\cos^3\theta-3\cos\theta$,于是设想构造三倍角公式的方法求解.因此首先要证明 $|x|\leqslant 1,|y|\leqslant 1,|z|\leqslant 1$.

事实上,若$|x|>1$,则$|y|=|x^3+3(x^3-x)|=|x|\cdot|x^2+3(x^2-1)|>|x|$,同理可得$|z|>|y|$,$|x|>|z|$,这是相互矛盾的,所以$|x|\leqslant 1$,同理可证$|y|\leqslant 1$,$|z|\leqslant 1$.

这样可设$x=\cos\theta(0\leqslant\theta\leqslant\pi)$,则$y=4\cos^3\theta-3\cos\theta=\cos3\theta$,$z=\cos9\theta$,$x=\cos27\theta$,故$\cos\theta-\cos27\theta=0$,易得到$2\sin13\theta\cdot\sin14\theta=0$.

所以,在$[0,\pi]$内,有27个解:$\theta=\dfrac{k\pi}{13}$($k=0,1,2,\cdots,12$),$\theta=\dfrac{k\pi}{14}$($k=0,1,2,\cdots,13$).

第五节 运用等效转换进行构造

等效转换原本是物理中的一个概念,指的是在保证最终效果相同的情况下,用较为简便的事件或条件将原事件或条件代替转化来考虑问题.在数学解题中,我们遵循着相同的思想,就是把较繁难的、复杂的问题转换为简单的、容易解决的问题.因此,基于等效转换的思想,力求把题目"看破",改变问题表达方式,以降低题目抽象度,帮助解题突破思维瓶颈,同样是我们构造的一个努力方向.

例 5.23 已知:$a>0,b>0,a+b=1$.求证:$\sqrt{2}<\sqrt{a+\dfrac{1}{2}}+\sqrt{b+\dfrac{1}{2}}\leqslant 2$.

分析 为使条件式$a+b=1$与待证式在形式上接近,可以将$a+b=1$变形为

$$\left(a+\dfrac{1}{2}\right)+\left(b+\dfrac{1}{2}\right)=2.$$

进而有

$$\left(\sqrt{a+\dfrac{1}{2}}\right)^2+\left(\sqrt{b+\dfrac{1}{2}}\right)^2=(\sqrt{2})^2.$$

由此构造一个以$\sqrt{a+\dfrac{1}{2}}$与$\sqrt{b+\dfrac{1}{2}}$为直角边,$\sqrt{2}$为斜边的直角三角形,如图5.15所示.

图 5.15

显然$\sqrt{2}<\sqrt{a+\dfrac{1}{2}}+\sqrt{b+\dfrac{1}{2}}$成立.

又因$\sqrt{a+\dfrac{1}{2}}=\sqrt{2}\cos\alpha$,$\sqrt{b+\dfrac{1}{2}}=\sqrt{2}\sin\alpha$,所以

$$\sqrt{a+\dfrac{1}{2}}+\sqrt{b+\dfrac{1}{2}}=\sqrt{2}(\sin\alpha+\cos\alpha)$$

$$=\sqrt{2}\cdot\sqrt{2}\sin\left(\alpha+\dfrac{\pi}{4}\right)$$

$$\leqslant 2\left(\text{当}\alpha=\dfrac{\pi}{4}\text{时等号成立}\right).$$

上述解法简明直观,但解法之由来,不能不归功于精巧的构图.不难看出,这一构图源于将条件从代数表征到几何表征的等效转换.可见,构造与等效转换是密不可分的.

例 5.24 已知函数$y=\sin x+\sqrt{1+\cos^2 x}$,求函数的最值.

分析 许多人拿到此题最大的困惑是如何处理根号,这看起来很难.注意观察$\sin x$和$\sqrt{1+\cos^2 x}$的关系,可以发现$\sin^2 x+(\sqrt{1+\cos^2 x})^2=2$,则可引入新的参数$\theta$,把原函数式

转换为

$$\begin{cases} \sin x = \sqrt{2}\cos\theta, \\ \sqrt{1+\cos^2 x} = \sqrt{2}\sin\theta, \end{cases}$$

这样 $y = \sqrt{2}\cos\theta + \sqrt{2}\sin\theta = 2\sin\left(\theta + \dfrac{\pi}{4}\right)$,而 $\dfrac{\pi}{2} \leqslant \theta + \dfrac{\pi}{4} \leqslant \pi, 0 \leqslant \sin\left(\theta + \dfrac{\pi}{4}\right) \leqslant 1$.

所以原命题函数的最大值为 2,最小值为 0.

上式并非一般意义上的普通变换,而是实质性地把原有变量置换为另一个参数的等效转换.这一转换巧妙地摆脱了去根号的困惑,使问题得到了有效解决.

例 5.25 从 6 对老搭档运动员中选派 5 名出国参赛,要求被选的运动员中任意两名都不是老搭档,求有多少种不同的选派方法?

分析 为厘清问题中的变量关系,图示法经常为我们所采用.为转换问题表达方式,本题可以构造六棱柱 $ABCDEF-A_1B_1C_1D_1E_1F_1$,如图 5.16 所示,用 6 种不同的颜色给六棱柱的 12 个顶点染色,使得同一侧棱的两端点同色,用于表示一对老搭档运动员.

由题意可知,只需求出从 12 个着色点中任取 5 个不同色的点的不同取法即可.这可分两个步骤完成.

第一步,先求从 6 种颜色中任取 5 种的取法,$C_6^5 = 6$(种).

第二步,因为图 5.16 中的 6 个染色点中同色点各 2 个,所以第一步中的每一种取法均有 $(C_2^1)^5 = 32$(种)搭配方式.

故由乘法原理,完成这件事共有 $6 \times 32 = 192$(种)方法,即选派 5 名运动员共有 192 种方法.

图 5.16

例 5.26 求 $\displaystyle\sum_{k=1}^{n} \dfrac{k^2}{2^k}$.

分析 离散问题一般可以转换为连续问题进行探索,本题即求 $x = \dfrac{1}{2}$ 时 $f(x) = \displaystyle\sum_{k=1}^{n} k^2 x^k$ 的值,可以联想到使用微积分的手段.

首先对 $\displaystyle\sum_{k=1}^{n} x^k = \dfrac{1-x^{n+1}}{1-x}$ 两边求导,得

$$\sum_{k=1}^{n} kx^{k-1} = \dfrac{1-(n+1)x^n + nx^{n+1}}{(1-x)^2}.$$

两边乘以 x 后再求导,得

$$\sum_{k=1}^{n} k^2 x^{k-1} = \dfrac{(1+x) - x^n(nx-n-1)^2 - x^{n+1}}{(1-x)^3}.$$

两边再乘以 x 即得

$$f(x)=\sum_{k=1}^{n}k^2x^k=\frac{x(1+x)-x^{n+1}(nx-n-1)^2-x^{n+2}}{(1-x)^3}.$$

令 $x=\frac{1}{2}$，得 $f\left(\frac{1}{2}\right)=\sum_{k=1}^{n}\frac{k^2}{2^k}=6-\frac{n^2+4n+6}{2^n}$.

例 5.27 求 r 元一次方程 $x_1+x_2+\cdots+x_r=n$ 非负整数解的组数.

分析 首先对本题进行等效转换.不妨令 $y_i=x_i+1$，则原问题等价于命题"求 r 元一次方程 $y_1+y_2+\cdots+y_r=n+r$ 正整数解的组数".

这一新的不定方程又可以构造出一个更新的等价命题"把 $n+r$ 个不加区分的小球全都放进 r 个盒子里，每个盒子至少放一个，问共有多少种不同的方法".

根据"插板法原理"，假定有 m 个元素需要分成 n 组，可以把 m 个元素排成一排，中间有 $m-1$ 个空，想分为 n 组的话需要插入 $n-1$ 个木板，则其方法数为 C_{m-1}^{n-1}.不难看出，本题可以转化为把 $n+r$ 个球放成一排，它们之间共有 $n+r-1$ 个空，在这 $n+r-1$ 个空中需要插入 $r-1$ 个挡板，显然，共有 C_{n+r-1}^{r-1} 种方法.

例 5.28 n 人围坐一圈，每相邻四人中，若女的成单，则这四人各罚一筹，若女的成双，则这四人各奖一筹，结果奖得筹数正是所罚筹数.求证：n 是 4 的倍数.

分析 选择合适的方式将原问题等效转换，是解决本题的关键.有关生活中的数学问题，常用的方法有图示法和赋值法两种，本题可选择对研究对象进行赋值.以 $x_1,x_2,\cdots,x_n$ 表示 n 个人，记男的为 1，女的为 -1，则总有

$$x_1^2=x_2^2=\cdots=x_n^2=1.$$

若 $x_ix_{i+1}x_{i+2}x_{i+3}=-1$，表示 x_i、x_{i+1}、x_{i+2}、x_{i+3} 中女的成单，各罚出一筹；若 $x_ix_{i+1}x_{i+2}x_{i+3}=1$，表示 x_i、x_{i+1}、x_{i+2}、x_{i+3} 中女的成双，各奖一筹.这就构造出了原问题的数学模型.

因所罚筹数等于所奖筹数，故

$$x_1x_2x_3x_4+x_2x_3x_4x_5+\cdots+x_nx_1x_2x_3=0.$$

左边 n 项中，正数项与负数项相等，设各为 k 项，则 $n=2k$.所以，

$$(x_1x_2x_3x_4)(x_2x_3x_4x_5)\cdots(x_nx_1x_2x_3)=(-1)^k=1.$$

这样，k 又为偶数.

设 $k=2m(m\in\mathbf{N}_+)$，那么 $n=4m(m\in\mathbf{N}_+)$，故 n 是 4 的倍数.

例 5.29 已知集合 A 和集合 B 各有 12 个元素，$A\cap B$ 中有 4 个元素，试求同时满足下列条件的集合 C 的个数：①$C\subset A\cup B$ 且 C 中含有 3 个元素；②$C\cap A\neq\varnothing$.

分析 此题中集合符号的抽象性表征给解题带来了一定的困难.若注意到 $A\cup B$ 中含有 $12+12-4=20$（个）元素，则可将原问题实施等效转换，构造组合模型：某种产品 20 件，其中合格品 12 件，现抽取 3 件检查，问至少有一件合格品的抽法有多少种？

由此可得集合 C 中元素的个数为 $C_{20}^3-C_8^3=1084$（个）.

例 5.30 已知 $x\in\left[0,\dfrac{\pi}{2}\right]$,求证:$\dfrac{4+\sin 2x}{1+\sqrt{2}\sin\left(x+\dfrac{\pi}{4}\right)}\geqslant 2$.

分析 本题可以用 $(\sin x-1)(\cos x-1)\geqslant 0$ 证明.这里重在介绍通过构造概率模型实现等效转换解题的独特方法.众所周知,对于一类涉及 0 至 1 的不等式,常可考虑利用概率性质 $0\leqslant P(A)\leqslant 1$ 及加法公式 $P(A+B)=P(A)+P(B)-P(AB)$ 来证,关键是求证式要符合概率加法公式的基本形式.

在本题中,通过对待证不等式的整理可得 $\dfrac{4+2\sin x\cos x}{1+\sin x+\cos x}\geqslant 2$.

由条件知 $0\leqslant\sin x\leqslant 1,0\leqslant\cos x\leqslant 1$,所以只需证 $2+\sin x\cos x\geqslant 1+\sin x+\cos x$,即只需证 $\sin x+\cos x-\sin x\cos x\leqslant 1$,故可利用概率模型进行证明.

不妨设事件 A 的概率 $P(A)=\sin x$,事件 B 的概率 $P(B)=\cos x$,则 $P(A+B)=P(A)+P(B)-P(AB)=\sin x+\cos x-\sin x\cos x\leqslant 1$,所以 $2+\sin x\cos x\geqslant 1+\sin x+\cos x$.

又因为 $x\in\left[0,\dfrac{\pi}{2}\right]$,$\sin x\geqslant 0$,$\cos x\geqslant 0$,所以 $\dfrac{4+2\sin x\cos x}{1+\sin x+\cos x}\geqslant 2$,故 $\dfrac{4+\sin 2x}{1+\sqrt{2}\sin\left(x+\dfrac{\pi}{4}\right)}\geqslant 2$.

以上构造法途径的分类只是为了方便问题的讨论,具体解题时需要根据已知条件综合考虑.特别地,在应用构造思想解题时,还需融合猜想、试验、归纳等数学思想方法.总之,构造法是解决数学问题中应用较广的一种方法,具有把问题由繁化简、由难化易、由抽象转化具体的功能.在解决具体问题时,若能巧妙、恰当地运用构造法,可达到事半功倍的效果.

习 题 五

1. 一个正四面体的所有棱长为 $\sqrt{2}$,四个顶点在同一个球面上,则此球的表面积是多少?

2. 比较 $\sqrt[3]{60}$ 与 $2+\sqrt[3]{7}$ 的大小.

3. 求 $C_n^0+C_n^1\cos\varphi+C_n^2\cos 2\varphi+\cdots+C_n^n\cos n\varphi$ 的值.

4. 求 $\sin 6°\sin 42°\sin 66°\sin 78°$.

5. 已知 $x+2y=5$,求 x^2+y^2 的最小值.

6. 已知 θ 和 φ 是方程 $a\cos x+b\sin x=c$ 的两个根,其中,a、b、$c\neq 0$,$\theta\pm\varphi\neq 2k\pi(k\in\mathbf{Z})$,求证:$\dfrac{a}{\cos\dfrac{\theta+\varphi}{2}}=\dfrac{b}{\sin\dfrac{\theta+\varphi}{2}}=\dfrac{c}{\cos\dfrac{\theta-\varphi}{2}}$.

7. 已知实数 a、b、c 满足 $\dfrac{\sqrt{5}b-c}{5a}=\dfrac{1}{4}$,求证:$b^2\geqslant ac$.

8. 已知 a、b、c、$d\in\mathbf{R}$,求证:$ac+bd\leqslant\sqrt{a^2+b^2}\cdot\sqrt{c^2+d^2}$.

9. 求 $y=\dfrac{x^2-5x+1}{x^2-x+1}$ 的值域.

10. 已知 x、$y\in\mathbf{R}_+$,求证:

$$\sqrt{x^2-3x+3}+\sqrt{y^2-3y+3}+\sqrt{x^2-\sqrt{3}xy+y^2}\geqslant\sqrt{6}.$$

11. 证明：$\sin\left(x-\dfrac{\pi}{6}\right)\cos x\geqslant-\dfrac{3}{4}.$

12. 若 $a^2-3a-1=0, b^2-1=3b$ $(a\neq b)$，求 $\left|\dfrac{a}{b^2}-\dfrac{b}{a^2}\right|$ 的值.

13. 已知 $\sqrt{x}-\sqrt{y}=10$ $(x、y\in\mathbf{R}_+)$，求证：$x-2y\leqslant200.$

14. 已知 $a、b、c、d$ 都是正数，且 $a^2+b^2=c^2, c\sqrt{a^2-d^2}=a^2$，求证：$ab=cd.$

15. 若 $a、b$ 均为正数，且 $\sqrt{a^2+b^2}、\sqrt{4a^2+b^2}、\sqrt{a^2+4b^2}$ 是一个三角形的三条边，那么这个三角形的面积是多少？

16. 已知实数 $\alpha、\beta$ 分别满足 $\alpha^3-3\alpha^2+5\alpha-17=0, \beta^3-3\beta^2+5\beta+11=0.$ 求 $\alpha+\beta$ 的值.

17. 已知 $\alpha、\beta$ 是锐角，且 $\begin{cases}3\sin^2\alpha+2\sin^2\beta=1,\\ 3\sin2\alpha-2\sin2\beta=0,\end{cases}$ 求证：$\alpha+2\beta$ 为定值.

18. 函数 $f(x)$ 定义域为 $\mathbf{R}, f(0)=2$，对任意 $x\in\mathbf{R}, f(x)+f'(x)>1$，求不等式 $e^x f(x)>e^x+1$ 的解集.

19. 已知函数 $f(x)$ 是定义在 $\mathbf{R}$ 上的奇函数，且 $f(1)=1.$ 当 $x>0$ 时，$f(x)>xf'(x)$，求不等式 $f(x)>x$ 的解集.

20. 已知 $f(x)$ 在 $\mathbf{R}$ 上可导，当 $x\neq 0$ 时，$f'(x)+\dfrac{f(x)}{x}>0$，求函数 $F(x)=f(x)+\dfrac{1}{x}$ 的零点个数.

21. 求证：对任意自然数，若 $m>n$，总有

$$1+\dfrac{m-n}{m-1}+\dfrac{(m-n)(m-n-1)}{(m-1)(m-2)}+\cdots+\dfrac{(m-n)\cdot(m-n-1)\cdots 2\cdot 1}{(m-1)(m-2)\cdots(n+1)n}=\dfrac{m}{n}.$$

22. 求证：$1+\dfrac{1}{2^2}+\dfrac{1}{3^2}+\cdots+\dfrac{1}{n^2}<2.$

23. 若 $p(x)$ 表示 n 次多项式，且知 $p(k)=\dfrac{k}{1+k}$ $(k=0,1,\cdots,n)$，试求 $p(n+1).$

24. 设 $0<a_i<a$ $(i=1,2,3,4)$，求证：$\dfrac{a_1+a_2+a_3+a_4}{a}-\dfrac{a_1a_2+a_2a_3+a_3a_4+a_4a_1}{a^2}\leqslant 2$ 对一切 $a\in\mathbf{R}$ 成立.

数学模型使数学走出数学的世界,它是构建数学与现实世界的桥梁.

——史宁中(1950—)

具有丰富知识和经验的人,比只有一种知识和经验的人更容易产生新的联想和独创的见解.

——[英]E.L.泰勒(1685—1731)

第六章 建模:解题的支架

随着科学技术的发展,人们解决各类实际问题有了更加精确化和定量化的需求,许多问题的解决需要构建数学模型.同时,数学建模在培养分析问题和解决问题的能力及创新思维能力等方面也能起到很好的促进作用.因此,加强数学建模在数学解题中的应用研究具有十分重要的现实意义.

从本质上来说,建模也是一种构造,其内涵比构造更加广泛和深刻.就解题来说,数学建模是更高级别的解题构造,它更多的是面向实际,解决政治、经济、文化及日常生活中的应用性问题[1].数学解题研究中的建模主要是指基于对实际问题的简化和抽象,确定变量和参数,使现实问题转化为数学问题,在此基础上求解这个数学问题,并解释和验证所得到的解,以确定能否用于问题解决的多次循环和不断深化.

第一节 数学建模的基本内涵

通俗地说,模型即是对现实世界的简化表示.它是一个框架,用于描述和解释现象,预测未来事件,或者指导决策过程.所谓数学模型,是指用数学的语言和方法对各种实际对象作出抽象或模仿而形成的一种数学结构.建立数学模型的过程叫作数学建模.将所考察的实际问题化为数学问题,构造相应的数学模型,通过对数学模型的研究和解答使原来的实际问题得以解决,这种解决问题的方法叫作数学模型方法.在许多场合下,数学建模与数学模型方法是作为同义词运用的.

一、数学建模的本质

数学模型不等同于实际对象本身,它必须舍弃实际对象的质的规定性,而从量的关系上

---

[1] 段志贵,曹子清.方法论视域下的数学解题与解题策略[J].南宁师范大学学报(自然科学版),2021,38(4):179-185.

对实际对象作形式化的描述和刻画.在这一过程中常常略去实际对象的某些次要性质和因素,抓住其主要性质和因素.因此,数学模型虽然能从某些数量关系上反映实际对象的原形,但这种反映仅仅是一种近似或模拟.然而,正是由于使用与之相应的数学模型代替实际对象,才有可能把所研究的问题表达为数学问题,并使用与对象的质的规定性无关的数学工具分析和处理问题,才能充分发挥数学工具在解决问题时的巨大作用.

数学模型能够在研究中代替实际对象,它就必须与所反映的原型具有近似性或一致性,并且能够把通过分析模型所得到的规律和结论返回到原型中去应用与检验.如果由数学模型得到的结论不合原型的实际,就需要调整或重新建立数学模型.

二、数学建模的主要步骤

数学建模是联系数学与实际问题的桥梁,是数学在各个领域广泛应用的媒介,是数学科学技术转化的主要途径.建立数学模型是一项创造性的劳动,不管用什么方法,都必须遵循具体问题具体分析的原则,灵活机动,不断修正,一般都要经过以下步骤,如图 6.1 所示.

图 6.1

例 6.1 方桌平衡问题:一张四条腿等长的方桌放在不平的地面上,是否总有办法使四条腿同时着地?

分析 这个问题似乎与数学没有什么关系,但实际情况并非如此.事实上,可以建立一个简单的数学模型,将它数学化.

假设:①地面是一个连续曲面;②对于地面的弯曲程度而言,桌腿有足够的长度;③桌腿底部的面积可忽略不计,即当桌腿底部与地面接触时,可看成几何中的点与面的关系.

建立模型的关键在于恰当地寻找表示桌脚位置的变量,并把要证明的"四条腿同时着地"这个结论归结为简单的数学关系.

现以 A、B、C、D 分别表示方桌的四条腿的终端,则 $ABCD$ 是一个正方形,以 O 表示它的中心,如图 6.2 所示.建立以 O 为原点,CA 为 x 轴,DB 为 y 轴的平面直角坐标系.

当方桌绕 O 点转动时,对角线 AC 与 x 轴的夹角 θ 表示方桌的位置.在图 6.2 中,正方形 $ABCD$ 绕 O 点转动至 A'、B'、C'、D',此时 $A'C'$ 与 x 轴的夹角为 θ."四条桌腿同时着地"就是四条桌腿的终端与地面的距离都等于零.方桌位于不同的位置,桌腿的终端与地面的距离情况不同,因此这个距离是 θ 的函数.

用 $f(\theta)$ 与 $g(\theta)$ 分别表示 A、C 两腿与 B、D 两腿到地面的距离之和.由假设①可知,$f(\theta)$ 与 $g(\theta)$ 都是非负的连续函数;由假设②可知,至少有三条桌腿可以同时着地,即对于任意的 θ,$f(\theta)$ 与 $g(\theta)$ 中总有一个为零,因此 $f(\theta)g(\theta)=0$.特别地,有 $f(0)g(0)=0$.

图 6.2

如果 $f(0)=g(0)=0$,则问题已经解决,即四条腿同时着地.因此,不妨设 $f(0)=0$,$g(0)>0$,这样可建立方桌平衡问题的数学模型.

数学模型 已知连续的非负函数 $f(\theta)$ 与 $g(\theta)$,满足条件 $f(\theta)g(\theta)=0$,$f(0)=0$,$g(0)>0$,问是否存在 θ_0,使得 $f(\theta_0)=g(\theta_0)=0$,其中 $0<\theta_0<\dfrac{\pi}{2}$.

现在证明,这样的 θ_0 是存在的.事实上,若将方桌绕 O 点转动 $\dfrac{\pi}{2}$,这时 A、C 与 B、D 互换位置,则有 $f\left(\dfrac{\pi}{2}\right)>0$,$g\left(\dfrac{\pi}{2}\right)=0$.记 $d(\theta)=f(\theta)-g(\theta)$,则 $d(\theta)$ 也是连续函数,并且满足条件 $d(0)<0$,$d\left(\dfrac{\pi}{2}\right)>0$.

利用连续函数的性质可知,必存在 $\theta_0\left(0<\theta_0<\dfrac{\pi}{2}\right)$,使得 $d(\theta_0)=f(\theta_0)-g(\theta_0)=0$,即

$$f(\theta_0)=g(\theta_0). \qquad ①$$

又因对任意 θ,均有 $f(\theta)g(\theta)=0$,对 θ_0 也应有

$$f(\theta_0)g(\theta_0)=0. \qquad ②$$

由式①②易得 $f(\theta_0)=g(\theta_0)=0$,即总有办法使方桌的四条腿同时着地.

此问题解决得非常巧妙而简单,从中可学到一些建立数学模型的具体技巧:用一元变量表示方桌的位置,将距离表示为 θ 的函数,桌子有四条腿,但只设两个函数 f 和 g;证明时转动 $\dfrac{\pi}{2}$;设辅助函数 $d(\theta)$ 并利用连续函数的性质等.

中学数学解题中真正需要完全按照上述几个步骤实施的数学建模并不多.立足于解决实际问题,中学数学更多的是解决与数学相关的应用性问题.在应用性问题的解题过程中,通过对原始问题的分析、假设、抽象,省略一些较复杂的假设与探究过程,重点利用中学里学过的数学知识,建立常见及常用的数学模型.一般来说,中学数学解决实际应用性问题的常用建模过程如图 6.3 所示.

```
   ┌──────────────┐  是否符合实际      ┌──────────────┐
   │ A: 现实世界的 │ ◄─────────────── │ E: 实际问题的解 │
   │  问题或情景  │   修改、深化、扩展  └──────────────┘
   └──────────────┘                          ▲
         │                              回译 │ 检验
      简│                                  ┌──────────────┐
      化│                                  │ D: 数学模型的解│
         ▼                                  └──────────────┘
   ┌──────────────┐     翻译            数学方法│ 计算工具
   │ B: 现实的模型 │ ──────────────► ┌──────────────┐
   └──────────────┘                  │ C: 数学模型  │
                                     └──────────────┘
```

图 6.3

三、影响数学建模的三个关键

1. 知识经验

数学建模作为一种认知活动或思维活动,与知识经验存在密切的关系.丰富的知识经验是数学建模的基础.离开了基础知识,数学建模就会成为一句空话.数学建模解决的问题是实际问题,而实际问题涉及的知识面较广,因而数学建模需要跨学科的知识.已储存的知识经验可以帮助人们选择有关的信息,引导人们提取相关的知识和方法,形成解决问题的策略.

需要强调的是,许多时候我们虽然具备了数学建模所需要的所有知识,但可能苦苦思索而不能建立数学模型.知识经验是数学建模的必要条件而非充分条件,知识经验一方面是我们进行数学建模的基础,另一方面可能束缚我们的建模思路,因为人们总喜欢用自己熟悉的方法去处理新问题,而较少考虑新问题与过去经验的不同之处.

2. 认知过程

数学建模的能力来自基本的认知过程,每个人都具有数学建模的潜能.日常生活中,人们在使用语言和形式概念的过程中就表现出一定的建模能力.具体地说,数学建模能力体现在问题解决过程中,包括辨明问题、表征问题、计划解答过程、执行计划、评价计划、评价解题过程等.不同的认知过程有不同的表征形式,也可能导致不同的效果。

例如,人带着狗、鸡、米过河,船除了需要人划之外,至多能载狗、鸡、米三者之一,当人不在场时,狗要吃鸡,鸡要吃米.试设计一个安全过河的方案,并使渡河次数尽量少.由于每个人的知识和认知结构不同,其认知过程和选择的认知策略也就不同.这个问题可以采用四维向量表征,利用向量的转移来得到结果;也可以用立方体图表征,观察立方体顶点到顶点哪些路径是合理的;还可以用集合的状态转移来表征;最简单的、不需要很深数学知识的方法就是直接逻辑推理方法.

3. 元认知

元认知是认知主体对自身心理状态、能力、任务目标、认知策略等的认识,以及对自身各种认知活动的计划、监控和调节.数学建模过程是一种认知过程,元认知是它的基础并对它起影响作用.在数学建模过程中,元认知过程与认知过程并存,元认知在确定目标、选择认知策略、监控和评价过程以及对认知策略进行必要的修正等方面发挥着"监督"作用,对问题解决的质量有着决定性的影响.

数学建模过程中的模型分析、模型选择和模型建立并非一蹴而就.实际问题的模型与理论模型之间总存在一定的差距,要缩短这种差距,使理论模型能够完全反映实际问题,就需要通过元认知不断地修正理论模型,使之不断地接近实际问题的结果.

第二节　从实际问题中抽象出数学模型

数学来源于实际生活.作为一门研究现实世界数量关系和空间形式的科学,数学与生活是息息相关的,数学建模自然有着十分重要的意义.在许多领域中,人们一直在运用数学建模描绘、刻画生活规律或者生活现象,以便找到其中能够解决问题的最佳方案或得到最佳结论.

例 6.2　一个星级旅馆有 150 间客房.经过一段时间的经营实践,经理得到数据:如果每间客房定价为 160 元,住房率为 55%;如果每间客房定价为 140 元,住房率为 65%;如果每间客房定价为 120 元,住房率为 75%;如果每间客房定价为 100 元,住房率为 85%.欲使每天收入最高,问每间客房的定价应是多少?

分析　根据建模思想,本题的求解可分为以下五个阶段.

(1) 弄清实际问题.其也称模型准备阶段,包括了解问题的实际背景知识,从中提取有关的信息,明确要达到的目的和要求.

上述问题中,旅馆的收入显然和住房率有直接关系.但住房率又和房价有关系.房价太高,住房率低,收入也不会很高.但房价又不能过低,太低了,虽然住房率上去了,但旅馆收入可能还是上不去.问题就是在房价定为多少时,旅馆的收入最高?

(2) 化简问题.在这个阶段,就是要针对问题,舍弃一些次要因素,从而使问题得以化简.现实问题往往是杂乱无章的,涉及的变量非常多.如果不对其进行简化,则无从下手,解决问题是十分困难的.因此,必须将问题简单化和理想化.同时,厘清变量之间的关系,把那些反映问题本质属性的量和关系抽象出来.

为建立数学模型,要简化上述问题,为此提出了下面的假设:假设 1,每间客房的最高定价为 160 元;假设 2,旅馆每间客房定价相等.

通过上面的分析可以发现,与 160 元相比,房价每减少 20 元,住房率上升 10%,于是提出了第三条假设:假设 3,与 160 元相比,降低的房价和增长的住房率成正比.

(3) 建立模型.在假设的基础上,抓住问题的主要因素和有关量之间的关系进行抽象概括,运用适当的数学工具刻画变量之间的数量关系,建立相应的数学结构.

上述问题主要涉及两个变量——房价和收入,不妨设房价为 x 元,此时的收入为 y 元,根据上面 3 条假设,建立两个变量之间的关系.

针对例 6.2,要建立收入和房价之间的变量关系.当房价为 x 元时,住房率应该为多少?与 160 元相比,房价为 x 时,房价减少了 $160-x$ 元,根据假设 3,此时住房上升率为 $\frac{160-x}{20} \times 10\%$,住房率为 $\frac{160-x}{20} \times 10\% + 55\%$,则可知收入 $y = 150x\left(\frac{160-x}{20} \times 10\% + 55\%\right)$.

此时将实际问题归结为以下数学模型:

$$\max_{0 < x \leq 160} y = 150x\left(\frac{160-x}{20} \times 10\% + 55\%\right).$$

(4) 模型求解.对所得的模型在数学上进行推理或演算,求出数学上的结果.

将上述数学模型展开,有 $y=-\dfrac{3}{4}(x^2-270x)=-\dfrac{3}{4}(x-135)^2+13668.75$.

当 $x=135$ 时,y 取最大值 13668.75.

(5) 检验.把数学上得到的结论返回到实际问题中.

把上面的值带回到实际问题中,当每间客房的定价为 135 元时,每天收入最高,为 13668.75 元.

需要指出的是,如果经过检验,所得模型确实合理,即可将模型应用到实际问题中,并在实践中进一步接受验证.如果发现模型不合理,就必须修改假设,重新建模.这一过程可以循环往复,直至获得满意的结果为止.

例 6.3 某饲养场每天投入 6 元资金用于饲养、设备、人力方面的费用,估计可使一头 60kg 重的生猪每天增重 2.5kg.目前生猪出售的市场价格为 12 元/kg,但是预测每天会降低 0.1 元,问该饲养场应该什么时候出售这样的生猪?

分析 投入资金可使生猪体重随时间增长,但售价会随时间降低,应该存在一个最佳的出售时机,使获得的利润最大.根据给出的条件,可作出如下的简化假设.

(1) 模型假设:每天投入 6 元资金使生猪的体重每天增加的常数为 $r(r=2.5\text{kg})$;生猪出售的市场价格每天降低的常数为 $g(g=0.1\text{元})$.

(2) 模型建立:给出以下记号 t 为时间(天);w 为生猪体重(kg);P 为单价(元/kg);R 为出售的收入(元);Q 为纯利润(元);C 为 t 天投入的资金(元).

按照假设,$w=60+rt(r=2.5)$,$P=12-gt(g=0.1)$,又知道 $R=Pw,C=6t$.

再考虑纯利润应扣掉以当前价格(12 元/kg)出售 60kg 生猪的收入,有 $Q=R-C-12\times60$,得到目标函数(纯利润)为

$$Q(t)=(12-gt)(60+rt)-6t-720, \qquad ①$$

其中,$r=2.5,g=0.1$,求 $t(t\geqslant0)$,使 $Q(t)$ 最大.

(3) 模型求解:这是求二次函数最大值问题,用代数或微分法容易得到

$$t=\dfrac{6r-30g-3}{gr}. \qquad ②$$

将 $r=2.5,g=0.1$ 代入式②可知,当 $t=36$ 时,纯利润 Q 有最大值 324,即 36 天后出售,可得最大纯利润 324 元.

数学模型实际上是人对现实世界的一种反映形式,因此数学模型和现实世界的原型就应有一定的"相似性",抓住与原型相似的数学表达式或数学理论就是建立数学模型的关键性技巧.

例 6.4 在洗衣服时,衣服已打好了肥皂,揉搓得很充分了,再拧一拧,当然不能把水完全拧干,衣服上还残留含有污物的水为 1kg,用 20kg 的清水漂洗,问怎样才能将衣服漂洗得更干净?

分析 这是个实际问题,需要利用数学的方法进行解决,下面给出的解答过程,其中的大部分内容是中学生可以接受的.

如果把衣服放到这 20kg 的清水中,那么,连同衣服上那 1kg 的污水,一共 21kg.污物均匀分布在这 21kg 水里.拧"干"后,衣服上还有 1kg 的水,所以污物残存量是原来的 $\frac{1}{21}$.或者把这 20kg 的水分两次用.比如,第一次用 5kg 的水,可使污物减少到 $\frac{1}{6}$;再用 15kg 的水,污物又减少到 $\frac{1}{6}$ 的 $\frac{1}{16}$,即 $\frac{1}{96}$,分两次漂洗,效果是最好的.同样分两次漂洗,也可以每次用 10kg 的水,每次都使污物减少到原有量的 $\frac{1}{11}$,污物减少到 $\frac{1}{121}$.

由此可以得到以下两个猜想:①将清水分成多次清洗衣服时,当每次分的量相等时,衣服清洗得最干净;②在总的清水量一定的前提下,把水分的份数越多,衣服清洗得越干净.

这两个猜想是否正确,需要建立一般的模型进行解答.现将一般化的问题叙述如下:设衣服经洗涤充分拧干后残存水量为 w kg,其中含污物 m_0 kg,漂洗用的清水为 A kg,把 A kg 的水分成 n 次使用,每次用量依次是 $a_1, a_2, \cdots, a_n$,经过 n 次漂洗后,衣服上还有多少污物?怎样合理使用这 A kg 水,才能把衣服洗干净(残留污物的量最少)?

(1) 模型假设:①总水量 A 是有限的,假定总水量一定(不考虑总水量无限的情况,这与节约用水的常识是相符的);②设每次都漂洗得很充分,使得衣服上的污物能均匀地溶于水中.

(2) 模型建立:考察第一次,把带有 m_0 kg 的污物的 w kg 水的衣服放到 a_1 kg 的水中,充分搓洗拧干后,由于 m_0 kg 的污物均匀分布于 $w+a_1$ kg 的水中,所以衣服上残留的污物量 m_1 kg 与残留的水量 w kg 成正比,即 $\frac{m_1}{w} = \frac{m_0}{w+a_1}$,则有 $m_1 = m_0 \cdot \frac{w}{w+a_1} = \frac{m_0}{1+\frac{a_1}{w}}$.以此类推,当衣服漂洗 n 次后,残留的污物量为 $m_n = \dfrac{m_0}{\left(1+\frac{a_1}{w}\right)\left(1+\frac{a_2}{w}\right)\cdots\left(1+\frac{a_n}{w}\right)}$.可见,原来衣物上残留的污物 m_0 越多,最后剩下的污物也越多,衣服越脏越难洗,这与生活常识是相符的.

(3) 模型的进一步研究:下面探讨前面提出的第一个猜想,假设总水量 A 一定,则有 $a_1+a_2+\cdots+a_n=A$.根据平均值不等式,有

$$\left(1+\frac{a_1}{w}\right)\left(1+\frac{a_2}{w}\right)\cdots\left(1+\frac{a_n}{w}\right) \leqslant \left\{\frac{1}{n}\left[\left(1+\frac{a_1}{w}\right)+\left(1+\frac{a_2}{w}\right)+\cdots+\left(1+\frac{a_n}{w}\right)\right]\right\}^n$$
$$= \left(1+\frac{A}{nw}\right)^n.$$

当 $a_1=a_2=\cdots=a_n=\frac{A}{n}$ 时取等号,这表明每次用水量均为 $\frac{A}{n}$ 时,残留的污物量 m_n 取得最小值,即此时衣服洗得最干净,于是第一个猜想的正确性得到了验证.

下面来看第二个猜想,若把洗 n 次后残留的最小污物量记为 m_n^*,则 $m_n^* = \dfrac{m_0}{\left(1+\frac{A}{nw}\right)^n}$.同

理，$m_{n+1}^* = \dfrac{m_0}{\left[1+\dfrac{A}{(n+1)w}\right]^{n+1}}$.

由均值不等式，得

$$\left(1+\frac{A}{nw}\right)^n \times 1 < \left[\frac{n\left(1+\dfrac{A}{nw}\right)+1}{n+1}\right]^{n+1} = \left[1+\frac{A}{(n+1)w}\right]^{n+1}.$$

所以 $m_n^* > m_{n+1}^*$，这表明，对于给定的水量，把水分成 $n+1$ 次用，要比分成 n 次用洗得更干净．但是，在总水量 A 一定的前提下，是不是份数分得越多，洗得越干净呢？相关的讨论需要涉及高等数学方面的知识，有兴趣的读者可以查询相关文献资料，这里只给出结论：当分的份数 n 趋于无穷时，记 m^* 为 m_n^* 的极限，则有

$$m^* = \frac{m_0}{\mathrm{e}^{\frac{A}{w}}}.$$

这表明，m_n^* 不是无穷小量，即当总水量 A 一定时，不论分多少次漂洗，至少会有 $\dfrac{m_0}{\mathrm{e}^{\frac{A}{w}}}$ 的残留量，做不到一点污物都不残留．

结论 综上可知，若总水量 A 充分大，且洗的次数充分多时，可以使 m_n^* 任意小，但这与节约用水相矛盾，实际上也不需要．

事实上，当 $A : w = 4 : 1$ 时，残余物的最小值可达

$$m^* = \frac{m_0}{\mathrm{e}^{\frac{A}{w}}} \approx \frac{m_0}{(2.718)^4} \approx 0.018 m_0.$$

而且当 n 增大时 $\left(1+\dfrac{A}{nw}\right)^n$ 收敛得很快，因此只要将水分成不多的几等份就可以了．由计算得知，通常将水分成 2～4 等份，污物的残留量就已很少，所以全自动洗衣机设定三次漂洗而不是更多次，并不是因为怕麻烦，而是污物的漂洗已经达到了理想的要求．

第三节　数学解题常见、常用模型的建构

现实世界许多问题并非简单的一些符号表示就能解决，很多问题需要借用数学上的图形、公式、定理以及丰富的数学思想方法来解决．由于知识覆盖的广度不够，在中小学开展数学建模活动会受到一定限制，能够解决的现实问题并不普遍．以下介绍中小学数学解题中常见、常用的几种数学模型，并就中小学数学相关的实际问题模型的多维构建进行探讨．

一、中小学常见、常用数学模型的建构

1. 构造函数模型

在实际生活中，普遍存在着最优化问题——最佳投资、最小成本、最大容积（面积）等，这些问题常归结为函数的最值问题，可利用函数的单调性和相关的性质解决．例 6.5 就是一道典型的构造函数模型解题的案例．

例 6.5 某一房地产开发商买了一块地,地形如图 6.4 所示,近似扇形.已知扇形 AOB 的半径约为 1km,中心角 $\angle AOB$ 约为 $60°$,现在开发商准备把此地建成一个矩形的小区,即图 6.4 中的 $PQRS$,为了充分地利用土地,请问 P 选在什么位置时,矩形 $PQRS$ 的面积最大,并求出这个最大值.

图 6.4

分析 因为 P 点在 $\overset{\frown}{AB}$ 上运动,所以要想确定 P 点的位置,必须要用 P 点所确定的圆心角来说明,即 P 点的位置由 $\angle AOP$ 决定,因此这道题的关键在于求 $\angle AOP$ 的度数.需要注意的是,在化简三角函数表达式时,正、余弦的和差公式及其逆运算在求最值方面经常用到.本题在化简面积 S 的表达式时,就用到了它的逆运算.

连结 OP,可设 $\angle AOP = x$,则 $PS = \sin x, OR = \sin x \cot 60°, RS = \cos x - \sin x \cot 60°$.

所以,$S = RS \cdot PS = (\cos x - \sin x \cot 60°)\sin x = \dfrac{\sqrt{3}}{3}\sin(2x + 30°) - \dfrac{\sqrt{3}}{6}$.

因为 $x \in (0°, 60°)$,所以当 $2x + 30° = 90°$,即 $x = 30°$ 时,矩形 $PQRS$ 的面积最大,面积最大值为 $\dfrac{\sqrt{3}}{6}$.

例 6.6 某地区不同身高的未成年男性的体重平均值如表 6.1 所示.

表 6.1

身高/cm	60	70	80	90	100	110	120	130	140	150	160	170
体重/kg	6.13	7.90	9.90	12.15	15.02	17.50	20.92	26.86	31.11	38.85	47.25	55.05

(1) 根据表中提供的数据,能否建立恰当的函数模型,使它能比较近似地反映这个地区未成年男性体重 y kg 与身高 x cm 的函数关系?试写出这个函数模型的解析式.

(2) 若体重超过相同身高男性体重平均值的 1.2 倍为偏胖,低于 0.8 倍为偏瘦,那么这个地区一名身高为 175cm,体重为 78kg 的在校男生的体重是否正常?

分析

(1) 以身高为横坐标,体重为纵坐标,首先画出散点图,如图 6.5 所示.

根据点的分布特征,可用 $y = a \cdot b^x$ 刻画这个地区未成年男性的体重与身高关系的函数模型.取其中的两组数据(70, 7.90),(160, 47.25),代入 $y = a \cdot b^x$ 得 $\begin{cases} 7.90 = a \cdot b^{70}, \\ 47.25 = a \cdot b^{160}, \end{cases}$ 用计算器算得 $a \approx 2, b \approx 1.02$.

图 6.5

这样,就得到一个函数模型:$y = 2 \times 1.02^x$.

将已知数据代入上述函数解析式,或作出上述函数的图像,可以发现,这个函数模型与已知数据的拟合程度较好,说明它能较好地反映这个地区未成年男性体重与身高的关系.

(2) 将 $x = 175$ 代入 $y = 2 \times 1.02^x$ 得 $y = 2 \times 1.02^{175}$,由计算器算得 $y \approx 63.98$.由于 $78 \div 63.98 \approx 1.22 > 1.2$,所以,这个男生偏胖.

2. 构造方程或不等式模型

在现实世界中,广泛存在着数量之间的相等或不等关系,如最佳决策、人口控制、资源保护、生产规划、交通运输、水土流失等问题中涉及的有关数量问题,常归结为方程或不等式求解.一般可以通过对给出的一些数据进行分析、转化,建立"方程或不等式(组)模型",再求在约束条件下方程或不等式(组)的解集.

例 6.7 如图 6.6 所示,动物园要围成相同面积的长方形虎笼 4 间,一面可利用原有的墙,其他各面用钢筋网围成.

(1) 现有可围 36m 长网的材料,每间虎笼的长、宽各设计为多少时,可使每间虎笼的面积最大?

图 6.6

(2) 若使每间虎笼面积为 $24m^2$,则每间虎笼的长、宽各设计为多少时,可使围成 4 间虎笼的钢筋网总长最小?

分析

(1) 设每间虎笼长 x m,宽 y m,则由条件可知:$4x+6y=36$,即 $2x+3y=18$,并且 $x>0, y>0$. 设每间虎笼面积为 S,则 $S=xy$.

由于 $2x+3y \geqslant 2\sqrt{2x \cdot 3y} = 2\sqrt{6xy}$,所以 $2\sqrt{6xy} \leqslant 18$,得 $xy \leqslant \dfrac{27}{2}$. 即 $S \leqslant \dfrac{27}{2}$,当且仅当 $2x=3y$ 时,等号成立.

由 $\begin{cases} 2x+3y=18, \\ 2x=3y, \end{cases}$ 解得 $\begin{cases} x=4.5, \\ y=3, \end{cases}$ 即每间虎笼长为 4.5m、宽为 3m 时,可使每间虎笼的面积最大,为 $13.5m^2$.

(2) 设围成 4 间虎笼的钢筋网总长为 l m,则 $l=4x+6y$,且 $xy=24$,$l=2(2x+3y) \geqslant 2 \times 2\sqrt{2x \cdot 3y} = 4\sqrt{6xy} = 4\sqrt{6 \times 24} = 48$,当且仅当 $2x=3y$ 时取等号. 即 $\begin{cases} xy=24, \\ 2x=3y, \end{cases}$ 解得 $\begin{cases} x=6, \\ y=4. \end{cases}$ 故每间虎笼长为 6m、宽为 4m 时,可使钢筋网的总长最小,为 48m.

例 6.8 某城市 2018 年年末汽车保有量为 30 万辆,预计此后每年报废上一年年末汽车保有量的 6%,并且每年新增汽车数量相同,为保护城市环境,要求该城市汽车保有量不超过 60 万辆,那么每年新增汽车数量不应超过多少辆?

分析 本题是一道高考原题,一般的思路是设出递推数列,再求极限取值. 这里给出另一种解法:构造不等式模型. 设每年新增汽车数量为 x 万辆,则可建立数学模型如下.

对满足 $0 < a \leqslant 60$ 的任意实数 a,都有 $(1-0.06)a + x \leqslant 60$.

可得,$x \leqslant 60 - (1-0.06)a$.

易知其右端可看作 a 的一次函数,在区间 $(0, 60]$ 上有最小值 $0.06 \times 60 = 3.6$. 所以不等式对任意 $a \in (0, 60]$ 都成立的充要条件为 $x \leqslant 3.6$.

因此,每年新增汽车数量不应超过 3.6 万辆.

例 6.9 某种机器,每天要付维修费,若在买回来后的第 t 天应该付的维修费为 $t+500$ 元(买回来的当天以 $t=0$ 计算),又买机器时,花的费用为 50 万元,问买回来的第几天报废最合算？

分析 设买进以后第 t 天报废最合算,则买进以后的 $t-1$ 天内所付的维修费为

$$500+(1+500)+(2+500)+\cdots+[(t-1)+500]=500t+[1+2+\cdots+(t-1)]$$
$$=\frac{t(t-1)}{2}+500t.$$

加上购买机器的 50 万元,设每天的平均损耗为 y 元,则

$$y=\frac{500000+\frac{t(t-1)}{2}+500t}{t}=\frac{500000}{t}+\frac{t}{2}-\frac{1}{2}+500$$
$$\geqslant 2\sqrt{\frac{500000}{t}\cdot\frac{t}{2}}-\frac{1}{2}+500=1500-\frac{1}{2}=1499\frac{1}{2}.$$

当且仅当 $\frac{500000}{t}=\frac{t}{2}$,即 $t=1000$ 时取等号,故知在买回机器后的第 1000 天报废最划算.

3. 构造数列模型

例 6.8 也可以通过构造递推数列去求解,限于篇幅,这里略去具体解法.在实际生活中,有关产量增长、资金增长、存贷利率、工程用料等问题,经常是通过分析题目所提供的有关数据建立"数列模型",再借助数列的性质与求和,使问题得解.

例 6.10 甲、乙、丙 3 人相互传球,由甲开始传球,并作为第一次传球,经过 n 次后,球仍回到甲手中,则不同的传球方式有多少种？

分析 此题从表面上来看,似乎与数列无关,使人陷入"山重水复疑无路"之境.如解题时仔细观察,注意到题目条件的特点,充分展开联想,发挥思维的创造性,构造数列通项中的递推关系,可使解题思路简单顺畅,解法灵活巧妙.

设经过 n 次传球后,球回到甲手中的不同方法有 a_n 种,球不在甲手中的不同方法有 b_n 种.对每个传球的人来说,每次传球的方法有 2 种,故 n 次传球后,共有 2^n 种不同的传球方法,故 $a_n+b_n=2^n$.同时,第 $n+1$ 次把球传给甲,则第 n 次时必不传给甲,因而 $a_{n+1}=b_n$,所以 $a_n+a_{n+1}=2^n$,即 $a_{n+1}=-a_n+2^n$,其中 $a_1=0$.从而建立起 a_n 的递推关系,易得

$$a_{n+1}-\frac{2^{n+1}}{3}=-\left(a_n-\frac{2^n}{3}\right).$$

所以数列 $\left\{a_n-\frac{2^n}{3}\right\}$ 是首项为 $a_1-\frac{2^1}{3}=-\frac{2}{3}$,公比为 -1 的等比数列,所以

$$a_n-\frac{2^n}{3}=-\frac{2}{3}\times(-1)^{n-1},$$

即

$$a_n=\frac{2^n}{3}-\frac{2}{3}\times(-1)^{n-1}.$$

例 6.11 某油料库已储油料 a t,计划正式运营后的第一年的进油量为已储油量的 25%,以后每年的进油量为上一年年底储油量的 25%,且每年运出 b t,设 a_n 为正式运营第

n 年年底的储油量.

(1) 求 a_n 的表达式并加以证明.

(2) 为应对突发事件,该油库年底储油量不得少于 $\frac{2}{3}at$.如果 $b=\frac{7}{24}at$,该油库能否长期按计划运营？如果可以,请加以证明；如果不可以,请说明理由（取 lg2＝0.30,lg3＝0.48）.

分析 常规解法如下.

(1) 依题意,油库原有油量为 at,则

$$a_1=(1+25\%)a-b=\frac{5}{4}a-b,$$

$$a_n=(1+25\%)a_{n-1}-b=\frac{5}{4}a_{n-1}-b \quad (n\geqslant 2,n\in \mathbf{N}_+).$$

易知 $a_n-4b=\frac{5}{4}(a_{n-1}-4b)$.数列 $\{a_n-4b\}$ 是公比为 $\frac{5}{4}$,首项为 $\frac{5}{4}a-5b$ 的等比数列.

所以,$a_n=\left(\frac{5}{4}\right)^n a+4b-5b\left(\frac{5}{4}\right)^{n-1}=\left(\frac{5}{4}\right)^n a-4b\left[\left(\frac{5}{4}\right)^n-1\right].$

(2) 若 $b=\frac{7}{24}at$ 时,该油库第 n 年年底的储油量不少于 $\frac{2}{3}at$,即

$$\left(\frac{5}{4}\right)^n a-\left[\left(\frac{5}{4}\right)^n-1\right]\times 4\times \frac{7}{24}a\geqslant \frac{2}{3}a, 即\left(\frac{5}{4}\right)^n\leqslant 3.$$

所以,$n\leqslant \log_{\frac{5}{4}}3=\frac{\lg 3}{1-3\lg 2}=\frac{0.48}{1-3\times 0.3}=4.8.$可见该油库只能在 5 年内运营,因此不能长期运营.

4. 构造几何模型

数形结合在代数和几何之间架设了桥梁,人们经常用构造几何模型的方法解决代数问题.而现实生活中的许多应用性问题,如航行、建筑、测量、人造卫星运行轨道等,一样常需建立相应的几何模型,应用几何知识将其转化为用方程、不等式或三角等知识去求解.

例 6.12 在一个晚会上,有唱歌、小品、书法、跳舞、朗诵、猜谜 6 个表演项目.要求每位参赛者只能参加两个项目,任意两个比赛项目中,只有一个参赛者是重复的,并且 6 个比赛项目的参赛人数均相等.根据这些条件,求参赛者的人数.

分析 用点表示参赛者,直线表示比赛项目,参赛者 A 参加某项目 p,当且仅当点 A 在直线 p 上.于是可将原题翻译成几何问题：有 6 条直线,任两条直线仅有一个交点,每一点仅在两条直线上,每条直线上的点数相同,求一共有多少个点？

显然,点的个数有 $C_6^2=15$(个),如图 6.7 所示.所以,参赛者有 15 人.

这样,将问题翻译成几何语言,舍弃非本质的条件,仅保留参赛者与项目的本质关系,于是问题轻而易举地得到解决.本题还可以推广到一般情形：如果有 n 个比赛项目,参赛者条件不变,那么参赛者有 $C_n^2=\frac{n(n-1)}{2}$(人).

图 6.7

例 6.13 我现在的岁数是我弟弟当年岁数的 2 倍,但我当年的岁数却与弟弟现在的岁数一样,我们两人现在的年龄之和是 63 岁.请问,我和弟弟现在各是多少岁?

分析 本题如用算术法和代数法求解均不容易,然而巧用构图法求解却别有洞天,值得欣赏和重视.构造几何模型如图 6.8 所示,线段 BE 表示两人的年龄之差.当年,我的年龄是 AE 时,他的年龄是 CG,很明显,$BE=DG$,而 $BDGE$ 是一个平行四边形.

由题意可以知道,$CG=\dfrac{1}{2}AB$,所以 $AF=CG=\dfrac{1}{2}AB$.由于 $BE=DG$,$EF=DG$,所以 $BF=2BE$.于是 $AB=4BE$,而 $CD=3BE$,所以 $AB+CD=7BE$,即 $63=7BE$,所以 $BE=9$ 岁.因此,我和弟弟现在的年龄分别是 36 岁和 27 岁.

图 6.8

5. 构造线性规划模型

在平时的生产生活中,我们常常会遇到在一定的条件下生产两种产品,怎样组合搭配能使生产成本最低或花费最少等问题,这样的问题常常转化为线性规划问题解决.线性规划应用问题的一般求解步骤如下.

(1) 根据题意建立数学模型,作出不等式组区域的图形即可行解区域.

(2) 设所求的目标函数 $f(x,y)$ 为 P 值.

(3) 将目标函数转化为斜截式,平移直线 l,当直线 l 经过可行域的顶点或边界时可求得直线 l 在 y 轴上截距的最大值(最小值),从而得 P 的最大值和最小值.

例 6.14 某营养学家指出,成人良好的日常饮食应该至少每天提供 0.075kg 的碳水化合物、0.06kg 的蛋白质、0.06kg 的脂肪.1kg 食物 A 含有 0.105kg 的碳水化合物、0.07kg 的蛋白质、0.14kg 的脂肪,花费 28 元.而 1kg 食物 B 含有 0.105kg 的碳水化合物、0.14kg 的蛋白质、0.07kg 的脂肪,花费 21 元.为满足营养学家指出的日常饮食要求,同时使花费最低,需要同时食用食物 A 和食物 B 各多少千克?

分析 据已知数据,可以把所有条件归类列出,如表 6.2 所示.

表 6.2 　　　　　　　　　　　　　　　　　　　　　　　　　　　　　　　　　　单位:kg

食物	碳水化合物	蛋白质	脂肪
A	0.105	0.07	0.14
B	0.105	0.14	0.07

设每天食用 x kg 的食物 A,y kg 的食物 B,总成本为 z 元,那么 $\begin{cases}0.105x+0.105y\geqslant 0.075,\\ 0.07x+0.14y\geqslant 0.06,\\ 0.14x+0.07y\geqslant 0.06,\\ x\geqslant 0,y\geqslant 0,\end{cases}$ 目标函数为 $z=28x+21y$.

上述二元一次不等式组等价于 $\begin{cases} 7x+7y \geqslant 5, \\ 7x+14y \geqslant 6, \\ 14x+7y \geqslant 6, \\ x \geqslant 0, y \geqslant 0, \end{cases}$ 作出此不等式组表示的平面区域即可行域,如图 6.9 所示.

由图 6.9 中可行域可以看出,当直线 $z=28x+21y$ 经过点 B 时,截距 $\dfrac{z}{21}$ 最小,此时 z 也是最小.

解方程组 $\begin{cases} 7x+7y=5, \\ 14x+7y=6, \end{cases}$ 得 $\begin{cases} x=\dfrac{1}{7}, \\ y=\dfrac{4}{7}, \end{cases}$ 则 B 点的坐标为 $\left(\dfrac{1}{7}, \dfrac{4}{7}\right)$.

图 6.9

由此可以知,在满足日常饮食需求的情况下,每天食用食物 A 约 $\dfrac{1}{7}$ kg,食用食物 B 约 $\dfrac{4}{7}$ kg,可使花费最少为 16 元.

二、实际问题数学模型的多维构建

有些问题,依据每个人不同的知识储备,以及对问题情境的不同分析,可以多方位、多层次、多角度地抽象与构造多种数学模型,从而得到不同的解法.

例 6.15 一条笔直的大河,河面很宽,岸边停放着一只小船,因风起刮断缆绳,小船被风吹走,船速为 $41\dfrac{2}{3}$ m/min,行进的方向与河岸成 15°的角.船主发现时船刚离开,于是立即追赶.已知他跑步的速度为 $66\dfrac{2}{3}$ m/min,游泳的速度为 $33\dfrac{1}{3}$ m/min.问船主能否追上小船?小船能被船主追上的最大速度是多少?

分析 由于船主游泳的速度小于船速,因此船主不能直接下水追船,而应该利用在岸上跑的速度快于船速的特点,先在岸上跑一阵,再下水去追.所以这不是一般的沿直线追及的问题,而是一种沿折线追及的问题.只有当以小船运动的轨迹为一边,以船主在岸上跑的轨迹为一边,在水中游的轨迹为另一边可以构成三角形时,船主才能追上小船.为解决这个实际问题,可以构造出 3 类数学模型.

模型 1:"解三角形"模型.

设小船的速度为 v m/min,则依题意 $v \geqslant 66\dfrac{2}{3}$ 时,船主是追不上小船的;而当 $0 < v \leqslant 33\dfrac{1}{3}$ 时,船主可以直接下水去追.这两种情况都不符合题意,也都构不成三角形.因此,只需要考虑构成三角形时小船所能达到的最大速度,即知船主能否追上小船.为此,所要构造的第一个数学模型就是三角形.

设船主追上小船的时间为 t min,船主在岸上跑的时间为 kt min$(0<k<1)$,则船主在水

中游的时间为 $(1-k)t\min$. 以 OA 表示船主在岸上跑的距离, AB 表示船主在水中游的距离, OB 表示小船漂浮的距离, 当船主追上小船时, 追及路线如图 6.10 所示. 在 $\triangle AOB$ 中, 依所设应有 $|OA|=66\dfrac{2}{3}kt$, $|OB|=vt$, $|AB|=33\dfrac{1}{3}(1-k)t$, 从而由余弦定理, 得

$\dfrac{10000}{9}(1-k)^2 t^2 = \left(\dfrac{200}{3}kt\right)^2 + (vt)^2 - 2\cdot\dfrac{200}{3}kt\cdot vt\cos 15°$. 整理成关于 k 的一元二次方程, 得

$$30000k^2 + 100[200-3(\sqrt{6}+\sqrt{2})v]k + 9v^2 - 10000 = 0.$$

要使上式在 $0<k<1$ 的范围内有实数解, 而 $\dfrac{100}{3}<v<\dfrac{200}{3}$, 则有

$$\begin{cases} 0<\dfrac{9v^2-10000}{30000}<1,\\ \Delta=[200-3(\sqrt{6}+\sqrt{2})v]^2-12(9v^2-10000)\geqslant 0. \end{cases}$$

解此不等式组, 得 $\dfrac{100}{3}<v\leqslant\dfrac{100\sqrt{2}}{3}$. 从而, 当船速不超过 $\dfrac{100\sqrt{2}}{3}$ m/min 时, 船主能追上小船, 故此题答案是肯定的. 小船能被人追上的最大速度为 $\dfrac{100\sqrt{2}}{3}$ m/min.

模型 2: "图象分析"模型.

下面再借助图象分析建立另一种数学模型. 为此, 作图标出在追上小船的时间 $t\min$ 内, 船主在岸上跑和在水里游所能达到的区域. 若在此时间内小船没有漂出该区域, 则表明船主能追上小船. 于是, 由小船与该区域边界的交点, 即可求出小船能被追上时的最大速度. 如图 6.11 所示, AB 表示河岸, O 为追赶的起点, 则 OA 或 OB 的方向就是船主在岸上跑的方向. 设船主在岸上跑的速度为 v_1, 船主在水中游的速度为 v_2, 若船主在岸上跑了 $t\min$ 后到达 B, 则 $OB=v_1 t$; 若船主在水中游了 $t\min$, 则其到达的区域是以 O 为圆心, $v_2 t$ 为半径的圆; 若船主在岸上跑了 $t_1\min$, 则在水中游了 $t-t_1\min$. 设船主在岸上跑到 C 点, 则 $|OC|=v_1 t_1$; 在水中游, 则到达以 C 为圆心, 以 $v_2(t-t_1)$ 为半径的圆.

图 6.11

同理, 选取不同的 t_1 $(0<t_1<t)$, 可以得到不同的入水点 C', 以点 C' 为圆心, 以 $v_2(t-t_1)$ 为半径可作无数多个半圆. 这些半圆的公切线为 AD、BE, 因此在追赶时间 $t\min$ 内, 人能够到达的区域的边界为河岸 AB、公切线 AD、BE 及以 O 为圆心, 以 $v_2 t$ 为半径的圆弧 DE. 如图 6.11 所示, 作 $\angle BOM=15°$, 则当 $vt\leqslant OM$ 时, 船主就可追上小船. 可见要在 M 点追上小船, 必须在岸边选择合适的入水点 C'.

因为 $\dfrac{C'M}{C'B}=\dfrac{v_2(t-t_1)}{v_1(t-t_1)}=\dfrac{v_2}{v_1}=\dfrac{1}{2}$，$\triangle BMC'$ 为直角三角形，所以 $\angle B=30°$. 因为 $\angle BOM=15°$，$\angle OEM=90°$，所以 $\angle EOM=45°$. 所以，$\triangle EOM$ 为等腰直角三角形. 于是由 $OE=v_2t$，得 $OM=v_{\max}t=\sqrt{2}\,v_2t$，所以 $v_{\max}=\sqrt{2}\,v_2=\dfrac{100\sqrt{2}}{3}$ (m/min).

模型 3："矢量分析"模型.

由于船主与船的位移是矢量，故又可采用矢量分析的数学模型. 设船主在岸上跑的速度为 $\vec{v_1}$，在水中游的速度为 $\vec{v_2}$，小船的速度为 $\vec{v}$.

如图 6.12 所示，O 为追赶的起点，A 为下水点，AE 为船主在水中追赶的路线，作 $\angle AOB=15°$，过 E 点作 $ED \parallel OB$，$\overrightarrow{ED}=-\vec{v}$.

图 6.12

连结 AD，则要 $|\vec{v}|$ 取最大值，只需让 $\triangle AED$ 中 ED 最长. 为此，又只需 $EA \perp AD$ 即可. 过 A 点作 ED 的平行线，过 E 点作 $EF \parallel AD$ 交 OA 于 C，设 AD 交 OB 于 B，则 $\triangle AFC \sim \triangle OBA$，所以 $\dfrac{AF}{AC}=\dfrac{OB}{OA}=\dfrac{|\vec{v}|}{|\vec{v_1}|}$. 又因为 $\overrightarrow{AF}=\vec{v}$，所以 $\overrightarrow{AC}=\vec{v_1}$.

在 Rt$\triangle AEC$ 中，$\sin\angle ACE=\dfrac{|\vec{v_2}|}{|\vec{v_1}|}$，所以 $\angle ACE=30°$.

所以，$\angle EAC=60°$. 从而 $\angle AED=45°$，故 $\triangle AED$ 为等腰直角三角形，因此得 $v_{\max}=\sqrt{2}\,v_2=\dfrac{100\sqrt{2}}{3}$ (m/min). 于是问题得解.

习 题 六

1. 在平面直角坐标系中，$A(2,3)$，$B(5,-2)$，M、N 在 x 轴上，P、Q 在 y 轴上，$MN=PQ=1$（M 在 N 的左侧，P 在 Q 的上方）. 求下列路径的最小值：
①$A\to P\to B$；②$A\to P\to M\to N\to B$；③$A\to P\to Q\to B$.

2. 请问图 6.13 中共有多少个三角形？

3. 某中学的研究性学习小组为考察一个小岛的湿地开发情况，从某码头乘汽艇出发，沿直线方向匀速开往该岛，靠近岛时，绕小岛环行两周后，把汽艇停靠在岸边后上岸考察，然后又乘汽艇沿原航线匀速返回. 设 t 为出发后的某一时刻，S 为汽艇与码头在 t 时刻的距离，以下能大致表示 $S=f(x)$ 函数关系的为（　　）.

图 6.13

A. B. C. D.

4. 对于各数互不相等的正数数组 $(i_1, i_2, \cdots, i_n)$ (n 是不小于 2 的正整数),如果在 $p<q$ 时有 $i_p > i_q$,则称 i_p 与 i_q 是该数组的一个"逆序",一个数组中所有"逆序"的个数称为此数组的"逆序数". 例如,数组 (2,4,3,1) 中有逆序"2,1""4,3""4,1""3,2",其"逆序数"等于 4. 若各数互不相等的正数数组 $(a_1, a_2, a_3, a_4, a_5, a_6)$ 的"逆序数"是 2,则 $(a_6, a_5, a_4, a_3, a_2, a_1)$ 的"逆序数"是多少?

5. 某大学的信息中心 A 与大学各部门、各院系 $B、C、D、E、F、G、H、I$ 之间拟建立信息联网工程,实际测算的费用如图 6.14 所示(单位:万元). 请观察图形,可以不建部分网线,而使中心与各部门、院系彼此都能连通(直接或中转),则最少的建网费用是多少万元?

6. 一张报纸的厚度为 a,面积为 b,现将报纸对折(即沿对边中点连线折叠)7 次,这时报纸的厚度和面积分别是多少?

7. 某家用电器厂根据其产品在市场上的销售情况,决定对原来以每件 2000 元出售的一种产品进行调价,并按新单价的八折优惠销售. 结果每件产品仍可获得实际销售价 20% 的利润. 已知该产品每件的成本是原销售价的 60%.

(1) 求调价后这种产品的新单价是每件多少元? 让利后的实际销售价是每件多少元?

(2) 为使今年按新单价让利销售后的利润总额不低于 20 万元,今年至少应销售这种产品多少件?(每件产品利润=每件产品的实际销售价-每件产品的成本价.)

8. 如图 6.15 所示,a 是海面上一条南北方向的海防警戒线,在 a 上一点 A 处有一个水声监测点,另两个监测点 $B、C$ 分别在 A 的正东方 20km 和 54km 处. 某时刻,监测点 B 收到发静止目标 P 的一个声波,8s 后监测点 A、20s 后监测点 C 相继收到这一信号. 在当时的气象条件下,声波在水中的传播速度是 1.5km/s.

图 6.14

图 6.15

(1) 设 A 到 P 的距离为 x km,用 x 表示 $B、C$ 到 P 的距离,并求 x 的值.

(2) 求静止目标 P 到海防警戒线 a 的距离.(结果精确到 0.01km.)

9. 某地区的一种特色水果上市时间仅能持续 5 个月,预测上市初期和后期会因供不应求使价格呈连续上涨态势,而中期又将出现供大于求使价格连续下跌,现有三种价格模拟函数:① $f(x) = p \cdot q^x$;② $f(x) = px^2 + qx + 1$;③ $f(x) = x(x-q)^2 + p$. 以上三式中 $p、q$ 均为常数,且 $q>1$.

(1) 为准确研究其价格走势,应选哪种价格模拟函数? 为什么?

(2) 若 $f(0)=4,f(2)=6$,求出所选函数 $f(x)$ 的解析式.(注:函数的定义域是 $[0,5]$,其中 $x=0$ 表示 4 月 1 日, $x=1$ 表示 5 月 1 日,以此类推.)

(3) 为保证果农的收益,打算在价格下跌期间积极拓宽外销,请你预测(2)中函数解析式表示的该果品在哪几个月份内价格下跌?

10. 已知有三个居民小区 A、B、C 构成 $\triangle ABC$,$AB=700\text{m}$,$BC=800\text{m}$,$AC=300\text{m}$.现计划在与 A、B、C 三个小区距离相等处建造一个工厂,为不影响小区居民的正常生活和休息,需在厂房的四周安装隔音窗或建造隔音墙.

据测算,从厂房发出的噪声是 85 分贝,而维持居民正常生活和休息时的噪声不得超过 50 分贝.每安装一道隔音窗噪声降低 3 分贝,成本 3 万元,隔音窗不能超过 3 道;每建造一堵隔音墙噪声降低 15 分贝,成本 10 万元;距离厂房平均每 25m 噪声均匀降低 1 分贝.

(1) 求 $\angle C$ 的大小.

(2) 求加工厂与小区 A 的距离.(结果精确到 1m.)

(3) 为不影响小区居民的正常生活和休息且花费成本最低,需要安装几道隔音窗、建造几堵隔音墙(计算时厂房和小区的大小忽略不计)?

11. 飞船返回舱顺利到达地球后,为及时将航天员救出,地面指挥中心在返回舱预计到达区域安排三个救援中心(记为 A、B、C),B 在 A 的正东方向,相距 6km;C 在 B 的北偏东 $30°$,相距 4km;P 为航天员着陆点.某一时刻 A 接到 P 的求救信号,由于 B、C 两地比 A 距 P 远,因此 4s 后,B、C 两个救援中心才同时接收到这一信号,已知该信号的传播速度为 1km/s.

(1) 求 A、C 两个救援中心的距离.

(2) 求在 A 处发现 P 的方向角.

(3) 若信号从 P 点的正上方 Q 点处发出,则 A、B 收到信号的时间差变大还是变小? 请说明理由.

12. 有一支队伍长 Lm,以速度 vm/s 匀速前进.排尾的传令兵因传达命令赶赴排头,到达排头后立即返回,往返速度不变.如果传令兵回到排尾时,全队正好前进了 Lm,求传令兵所行走的路程.

13. 如图 6.16 所示的一组图形为某一四棱锥 $S-ABCD$ 的底面与侧面.

图 6.16

(1) 请画出四棱锥 $S-ABCD$ 的示意图,是否存在一条侧棱 SA 垂直于底面 $ABCD$? 如果存在,请给出证明.

(2) 若 E 为 AB 中点,求证:平面 $SEC \perp$ 平面 SCD.

(3) 求二面角 $B-SC-D$ 的大小.

14. 甲、乙两队各 7 名队员,按事先安排好的顺序出场参加围棋擂台赛.双方先由 1 号队员比赛,负者被淘汰,胜者再与负者 2 号队员比赛,直到一方队员全部被淘汰为止,另一方获得胜利,形成一种比赛过程.那么所有可能出现的比赛过程的种数是多少?

15. 制作一个底面直径为 4cm 的圆柱形容器,要内装直径为 2cm 的钢珠 26 只,问这个容器至少要多高?

16. 由于过度采伐森林破坏了生态平衡,使地球上许多地区遭受沙尘暴的侵袭,近日 A 市气象局测得沙尘暴中心在 A 市正西 300km 的 B 处,以 107km/h 的速度向南偏东 60°的方向移动,且距沙尘暴中心 200km 的范围为受沙尘暴严重影响的区域.问 A 市是否会受到沙尘暴影响? 若受到影响,影响时间有多长?

17. 图画挂在墙上,它的下边缘在观察者的眼睛上方 a 处,而上边缘在 b 处,问观察者在离墙多远的地方,才能使视角最大(从而看得最清楚)?

18. 求 $\lim\limits_{n\to\infty}\sum\limits_{i=2}^{n}C_i^2\left(\dfrac{3}{4}\right)^{i-2}$.

19. 如图 6.17 和图 6.18 所示是一款家用的垃圾桶,踏板 AB(与地面平行)可绕定点 P(固定在垃圾桶底部的某一位置)上下转动(转动过程中始终保持 $AP=A'P,BP=B'P$).通过向下踩踏点 A 到 A'(与地面接触点),使点 B 上升到点 B',与此同时传动杆 BH 运动到 $B'H'$ 的位置,点 H 绕固定点 D 旋转(DH 为旋转半径)至点 H',从而使桶盖打开一个角 $\angle HDH'$.

如图 6.19 所示,桶盖打开后,传动杆 $H'B'$ 所在的直线分别与水平直线 AB、DH 垂直,垂足为点 M、C,设 $H'C=B'M$.测得 $AP=6$cm,$PB=12$cm,$DH'=8$cm.要使桶盖张开的角度 $\angle HDH'$ 不小于 60°,那么踏板 AB 离地面的高度至少是多少?(结果保留两位有效数字.)(参考数据:$\sqrt{2}\approx 1.41$,$\sqrt{3}\approx 1.73$.)

图 6.17   图 6.18   图 6.19

哪里有数学,哪里就有美.

——[希]普洛克拉斯(公元前 428—前 347)

美,本质上终究是简单性.

——[美]爱因斯坦(1879—1955)

第七章 审美:解题的意愿

数学美不但给人以赏心悦目的享受,更重要的是数学美的思想启迪人们去探索、去追求、去解决更多的数学问题,从而给人以智慧、给人以力量、给人以成功[①].研究数学美,绝不是简单地欣赏它表面的美好形象,而是深层次地去挖掘数学美思想的潜在功能,充分发挥数学美思想在解决数学问题及实际问题中的独特作用.

第一节 审美解题的意蕴

每个人都不缺乏审美观念.一般来说,审美观念是指人们对客观事物或现实世界的心理感触,包括感知、思维、想象、动机和情感等各种心理反应,具有自发性、综合性、个体差异性等特点.

旅美数学家、菲尔兹奖获得者丘成桐说:"数学家找寻美的境界,讲求简单的定律,解决实际问题,而这些因素都永远不会远离世界."数学美是数学科学本质力量的感性与理性的显现,是人的一种本质力量通过数学思维结构的呈现.它是一种真实的美,是反映客观世界并能动地改造客观世界的科学美.数学美不仅有表征上的形式美,而且有内容美与严谨美;不仅有具体的公式美、定理美,而且有结构美与整体美;不仅有语言精巧美,而且有方法美与思路美;不仅有逻辑抽象美,而且有创造美与应用美.

例 7.1 $\odot O$ 的弦 PP_1、QQ_1、RR_1 两两相交于 A、B、C 点,且 $AP=BQ=CR$,$AR_1=BP_1=CQ_1$.求证△ABC 为正三角形.

分析 如图 7.1 所示,设△ABC 三边的长分别为 x、y、z,$AP=a$,$AR_1=b$.由相交弦定理,得

$$\begin{cases} a(x+b)=b(z+a), \\ a(z+b)=b(y+a), \\ a(y+b)=b(x+a), \end{cases}$$

图 7.1

---

① 段志贵.融审美于数学解题之中[J].中小学数学(高中版),2018(9):51-54.

解得 $x=y=z$（仅在 $a=b$ 时有解），所以 $\triangle ABC$ 是正三角形．

此题的对称图形给我们以观赏美，而用对称性解题，可使我们在困惑中获得解题思路，真是一种美的享受！

例 7.2 一个圆柱被一个平面所截，截口的椭圆方程为 $25x^2+16y^2=100$，被截后的几何体的最短母线长为 2，求这个几何体的体积．

分析 出于对称性与和谐性的考虑，给已知不规则几何体补上一个相等的几何体，使之成为一个圆柱．

因椭圆方程可化为 $\dfrac{y^2}{\left(\dfrac{5}{2}\right)^2}+\dfrac{x^2}{2^2}=1$，如图 7.2 所示，易得 $AB=5, AG=CD=EF=4$，所以 $BG=3, BC=5$，则 $V=\dfrac{1}{2}V_{圆柱}=\dfrac{1}{2}\pi\times 2^2(2+5)=14\pi$．

图 7.2

这是利用对称美及和谐美的启示解题的成功一例．

数学解题的本质，就是根据问题中所给的信息（包括文字信息、图形信息、数字信息、符号信息及隐藏信息），进行分解、组合、变换、编码和加工处理，最终发现"条件"与"结论"之间必然联系的过程．在问题解决过程中，若能从应用数学美的角度出发，审视问题结构的和谐性，追求问题解决方案的简单性、奇异性、新颖性，挖掘命题结论的统一性，学习数学就会增添无穷的乐趣．

例 7.3 求 $\tan 20°+4\sin 20°$ 的值．

分析 本题可以用纯粹的三角知识进行化简．这里从审美的视角寻求另一种解法．考虑题中的角度为锐角，不妨构造直角三角形解题．如图 7.3 所示，作 $Rt\triangle ABC$，$\angle C=90°$，$\angle BAC=20°$，设 $AC=1$，$\tan 20°=BC=x$，则 $\sin 20°=\dfrac{x}{\sqrt{x^2+1}}$，$\cos 20°=\dfrac{1}{\sqrt{x^2+1}}$．

图 7.3

容易发现所得到的结论对解题无甚帮助，必须寻找其他关系．

因为 $20°$ 的 3 倍是个特殊角，故在 $\triangle ABC$ 的基础上作含 $60°$ 的三角形 $\triangle ACD$，使 $\angle DAC=60°$，则 $\angle DAB=40°$，$\angle BDA=30°$．设 $AC=1$，则 $CD=\sqrt{3}$．

在 $\triangle ADB$ 中，运用正弦定理得 $\dfrac{BD}{\sin 40°}=\dfrac{AB}{\sin 30°}$，$BD=2AB\cdot\sin 40°=4\sin 20°$．

因为 $BD+BC=CD=\sqrt{3}$，所以 $\tan 20°+4\sin 20°=\sqrt{3}$．

例 7.4 $\triangle ABC$ 中，求证：$\cos A\cdot\cos B\cdot\cos C\leqslant\dfrac{1}{8}$．

分析 考虑首先使用三角公式进行变形，结合三角形中有关的性质和定理，主要运用"三角形的内角和为 $180°$"这一结论．变形后再通过观察式子的特点，发现和选择最合适的方法解决．整个解题过程思维流畅，一气呵成，这其中隐含着基本的数学美感的引领．

设 $k=\cos A\cdot\cos B\cdot\cos C=\dfrac{1}{2}[\cos(A+B)+\cos(A-B)]\cdot\cos C=\dfrac{1}{2}[-\cos C+\cos(A-B)]\cos C$，整理得 $\cos^2 C-\cos(A-B)\cdot\cos C+2k=0$，这一等式可看作关于 $\cos C$ 的一元二次方程．此时，

$$\Delta = \cos^2(A-B) - 8k \geqslant 0, 即 8k \leqslant \cos^2(A-B) \leqslant 1,$$

所以，$k \leqslant \dfrac{1}{8}$，即 $\cos A \cdot \cos B \cdot \cos C \leqslant \dfrac{1}{8}$.

本题原本是三角问题，引入参数后，通过三角变形，发现了其等式具有"二次"特点，于是联想到一元二次方程，将问题变成代数中的方程有实解的问题，这既是"方程思想"，也体现了"判别式法""参数法"等解题方法.

此题的另外一种思路是使用"放缩法"，在放缩过程中也体现数学思维自然延伸的一种美感，具体解答过程如下：

$$\cos A \cdot \cos B \cdot \cos C = \dfrac{1}{2}[\cos(A+B) + \cos(A-B)] \cdot \cos C$$

$$= -\dfrac{1}{2}\cos^2 C + \dfrac{1}{2}\cos(A-B) \cdot \cos C$$

$$= -\dfrac{1}{2}\left[\cos C - \dfrac{\cos(A-B)}{2}\right]^2 + \dfrac{1}{8}\cos^2(A-B)$$

$$\leqslant \dfrac{1}{8}\cos^2(A-B) \leqslant \dfrac{1}{8}.$$

一般意义上的数学问题求解，美的意蕴往往隐含其中. 立足审美视角分析数学问题所给条件与待求目标，并由此引发对问题本质的探究，能够更加充分地理解题意，掌握解题关键，获取更加有效的解题方法.

第二节　基于对称美启迪解题思路

对称是能带给人以美感的形式之一，它是整体中各个部分之间的对等和匀称. 数学形式和结构的对称性，数学命题关系中的对偶性都是对称美在数学中的反映. 如圆形、球体、正多边形、旋转体和圆锥曲线等都给人以完美、对称的美感. 数学解题可以从对称美的角度出发，或分析式子的对称性，或变换调整对称元素关系，或补形构造对称等，这常能打开我们的解题思路、优化解题过程.

一、善于发现和利用问题中的对称元素

有些数学问题的对称性是问题中明确的. 基于对称美的视角，在解题过程中，我们就是要充分利用这种对称性进行解题.

例 7.5　已知三个正数 x, y, z，满足 $x + y + z = 1$. 试求函数 $f(x, y, z) = \left(1 + \dfrac{1}{x}\right)\left(1 + \dfrac{1}{y}\right)\left(1 + \dfrac{1}{z}\right)$ 的最小值.

分析　看到函数最值的问题，第一反应想到利用导数解决，可是这道题却无从下手. 通过观察题目，凭审美的意识，根据 x, y, z 的地位是平等的及函数 $f(x, y, z)$ 中各变量的轮换对称性，我们大胆地进行猜想，当 $x = y = z$ 时，函数 $f(x, y, z)$ 取得最小值 64. 有了这个猜

想,再进一步验证,即证明不等式 $\left(1+\dfrac{1}{x}\right)\left(1+\dfrac{1}{y}\right)\left(1+\dfrac{1}{z}\right)\geqslant 64$ 即可.如此一来,就把这道本来是计算最值的问题转化成一道证明题,大幅降低了原问题的难度.

事实上,$1+\dfrac{1}{x}=2+\dfrac{y+z}{x}\geqslant 2+\dfrac{2\sqrt{yz}}{x}\geqslant 4\sqrt{\dfrac{\sqrt{yz}}{x}}$.

同理,$1+\dfrac{1}{z}\geqslant 4\sqrt{\dfrac{\sqrt{xy}}{z}}$,$1+\dfrac{1}{y}\geqslant 4\sqrt{\dfrac{\sqrt{xz}}{y}}$.

由 x、y、z 均为正数将上述三式两边分别相乘便得要证的不等式.

例 7.6 求方程组的实数解

$$\begin{cases} \dfrac{4x^2}{1+4x^2}=y, \\ \dfrac{4y^2}{1+4y^2}=z, \\ \dfrac{4z^2}{1+4z^2}=x. \end{cases}$$

分析 此题解法可以列出多种,其中基于对称美的视角延伸开来,利用顺序关系为突破口的解题方法,显得格外巧妙新颖.事实上,通过观察可以发现 x、y、z 只能取非负值,而 $x=y=z=0$ 是一解.接下来考虑非零解的情形.

当 $z\neq 0$ 时(若 $z=0$,则解得 $x=y=z=0$),由于 x、y、z 为实数,不妨设 $x\geqslant y\geqslant z$,则由第三式得 $\dfrac{4z^2}{1+4z^2}\geqslant z$,整理得 $4z\geqslant 1+4z^2$,即 $(1-2z)^2\leqslant 0$.故 $z=\dfrac{1}{2}$,进而求出非零解为 $x=y=z=\dfrac{1}{2}$.

上述解法中,"不妨设 $x\geqslant y\geqslant z$"是关键性的一步,其根据源于条件中 x、y、z 的地位是平等的.用美学眼光来看,题目本身所蕴含的对称美启发了解题者的审美意识,使其能在解题过程中,能动地从顺序出发,巧妙地求解 x、y、z.

例 7.7 已知正实数 $a_1,a_2,\cdots,a_n$ 满足条件 $a_1+a_2+\cdots+a_n=1$,求证恒有不等式 $\dfrac{a_1^2}{a_1+a_2}+\dfrac{a_2^2}{a_2+a_3}+\cdots+\dfrac{a_{n-1}^2}{a_{n-1}+a_n}+\dfrac{a_n^2}{a_n+a_1}\geqslant \dfrac{1}{2}$.

分析 不等式左边是一个轮换对称式.

如果记 $A=\dfrac{a_1^2}{a_1+a_2}+\dfrac{a_2^2}{a_2+a_3}+\cdots+\dfrac{a_{n-1}^2}{a_{n-1}+a_n}+\dfrac{a_n^2}{a_n+a_1}$,构造 A 的对称式 $B=\dfrac{a_2^2}{a_1+a_2}+\dfrac{a_3^2}{a_2+a_3}+\cdots+\dfrac{a_n^2}{a_{n-1}+a_n}+\dfrac{a_1^2}{a_n+a_1}$,则

$$A-B=\dfrac{a_1^2-a_2^2}{a_1+a_2}+\dfrac{a_2^2-a_3^2}{a_2+a_3}+\cdots+\dfrac{a_{n-1}^2-a_n^2}{a_{n-1}+a_n}+\dfrac{a_n^2-a_1^2}{a_n+a_1}$$
$$=(a_1-a_2)+(a_2-a_3)+\cdots+(a_{n-1}-a_n)+(a_n-a_1)=0.$$

故 $A=B$,于是 A 可以表示成每一项关于 a_i、a_j 对称的代数式

$$A = \frac{1}{2}(A+B) = \frac{1}{2}\left(\frac{a_1^2+a_2^2}{a_1+a_2} + \frac{a_2^2+a_3^2}{a_2+a_3} + \cdots + \frac{a_{n-1}^2+a_n^2}{a_{n-1}+a_n} + \frac{a_n^2+a_1^2}{a_n+a_1}\right).$$

因为 $\dfrac{a_i^2+a_j^2}{a_i+a_j} \geqslant \dfrac{1}{2}(a_i+a_j)$,

所以

$$A = \frac{1}{2}(A+B) \geqslant \frac{1}{4}[(a_1+a_2)+(a_2+a_3)+\cdots+(a_{n-1}+a_n)+(a_n+a_1)] = \frac{1}{2}.$$

例7.8 函数 $f(x)$ 对一切实数 x 满足 $f(2+x)=f(2-x)$,若方程 $f(x)=0$ 恰好有四个不同的实根,则这些实根之和是多少?

分析 由于函数 $f(x)$ 的表达式未给出,所以方程 $f(x)=0$ 的四个根无法求出,但由 $f(2+x)=f(2-x)$ 知,$f(x)$ 的图象关于直线 $x=2$ 对称,设 $f(x)$ 的四个根分别为 x_1、x_2、x_3、x_4,其中 x_1 与 x_2,x_3 与 x_4 分别关于 $x=2$ 对称,则

$$(x_1-2)+(x_2-2)=0, (x_3-2)+(x_4-2)=0,$$

从而 $x_1+x_2+x_3+x_4=8$.

从该例可以看到,在数学解题过程中,巧妙地利用对称性,能使复杂的问题变得条理清楚、脉络分明,起到化难为易、化繁为简、事半功倍的作用.

例7.9 设 a、b、c 是互不相等且大于 0 的整数,又 a、b、c 成等比数列,$\log_a c$、$\log_b c$、$\log_a b$ 成等差数列,求其公差 d.

分析 该题就是在条件 $b^2=ac, 2\log_b c=\log_a c+\log_a b$ 成立的情况下,求 $d=\log_b c-\log_a c$ 的值.如果注意到问题的对称整体性,就会考虑用轮换对称的思想,使各项处于平等地位.

设公比为 q,则 a、b、c 分别为 a、aq、aq^2,则 $c=bq=aq^2, 2\log_b bq = \log_{\frac{c}{q^2}} c + \log_a aq$.

这样就可以整体同步协调地化简,效果相当于围棋中一下"吃"了敌方一大片:

$$2+2\log_b q = 1-2\log_c q+1+\log_a q \Rightarrow 2\left(\frac{1}{\lg b}+\frac{1}{\lg c}\right)$$

$$= \frac{1}{\lg a} \Rightarrow \log_b a + \log_c a = \frac{1}{2};$$

又由 $d=\log_b c-\log_c a$,于是 $d = \log_b ac - \frac{1}{2} = \log_b b^2 - \frac{1}{2} = \frac{3}{2}$.

如此简捷地得出结果,计算中各部分配合得如此默契、和谐,其原因就在于初始布局中蕴含着轮换与对称这一整体思想,这种从宏观上把握总体规划的运算能力,极大地简化和优化了解题思维及其演绎推理的逻辑结构,使解题过程及其结果臻善至美.

二、学会挖掘和构造问题中的对称关系

对于对称条件不明显的数学问题,如能利用共轭、有理化因式等方法构造完整对称式,或转换观察问题的角度挖掘隐含的对称性,也会收到意想不到的效果.

例7.10 求 $y=\cos x (0 \leqslant x \leqslant 2\pi)$ 与 $y=1$ 围成的图形的面积.

分析 乍看此题,不用积分知识会感到无从下手,但如果探究出图形关于 $x=\pi$ 对称,且

图中左半部分以点 $\left(\dfrac{\pi}{2},0\right)$ 为中心对称,右半部分以点 $\left(\dfrac{3\pi}{2},0\right)$ 也是中心对称,这道题解决起来就轻松许多,即转化为求矩形面积.

有时题目条件并未反映出对称性,可以依据题意补充条件,使其具有对称性,从而为解题找到途径,对偶法(构造对称式)即是此种方法之一.

例 7.11 已知 α、β 是方程 $x^2-3x-9=0$ 的两个根,不解方程求 $\dfrac{3}{\alpha^2}+4\beta^3$ 的值.

分析 令 $A=\dfrac{3}{\alpha^2}+4\beta^3$,显然 A 是非对称式,不易直接求值.根据 A 的结构特点,令 $B=\dfrac{3}{\beta^2}+4\alpha^3$,这样一来 $A+B$ 和 $A-B$ 就成为对称式.

因 α、β 是方程 $x^2-3x-9=0$ 的两个根,由韦达定理得 $\alpha+\beta=3$,$\alpha\cdot\beta=-9$,由此可得 $\alpha-\beta=\pm3\sqrt{5}$.易求得 $A+B=433$,$A-B=\pm\dfrac{649}{3}\sqrt{5}$.

进一步求解可得 $A=\dfrac{1}{2}\left(433\pm\dfrac{649}{3}\sqrt{5}\right)$.

从例 7.11 可以看出,有些问题中的对称性是隐藏着的,需要在解题过程中用敏锐的眼光去发现它、利用它.

例 7.12 对于大于 1 的自然数 n,证明:

$$\left(1+\dfrac{1}{3}\right)\left(1+\dfrac{1}{5}\right)\cdots\left(1+\dfrac{1}{2n-1}\right)>\dfrac{\sqrt{2n+1}}{2}.$$

分析 本题常规思路是数学归纳法,但若从数学审美的视角考虑,可以利用对偶法.
令

$$A_n=\dfrac{4}{3}\cdot\dfrac{6}{5}\cdot\dfrac{8}{7}\cdot\cdots\cdot\dfrac{2n}{2n-1},$$

$$B_n=\dfrac{5}{4}\cdot\dfrac{7}{6}\cdot\dfrac{9}{8}\cdot\cdots\cdot\dfrac{2n+1}{2n},$$

则 $A_n>B_n>0$,所以

$$A_n^2>A_n\cdot B_n=\dfrac{2n+1}{3}>\dfrac{2n+1}{4},$$

两边开平方即推得结论.

例 7.13 在球面上有 4 个点 P、A、B、C,如果 PA、PB、PC 两两互相垂直,且 $PA=PB=PC=a$,那么这个球面的面积是_____.

分析 欲求球面的面积,就要知道球的半径或直径.怎样将已知条件和直径联系起来呢? 观察图形,我们会有一种"零碎""不完整"的感觉;另外,考虑"PA、PB、PC 两两垂直且相等",已能察觉到"作辅助线,将四面体 $PABC$ 补成正方体"也许有意义,如图 7.4 所示.因为外接球的直径等于正方体的对角线,则有 $2R=\sqrt{3}a$,从而 $S_球=4\pi R^2=3\pi a^2$.

(a)　　　(b)

图 7.4

例 7.14 A、B、C、D、E 五人并列站成一排,如果 B 必须站在 A 的右边(A、B 可以不相邻),那么不同的排法共有多少种?

分析 分类讨论较为繁琐,换一个角度考虑问题,注意到有一个 B 在 A 右边的排法,交换 A、B 的位置,就得到一个 B 在 A 左边的排法.因此,在五人的全排列中,B 在 A 右边的排法数与 B 在 A 左边的排法数相等,依对称性原则,所求排列数为 $\frac{1}{2}A_5^5=60$.

例 7.15 求 $(2+\sqrt{x})^{2n+1}$ 展开式中 x 的整数次幂项系数之和.

分析 展开计算显然不是最理想的方式,依据二项式定理的系数的性质及共轭根式的对称性,增设 $(2-\sqrt{x})^{2n+1}$,构造完整式 $f(x)=(2+\sqrt{x})^{2n+1}+(2-\sqrt{x})^{2n+1}$,易见 $f(x)$ 展开式中 x 的非整数次幂项系数之和为 0. x 的整数次幂项系数之和为所求 $(2+\sqrt{x})^{2n+1}$ 展开式中 x 的整数次幂项系数之和的 2 倍.

故所求原展开式中指定项的系数之和为 $\frac{1}{2}f(1)=\frac{1}{2}(3^{2n+1}+1)$.

例 7.16 椭圆中心在坐标原点 O,焦点在 x 轴上,直线 $y=x+1$ 与该椭圆相交于 P、Q,且 $PO\perp OQ$,$|PQ|=\frac{\sqrt{10}}{2}$,求椭圆的方程.

分析 依题意,存在着焦点在 x 轴和 y 轴上两种椭圆,而椭圆标准方程中 $a>b>0$,a 与 b 在大小关系上也不具有对称性,因此只设一种标准方程求解则不全面,分两种标准方程分别求解又过于繁琐、费时.因此可采用对称形式,设椭圆方程为 $px^2+qy^2=1(p、q>0)$ 求解,这里的 p、q 之间不存在大小上的"不对称"问题.

不妨设椭圆方程为 $px^2+qy^2=1(p、q>0)$.将 $y=x+1$ 代入椭圆方程,消去 y,得 $(p+q)x^2+2qx+q-1=0$,设 $P(x_1,y_1)$、$Q(x_2,y_2)$,由 $OP\perp OQ$ 得 $x_1x_2+y_1y_2=0$,即 $2x_1x_2+(x_1+x_2)+1=0$,由韦达定理得 $2\frac{q-1}{p+q}-\frac{2q}{p+q}+1=0$,化简得 $p+q=2$.

由 $|PQ|=\frac{\sqrt{10}}{2}$ 得 $(x_1-x_2)^2=\frac{5}{4}$,即 $\left(\frac{2q}{p+q}\right)^2-4\frac{q-1}{p+q}=\frac{5}{4}$,也即 $q^2-2(q-1)=\frac{5}{4}$.解之得 $q=\frac{1}{2}$ 或 $q=\frac{3}{2}$.从而得 p、q 的两组解为 $p=\frac{3}{2},q=\frac{1}{2}$ 和 $p=\frac{1}{2},q=\frac{3}{2}$.

故所求椭圆方程为 $\dfrac{3x^2}{2}+\dfrac{y^2}{2}=1$ 和 $\dfrac{x^2}{2}+\dfrac{3y^2}{2}=1$.

第三节 基于简捷美寻求解题捷径

求解是数学解题的基本原则之一.德国数学家希尔伯特曾经指出:"把证明的简单性和严格性决然对立起来是错误的.严格的方法同时也是比较简单、比较容易理解的方法."简捷美在数学解题中的作用是不可替代的,是一种能够直接地反映客观世界并能改变人们所处世界的科学美.正如数学家解决实际问题、探求美的境界、讲求简易的定律一样,探索数学问题的求解,利用简捷美可以启迪我们很多解题策略与路径.

一、审读题意求简

在解题过程中,审读题意是关键的第一步,它是开启简捷解题之门的钥匙.通过对题目意思的准确理解,可以迅速抓住问题的核心,为后续解题奠定基础.审读题意的过程,实际上是为解题思维的生长提供养分的过程.在这个过程中,只有敏锐地捕捉到题目中的关键信息,才能为解题思路的简捷和优化提供方向.

例 7.17 解不等式 $\sqrt{3\log_a x - 2} < 2\log_a x - 1 (a>0, a\neq 1)$.

分析 本题用代数法求解有一定的难度,如运用图象,则使问题变得简单明了、具体直观,避免了代数法繁琐的计算过程.

不妨令 $t=\log_a x$,在同一坐标系中作函数 $y=\sqrt{3t-2}$ 及 $y=2t-1$ 的图象(草图即可).解方程 $\sqrt{3t-2}=2t-1$,得 $t_1=\dfrac{3}{4}$,$t_2=1$.

由方程的解,结合图象(见图 7.5)可知,$\sqrt{3t-2}<2t-1$ 的解为 $\dfrac{2}{3}\leqslant t<\dfrac{3}{4}$ 或 $t>1$,即 $\dfrac{2}{3}\leqslant \log_a x<\dfrac{3}{4}$ 或 $\log_a x>1$.

对参数 a 进行分类讨论,当 $0<a<1$ 时,$a^{\frac{3}{4}}<x\leqslant a^{\frac{2}{3}}$ 或 $0<x<a$;当 $a>1$ 时,$a^{\frac{2}{3}}\leqslant x<a^{\frac{3}{4}}$ 或 $x>a$.

所以,不等式的解集为当 $0<a<1$ 时,$x\in\left(a^{\frac{3}{4}},a^{\frac{2}{3}}\right]\cup(0,a)$;当 $a>1$ 时,$x\in\left[a^{\frac{2}{3}},a^{\frac{3}{4}}\right)\cup(a,+\infty)$.

图 7.5

例 7.18 是否存在常数 a、b、c,使得等式

$$1\times 2^2 + 2\times 3^2 + \cdots + n(n+1)^2 = \dfrac{n(n+1)}{12}\times(an^2+bn+c)$$

对一切正自然数 n 都成立?并证明你的结论.

分析 本题可以着眼于通项,将通项拆成多个数列的通项和,利用现成的求和公式或累加方法再求和.事实上,$n(n+1)^2 = n(n+1)(n+2) - n(n+1)$,联想到组合数公式 $n(n+1)\cdot$

$(n+2)=6C_{n+2}^3, n(n+1)=2C_{n+1}^2$,则

$$左边 = 6(C_3^3+C_4^3+\cdots+C_{n+2}^3) - 2(C_2^2+C_3^2+\cdots+C_{n+1}^2)$$
$$= 6(C_4^4+C_4^3+\cdots+C_{n+2}^3) - 2(C_3^3+C_3^2+\cdots+C_{n+1}^2)$$
$$= 6C_{n+3}^4 - 2C_{n+2}^3$$
$$= \frac{1}{12}n(n+1)(3n^2+11n+10).$$

比较系数得 $a=3, b=11, c=10$,等式对一切 $n \in \mathbf{N}_+$ 成立.其中 C_3^3 换成 C_4^4, C_2^2 换成 C_3^3 无不渗透着美的印记.

二、紧抓关键求简

在解题过程中,紧抓关键往往是寻求简捷解法的突破口.一道题目,尽管表面看似复杂,信息繁多,但其中真正起决定性作用的往往是少数几个关键点.一旦抓住这些关键点,复杂的问题便能迅速简化,繁琐的思考过程也能被优化.紧抓关键不仅能够帮助我们快速聚焦核心,避免在无关紧要的信息中徘徊,更能引导我们直接切入问题的本质,催生出简捷而高效的解题思路.

例 7.19 求 $\left(x+\dfrac{1}{x}+y+\dfrac{1}{y}\right)^6$ 展开式中 xy 项的系数.

分析 因为 x、y 次数均为 1,所以原式可化为

$$\left(x+\frac{1}{x}+y+\frac{1}{y}\right)^6 = \left[(x+y)\left(1+\frac{1}{xy}\right)\right]^6 = (x+y)^6\left(1+\frac{1}{xy}\right)^6,$$

$(x+y)^6$ 的通项为 $T_{r_1+1}=C_6^{r_1}x^{6-r_1}y^{r_1}$,$\left(1+\dfrac{1}{xy}\right)^6$ 的通项为 $T_{r_2+1}=C_6^{r_2}\left(\dfrac{1}{xy}\right)^{r_2}=C_6^{r_2}\dfrac{1}{x^{r_2}y^{r_2}}$,可得

$$T_{r_1+1} \cdot T_{r_2+1} = C_6^{r_1}C_6^{r_2}x^{6-r_1-r_2}y^{r_1-r_2}.$$

令 $6-r_1-r_2=1, r_1-r_2=1$,解得,$r_1=3, r_2=2$.

将 r_1、r_2 代入上式可知 xy 项的系数为 300.

简捷美在这道题目中的应用很巧妙,从要解决的问题中抓住关键,厘清关系,使问题很快得以解决.

例 7.20 如图 7.6 所示,在长方形 $ABCD$ 中,$AB=2, BC=1$,E 为 DC 边的中点,F 为线段 EC(端点除外)上一动点.现将 $\triangle AFD$ 沿 AF 折起,使平面 $ABD \perp$ 平面 ABC.在平面 ABD 内过点 D 作 $DK \perp AB$,K 为垂足.设 $AK=t$,求 t 的取值范围.

图 7.6

分析 本题是立体几何中的一道翻折问题,由于 F 点在线段 EC 上运动,导致 K 点在

线段 AB 上运动.此题线面位置关系相对复杂,解答此题时往往感到无从下手.一旦方法不当,计算将会十分复杂.但本题若能从数学简捷美的特点去分析,把复杂的空间图形复原回简单的平面图形,就不难发现此题的简便解法.

在空间立体图即四棱锥 $D—ABCF$ 中,过点 K 作 $KG \perp AF$,垂足为 G,连结 DG,则有 $DG \perp AF$.若再将此立体图即四棱锥 $D—ABCF$ 复原为矩形 $ABCF$,则有三点 D、G、K 共线,从而在矩形 $ABCD$ 中,点 K 是过点 D 的 AF 的垂线与 AB 的交点,因此,由点 F 的变化不难得点 K 的变化范围,t 的取值范围是 $\left(\dfrac{1}{2}, 1\right)$.

这种解法抓住了问题的本质,解题过程简洁、透彻,给人一种美的享受.

三、立足整体求简

在解题过程中,立足整体求简是一种极具价值的思维方式.当我们在一道复杂的题目前驻足时,往往会发现,若仅仅着眼于局部细节,很容易陷入纷繁芜杂的困境,被各种条件和线索牵着鼻子走,反而难以找到简捷高效的解题路径.而立足整体求简,则可提供一种高屋建瓴的视角.它要求我们暂时跳出局部的羁绊,从宏观层面审视题目全貌,梳理各部分之间的逻辑关系与内在联系.

例 7.21 已知边长为 a 的正方形 $ABCD$ 内接于 $\odot O$,分别以正方形的各边为直径向正方形外作半圆,求四个半圆与 $\odot O$ 的四条弧围成的四个新月形的面积.

分析 题中图形很耀眼,视觉的"对比度"强烈,如图 7.7 所示,容易把学生的思路引向"阴影部分"是一个新月形面积的四倍,而新月形面积等于半圆面积减去弓形面积,弓形面积等于扇形面积减去三角形面积,计算十分繁琐.若把阴影部分视为一个整体,这个整体是四个半圆面积加上正方形面积减去圆形的面积,这样的解法充分体现了整体思想的深刻内涵.详细求解过程读者可以自行演练.

图 7.7

例 7.22 解不等式 $\dfrac{1}{2} < \dfrac{x^3 + 2x + 3}{2x^3 + x + 1} < 3$.

分析 按常规思路应将连环不等式转化为不等式组求解,但较繁琐.若把 $\dfrac{x^3 + 2x + 3}{2x^3 + x + 1}$ 作为一个整体,把 $\dfrac{1}{2}$、$\dfrac{x^3 + 2x + 3}{2x^3 + x + 1}$、$3$ 看作数轴上的三点 A、P、B,则由定比分点公式知 P 分 $\overrightarrow{AB}$ 所成的比 $\lambda > 0$,即 $\lambda = \dfrac{\dfrac{x^3 + 2x + 3}{2x^3 + x + 1} - \dfrac{1}{2}}{3 - \dfrac{x^3 + 2x + 3}{2x^3 + x + 1}} > 0$,化简得 $(3x + 5)x > 0$,故 $x \in \left(-\infty, -\dfrac{5}{3}\right) \cup (0, +\infty)$.

第四节 基于和谐美获取解题灵感

法国著名数学家亨利·庞加莱指出:"在解题中,在证明中,给我们以美感的东西是什么呢?是各部分的和谐,是它们的对称,是它们的巧妙、平衡."数学中的和谐美又称统一美,是指部分与部分、部分与整体之间的统一与协调.数学推理的严谨性和无矛盾性也是和谐性的一种体现.任何的数学知识都是由内容和形式有机构成的,它们是一个相互融合的统一体,不可分割.具有和谐美的数学命题是一道在解题思路上具有指导意义的命题,它展现着数学美的魅力,让人们能够在清晰的解题思路和灵巧的解题技巧中感受与领略数学美的魅力.

一、等价变换中的和谐

对所给问题做必要的变换,努力让题设与结论靠得更近,是解题的一个基本主张.等价变换无疑是最简单、最容易操作的一种变换方式.

例 7.23 试证下列各式:

(1) $\sqrt[3]{2+\sqrt{5}} + \sqrt[3]{2-\sqrt{5}} = 1$.

(2) $\sqrt[3]{5+2\sqrt{13}} + \sqrt[3]{5-2\sqrt{13}} = 1$.

(3) $\sqrt[3]{1+\frac{2}{3}\sqrt{\frac{7}{3}}} + \sqrt[3]{1-\frac{2}{3}\sqrt{\frac{7}{3}}} = 1$.

(4) $\sqrt[3]{5\sqrt{2}+7} + \sqrt[3]{5\sqrt{2}-7} = 2$.

(5) $\sqrt[3]{\frac{27}{4}+\frac{15\sqrt{3}}{4}} + \sqrt[3]{\frac{27}{4}-\frac{15\sqrt{3}}{4}} = 3$.

分析 仔细观察上述各式,它们似乎具有一种内在的规律(从式子的左右结构和根号中的式子的结构可以看出),这促使我们放弃单个求证的做法,从寻求它们的统一规律入手.

证法 1 对(1)式左端根式中诸数设法进行配方,

$$左端 = \sqrt[3]{\left(\frac{1}{2}+\frac{\sqrt{5}}{2}\right)^3} + \sqrt[3]{\left(\frac{1}{2}-\frac{\sqrt{5}}{2}\right)^3} = \left(\frac{1}{2}+\frac{\sqrt{5}}{2}\right) + \left(\frac{1}{2}-\frac{\sqrt{5}}{2}\right) = 1.$$

这正是命题的实质所在,其余诸式采用此法也可证.

问题到这里还未完结,问题所显示的和谐美促使我们对其做更深入的探讨:抓住问题的本质,创造性地拟造更为广泛的命题.

注意到,若 $\left(a+b\sqrt{c}\right)^3 = A+B\sqrt{C}$,则 $\left(a-b\sqrt{c}\right)^3 = A-B\sqrt{C}$,这里 a、b、c、A、B 为有理数,$\sqrt{C}$ 为无理数,便有 $\sqrt[3]{A+B\sqrt{C}} + \sqrt[3]{A-B\sqrt{C}} = 2a$.

更一般的结论是:若 $\left(a+b\sqrt{c}\right)^n = A+B\sqrt{C}$,则 $\left(a-b\sqrt{c}\right)^n = A-B\sqrt{C}$.

由此可制造如下命题: $\sqrt[n]{A+B\sqrt{C}} + \sqrt[n]{A-B\sqrt{C}} = 2a$(当 n 为偶数时, $A-B\sqrt{C} > 0$).

尽管我们通过对统一美的追求,超越了原来的题目,获得新的结论,是赏心悦目的,但对直接采用配方法解题的繁琐仍难以让人满意,这又促使我们去寻求解题方法的简捷美.

证法 2 对(1)式,令 $x = \sqrt[3]{2+\sqrt{5}} + \sqrt[3]{2-\sqrt{5}}$,则 $x^3 = -3\left(\sqrt[3]{2+\sqrt{5}} + \sqrt[3]{2-\sqrt{5}}\right) + 4$,即 $x^3 + 3x - 4 = 0$.

而 $x^3+3x-4=(x-1)(x^2+x+4)$,注意到 x^2+x+4 的判别式 $\Delta<0$,无实根,则 $x^3+3x-4=0$ 仅有实根 1.又因 $\sqrt[3]{2+\sqrt{5}}+\sqrt[3]{2-\sqrt{5}}$ 是实数,故它只能是 1.

其余各式采用这种方法,也都可以一样证出.

例 7.24 设 $x+y+z=0, xyz\neq 0$,求 $x\left(\dfrac{1}{y}+\dfrac{1}{z}\right)+y\left(\dfrac{1}{z}+\dfrac{1}{x}\right)+z\left(\dfrac{1}{x}+\dfrac{1}{y}\right)$.

分析 为追求条件和结论的和谐统一,使原来轮换对称的结论趋于完美,我们可以在结论中构造出 $x+y+z$,实现整体结构的高度统一,从而获得解题思路.

事实上,因为 $x+y+z=0, xyz\neq 0$,所以,

$$x\left(\dfrac{1}{y}+\dfrac{1}{z}\right)+y\left(\dfrac{1}{z}+\dfrac{1}{x}\right)+z\left(\dfrac{1}{x}+\dfrac{1}{y}\right)$$

$$=x\left(\dfrac{1}{x}+\dfrac{1}{y}+\dfrac{1}{z}\right)+y\left(\dfrac{1}{x}+\dfrac{1}{y}+\dfrac{1}{z}\right)+z\left(\dfrac{1}{x}+\dfrac{1}{y}+\dfrac{1}{z}\right)-\left(x\dfrac{1}{x}+y\dfrac{1}{y}+z\dfrac{1}{z}\right)$$

$$=(x+y+z)\left(\dfrac{1}{x}+\dfrac{1}{y}+\dfrac{1}{z}\right)-3=-3.$$

例 7.25 设 $a^2b^2\left(\dfrac{1}{b^2c^2}+\dfrac{1}{c^2d^2}+\dfrac{1}{d^2a^2}\right)-b^2c^2\left(\dfrac{1}{c^2d^2}+\dfrac{1}{d^2a^2}+\dfrac{1}{a^2b^2}\right)+c^2d^2\left(\dfrac{1}{d^2a^2}+\dfrac{1}{a^2b^2}+\dfrac{1}{b^2c^2}\right)-d^2a^2\left(\dfrac{1}{a^2b^2}+\dfrac{1}{b^2c^2}+\dfrac{1}{c^2d^2}\right)=0$,求证:$ab+bc+cd+da$ 与 $ab+cd-bc-da$ 中至少有一个为 0.

分析 待证结论的实质是两式的积为 0,已知条件是一个复杂的分式,而这个复杂分式的四个部分有相似之处,若能将这个相似等价转化为相同,就能够实现解法的简捷.事实上,待证问题可转化为

$$(ab+bc+cd+da)(ab+cd-bc-da)=a^2b^2-b^2c^2+c^2d^2-d^2a^2=0.$$

不妨设 $\dfrac{1}{a^2b^2}+\dfrac{1}{b^2c^2}+\dfrac{1}{c^2d^2}+\dfrac{1}{d^2a^2}=k$,则 $k>0$.根据已知条件化简得

$$0=a^2b^2k-b^2c^2k+c^2d^2k-d^2a^2k=(a^2b^2-b^2c^2+c^2d^2-d^2a^2)k.$$

故 $a^2b^2-b^2c^2+c^2d^2-d^2a^2=0$,所以 $ab+bc+cd+da$ 与 $ab+cd-bc-da$ 中至少有一个为 0.

例 7.26 已知:$\sin A+\sin B+\sin C=0, \cos A+\cos B+\cos C=0$,求证:$\sin 3A+\sin 3B+\sin 3C=3\sin(A+B+C), \cos 3A+\cos 3B+\cos 3C=3\cos(A+B+C)$.

分析 通过观察,已知和求证四个等式排列井然有序,显得极为和谐.凭直觉,如果贸然展开求证等式的任一边,都会破坏这种和谐的形式,引起极为复杂的运算.于是想到应另辟蹊径,通过横向联想,发现可以构造复数三角式求和或乘方进行尝试.

不妨令 $z_1=\cos A+i\sin A, z_2=\cos B+i\sin B, z_3=\cos C+i\sin C$,则由已知可以得到:

$$z_1+z_2+z_3=0,$$
$$z_1^3+z_2^3+z_3^3=(\cos 3A+\cos 3B+\cos 3C)+i(\sin 3A+\sin 3B+\sin 3C),$$
$$z_1 z_2 z_3=\cos(A+B+C)+i\sin(A+B+C).$$

故只需证明:$z_1^3+z_2^3+z_3^3=3z_1z_2z_3$.

事实上,由因式分解:

$$z_1^3+z_2^3+z_3^3-3z_1z_2z_3=(z_1+z_2+z_3)(z_1^2+z_2^2+z_3^2-z_1z_2-z_2z_3-z_3z_1)=0.$$

从而原题得证.

二、数形结合中的和谐

前面章节已多次提及数形结合.可以看出,数形结合在中学数学解题中很常见也很常用,它使得一些抽象的题目具体化、一些复杂的问题简单化,能够把相关元素及其关系更直观地展示出来,帮助我们较好地把握题目的本质.

例 7.27 方程$|x^2-1|=k+1$,请讨论k取不同范围的值时其不同解的个数.

分析 通过观察,可把这个方程的根转化为函数$y_1=|x^2-1|$与$y_2=k+1$两个图象交点的个数.由于函数$y=k+1$表示平行于x轴的任意直线,函数$y_1=|x^2-1|$可以先化成$y_1=x^2-1$,根据二次函数画出$y_1=x^2-1$的图象,利用偶函数的性质,进一步作出$y_1=|x^2-1|$的图象,如图7.8所示.

图 7.8

(1) 当$k+1<0$,即$k<-1$时,y_1与y_2没有交点,则原方程无解.

(2) 当$k+1=0$,即$k=-1$时,y_1与y_2有两个交点,原方程有两个不同的解,分别是$x=-1$与$x=1$.

(3) 当$0<k+1<1$,即$-1<k<0$时,y_1与y_2有四个交点,原方程不同解的个数有四个.

(4) 当$k+1=1$,即$k=0$时,y_1与y_2有三个交点,原方程不同解的个数有三个.

(5) 当$k+1>1$,即$k>0$时,y_1与y_2有两个交点,原方程不同解的个数有两个.

通过作图象,我们很容易看出k在各种范围内取值时两个函数交点的个数,使解题的难度大大降低,提高了做题的速度.一般地,在方程中出现参数题目解决起来十分麻烦,如果尝试把它转化成二次函数,将二次函数和一次函数的图象同时在一个坐标系中画出,再通过k的取值范围很快即可得出交点个数.所以在解类似题目时,可以尝试将复杂的问题转化成函数,再画出图象求解.

例 7.28 解不等式$\dfrac{29-x-x^2}{5x+2}<1$.

分析 移项得$\dfrac{29-x-x^2}{5x+2}-1<0$,通分得$\dfrac{-x^2-6x+27}{5x+2}<0$,即$\dfrac{(x-3)(x+9)}{5x+2}>0 \Leftrightarrow (x+9)(5x+2)(x-3)>0$.

由数轴标根法可知(见图7.9):原不等式的解为$-9<x<-\dfrac{2}{5}$或$x>3$.

例 7.29 解关于x的不等式$|\log_a(x+1)|>|\log_a(x-1)|$ $(0<a<1)$.

分析 设$f(x)=|\log_a(x+1)|$,$g(x)=|\log_a(x-1)|$.令$f(x)=g(x)$,解得$x=\sqrt{2}$.

在同一坐标系中分别作出$f(x)$和$g(x)$在$0<a<1$时的函数图象,如图7.10所示.

图 7.9

图 7.10

通过观察图象可知:当 $x=\sqrt{2}$ 时,$f(x)$ 和 $g(x)$ 的函数值相等;当 $x>\sqrt{2}$ 时,$f(x)>g(x)$;当 $x<\sqrt{2}$ 时,$f(x)<g(x)$.

从而可知,原不等式的解为 $x>\sqrt{2}$.

例 7.30 试从多个角度,用多种方法证明下列命题:若 P、Q 分别是正方形 $ABCD$ 的边 BC 及 CD 上一点,且 $\angle BAP=\alpha$,$\angle PAQ=\beta$,又 $\tan\alpha+\tan\beta=1$,则 $PA\perp PQ$.

分析 本题证法较多.这里我们不妨从几何、解析几何、三角等不同角度加以考虑,体会不同分支之间内在的统一美.

几何方法:如图 7.11 所示,$\tan\beta=1-\tan\alpha=1-\dfrac{PB}{AB}=\dfrac{PC}{AB}=\dfrac{PC}{CD}=\tan\angle PDC$,所以 $\angle PDC=\beta$,从而 P、Q、D、A 四点共圆,又 $\angle ADQ=90°$ 知 AQ 为直径,得 $PA\perp PQ$.

图 7.11

解析几何方法:在图 7.11 中,以 A 为原点,以 AB、AD 所在直线分别为 x、y 轴,建立平面直角坐标系 XAY.不妨设正方形 $ABCD$ 的边长为 1,根据已知条件,结合两角和正切公式,可以求得点 P、Q 的坐标分别为 $(1,\tan\alpha)$,$(1-\tan\alpha\tan\beta,1)$,于是 $k_{AP}k_{PQ}=\tan\alpha\cdot\dfrac{1-\tan\alpha}{(1-\tan\alpha\tan\beta)-1}=\tan\alpha\cdot\dfrac{\tan\beta}{-\tan\alpha\tan\beta}=-1$,所以 $PA\perp PQ$.

三角方法:如图 7.11 所示,用三角式表示 AP^2、AQ^2 和 PQ^2,可通过勾股定理的逆定理证明.仍设 $AB=1$,于是有 $PB=\tan\alpha$,$AP^2=1+\tan^2\alpha$,$DQ=\cot(\alpha+\beta)=1-\tan\alpha\tan\beta$,对 $\tan\alpha+\tan\beta=1$ 两边平方,得

$$1=(\tan\alpha+\tan\beta)^2=\tan^2\alpha+\tan^2\beta+2\tan\alpha\tan\beta,$$

故

$$AQ^2=AD^2+DQ^2=1+\tan^2\alpha+\tan^2\beta+\tan^2\alpha\tan^2\beta,$$

$$PQ^2=CQ^2+CP^2=(\tan\alpha\tan\beta)^2+(1-\tan\alpha)^2=\tan^2\beta+\tan^2\alpha\tan^2\beta,$$

所以 $AP^2+PQ^2=AQ^2$,所以 $PA\perp PQ$.

三、动静互易中的和谐

静止是相对的,运动才是绝对的.用运动变化、联系的观点解题是一种重要的解题策略.解题中,可运用矛盾转化的观点,视动态为静态,局部固定某些变量,以减少变元个数,化繁为简;也可视静态为动态,用运动的观点分析并解决问题,使已知与未知、条件与结论的联系变得更为明显,从而化难为易.

例7.31 如图7.12所示,已知正方形 $OEFG$ 的一个顶点与正方形 $ABCD$ 的中心 O 重合.如果两个正方形的边长都是 a,OE、OG 分别交 AD、AB 于点 M、N,求两个正方形重叠部分 $OMAN$(即阴影部分)的面积 S.

分析 从整体上来看,图7.12中是两个全等的正方形重叠部分;从局部上来看,是求四边形 $OMAN$ 的面积.可以把正方形 $OEFG$ 看成是运动状态的,形成的四边形 $OMAN$ 时刻在改变,要求四边形 $OMAN$ 的面积,则考虑到不受具体位置的影响,因而可以置于动态的情形加以考虑.

图 7.12

虚线正方形中,$OP \perp AB$ 交于 P,$OQ \perp AD$ 交于 Q,则 $S_{四边形APOQ} = \dfrac{a^2}{4}$.再回到局部,要求四边形 $OMAN$ 的面积,只需证 $Rt \triangle OPN \cong Rt \triangle OQM$,这样,解题思路和方向就清楚了.

例7.32 若正方形 $ABCD$ 内一点 P 到三顶点 A、B、C 的距离之和的最小值为 $\sqrt{6}+\sqrt{2}$,求正方形 $ABCD$ 的边长.

图 7.13

分析 本题若把图形看"死",用静止的观点审题则不易入手.若用运动变化的观点理解题意,则变得比较容易.事实上,将 $\triangle ABP$ 绕点 B 旋转 $60°$ 到 $\triangle FBE$ 的位置,可知 $\triangle PEB$ 为正三角形,如图7.13所示.于是 $PA+PB+PC=EF+EP+PC$,当 $PA+PB+PC$ 最小时,必有 F、E、P、C 四点共线,故在 $\triangle BFC$ 中,$FC=\sqrt{6}+\sqrt{2}$,$\angle FBC=150°$.

设正方形边长为 a,则由余弦定理得 $\left(\sqrt{6}+\sqrt{2}\right)^2 = a^2+a^2-2a^2\cos 150°$,解得正方形边长 $a=2$.

例7.33 如图7.14所示,边长为 $2a$ 的正 $\triangle ABC$(顶点按顺时针方向排列)的顶点 A、B 分别在 x 轴和 y 轴上移动.求顶点 C 到原点 O 的距离 d 的最大值和最小值.

分析 可把动 $\triangle ABC$ 看作相对定点 O 不动,而点 O 相对 $\triangle ABC$ 运动,此时,点 O 运动的轨迹为以 AB 为直径的圆.问题就转化为求点 C 到该圆上的点的距离的最大值和最小值.

图 7.14

事实上,将 $\triangle ABC$ 固定,原点 O 相对 $\triangle ABC$ 运动,其轨迹是以 AB 为直径的圆.设其圆心为 O',半径为 a,则 $|CO'|=\sqrt{3}a$,由平面几何知识得 $d_{max}=\left(\sqrt{3}+1\right)a$,$d_{min}=\left(\sqrt{3}-1\right)a$.

例7.34 直线 $m:y=kx+2k+1$ 与直线 $l:2x+y-4=0$ 的交点在第一象限内,求 k 的值.

分析 本题拿到手,一般人的思维方式是将所给两直线方程联立,求得交点 $\left(\dfrac{3-2k}{k+2}, \dfrac{8k+2}{k+2}\right)$,再解不等式 $\dfrac{3-2k}{k+2}>0$ 及 $\dfrac{8k+2}{k+2}>0$,这个运算量比较大.

注意到本题已知直线 $m:y=kx+2k+1$ 恒过定点 $(-2,1)$,因此,可以把直线 m 看作围绕点 $Q(-2,1)$ 旋转的一束直线(即动直线).而直线 l 是过 $A(0,4)$、$B(2,0)$ 的定直线,现要求两直线交点在第一象限,如图7.15所示,即交点 P 只能在开线段 AB 上运动,动直线 QP 的斜率 k 满足 $k_{QA}<k<k_{QB}$.易求 $k_{QA}=-\dfrac{1}{4}$,$k_{QB}=\dfrac{3}{2}$,所以 $-\dfrac{1}{4}<k<\dfrac{3}{2}$.

例 7.35 已知椭圆 $\dfrac{x^2}{a^2}+\dfrac{y^2}{b^2}=1(a>b>0)$，$A$、$B$ 是椭圆上的两动点，线段 AB 的垂直平分线与 x 轴相交于点 $P(x_0,0)$. 求证：$-\dfrac{a^2-b^2}{a}<x_0<\dfrac{a^2-b^2}{a}$.

分析 如图 7.16 所示，A、B 是椭圆上两动点，设弦 AB 的中点为 M，其横坐标属于椭圆方程中 x 的取值集 $(-a,a)$."动"中窥"定"，联想 $k_{AB}\cdot k_{OM}=-\dfrac{b^2}{a^2}$ 为定值，于是设法找出 x_0 与点 M 横坐标的联系. 对解题目标有了明确、具体的认识，新颖、简捷的证法便会油然而生.

图 7.15

图 7.16

设 AB 的中点为 M，AB 的垂直平分线为 $l:y=k(x-x_0)$.

因为 l 与 x 轴交于一点 P，$k\neq0$，$k_{AB}=-\dfrac{1}{k}$. 所以，$k_{OM}\cdot k_{AB}=-\dfrac{b^2}{a^2}$，$k_{OM}=-\dfrac{b^2}{a^2}\cdot\dfrac{1}{k_{AB}}=\dfrac{kb^2}{a^2}$.

OM 的方程为 $y=\dfrac{kb^2}{a^2}x$，与直线 l 方程联立得 $\dfrac{kb^2}{a^2}x=k(x-x_0)\Rightarrow x=\dfrac{a^2}{a^2-b^2}x_0$，为点 M 的横坐标. 因为点 M 在椭圆 $\dfrac{x^2}{a^2}+\dfrac{y^2}{b^2}=1$ 内，所以 $-a<\dfrac{a^2}{a^2-b^2}x_0<a$，即 $-\dfrac{a^2-b^2}{a}<x_0<\dfrac{a^2-b^2}{a}$.

四、机理技巧中的和谐

通俗地说，机理是指事物作为一个整体，其内在运行或工作的规律性. 技巧是指某一基本方法在实际运行或工作过程中的灵巧运用. 正如庖丁解牛，掌握解题，意味着通透其内在规律性. 在许多数学问题的解题过程中，要从整体上把握题设与结论，既要注意条件限制，又要联系结论的要求. 当掌握其中的规律，就能做到技术炉火纯青，解题得心应手.

例 7.36 已知直三棱柱 $ABC-A_1B_1C_1$，用一平面截此三棱柱，得截面 $\triangle A_2B_2C_2$，且 $AA_2=h_1$，$BB_2=h_2$，$CC_2=h_3$，如图 7.17 所示. 若三棱柱底面 $\triangle ABC$ 的面积为 S，求证：介于截面与下底面之间的几何体体积为 $V=\dfrac{1}{3}S(h_1+h_2+h_3)$.

分析 本题的常规解法是割补法，解题比较繁琐. 可以从整体入手，考虑直接证法. C_1、

C_2 到平面 AA_1B_1B 的距离均相等,设为 h,显然 h 又是 $\triangle ABC$ 中 AB 上的高. 故 $V = V_{C_2-ABC} + V_{C_2-ABB_2A_2} = \frac{1}{3}Sh_3 + \frac{1}{3}S_{ABB_2A_2} \cdot h = \frac{1}{3}Sh_3 + \frac{1}{3} \cdot \frac{h_1+h_2}{2} \cdot AB \cdot h$.

将 $\frac{1}{2}AB \cdot h = S$ 代入上式,得 $V = \frac{1}{3}S(h_1+h_2+h_3)$.

图 7.17

例 7.37 已知一双曲线过原点,实轴长为 2,它的一个焦点为 $F_1(4, 0)$,求该双曲线中心的轨迹方程.

分析 题设给定双曲线的一个焦点和一支上的一个特殊点,如果仅用这些条件,按常规方法很难求得中心的轨迹方程.但若整体考虑所给双曲线及两焦点与中心的位置关系,再利用原点在曲线上,则解题思路豁然开朗.

事实上,由 $|OF_2| - |OF_1| = \pm 2a = \pm 2$(见图 7.18),设双曲线中心为 $P(x, y)$,则另一焦点为 $F_2(2x-4, 2y)$. $\sqrt{(2x-4)^2+(2y)^2} - 4 = \pm 2$,化简得 $(x-2)^2+y^2=9$ 或 $(x-2)^2+y^2=1$.

图 7.18

例 7.38 如图 7.19 所示,给出表甲和表乙两个数组,若将表甲中相邻的两个小方格(指有公共边的两个小方格)中的数都加上或减去同一个数,称作一次操作,问:经过若干次操作之后,能否将表甲变成表乙? 若能,请写出一种操作过程;若不能,请说明理由.

分析 如图 7.20 所示,首先将 4×4 方格表黑白染色.按题设的操作规则,每次操作都使一个黑格与相邻的白格中的数同时增加或减少一个数,它们的差不变,因此,每次操作后 8 个黑格所填数之和与 8 个白格所填数之和的差值是不变的.

表甲

表乙

图 7.19

图 7.20

表甲黑格数之和为 $0+5+2+7+8+5+0+6=33$,白格数之和为 $1+4+3+6+4+5+2+4=29$,它们的差为 $33-29=4$,这个值在操作过程中不会发生变化,而表乙中黑格填数总和与白格填数总和的差为 $2-2=0 \neq 4$.

由于每次操作使黑格与相邻的白格中的数同时增加或减少一个数,它们的差不变,故可推知无论经过多少次操作,都不能将表甲变为表乙.

第五节 基于奇异美突破解题常规

著名数学家徐利治教授说:"奇异是一种美,奇异到极处更是一种美."由于现实生活中的客观实体为数学创造了良好的模型,因此数学的结构在一定的领域内具有相对的稳定性.

奇异性是指对这种稳定性的破坏,当然这种"破坏"是美学中的新思想、新理论、新方法对原有习惯的一种美的突破.奇异性包含新颖和出乎意料的含义,也就是说,那些被称为奇异的事物所引起的不仅是赞叹,还是惊愕和诧异.

数学解题中的一些奇思妙想常常让人拍案叫绝.这也构成了数学解题的奇异美,同样是数学解题的魅力所在.倘若数学解题过程中若能抓住其"个性",往往能获得出人意料的解法.

例 7.39 证明二倍角的正弦公式:$\sin2\alpha = 2\sin\alpha\cos\alpha$.

分析 证明二倍角的正弦公式有多种方法,这里给出一种"无字证明",即构造图形,赋予图形适当的背景进行证明,如图 7.21 所示.

由 $S_{\triangle AOB} = \frac{1}{2} \cdot R^2 \cdot \sin2\alpha = \frac{1}{2} \cdot AB \cdot OD = \frac{1}{2} \cdot 2R\sin\alpha \cdot R\cos\alpha$,可得 $\sin2\alpha = 2\sin\alpha\cos\alpha$.

例 7.40 已知 $\dfrac{\cos^4\alpha}{\cos^2\beta} + \dfrac{\sin^4\alpha}{\sin^2\beta} = 1$,求证 $\dfrac{\cos^4\beta}{\cos^2\alpha} + \dfrac{\sin^4\beta}{\sin^2\alpha} = 1$.

图 7.21

分析 本题的解答方法比较多,大多采用三角函数恒等变形的方法,做起来比较繁琐.本题若是能跳出三角函数恒等变形的圈子,而改用代数变换,证明则显得非常简捷.

事实上,设 $\sin^2\alpha = x, \sin^2\beta = y (x, y \in (0,1))$,则原式变为

$$\frac{x^2}{y} + \frac{(1-x)^2}{1-y} = 1, \qquad ①$$

则 $x^2(1-y) + y(1-x)^2 = y(1-y)$.所以 $(x-y)^2 = 0$,即 $x = y$.

由此可见,式①可改写为 $\dfrac{y^2}{x} + \dfrac{(1-y)^2}{1-x} = 1$,然后把它代入所设即得 $\dfrac{\cos^4\beta}{\cos^2\alpha} + \dfrac{\sin^4\beta}{\sin^2\alpha} = 1$.

例 7.41 已知 $\dfrac{\sqrt{3}}{3} < x < 1$,求函数 $f(x) = \dfrac{1 + 2\sqrt{3}x - x^2}{1 + x^2}$ 的值域.

分析 此题用通法求值域比较困难.通过变形得 $f(x) = \dfrac{1-x^2}{1+x^2} + \sqrt{3} \cdot \dfrac{2x}{1+x^2}$,类比万能公式,设 $x = \tan\alpha \left(\dfrac{\pi}{6} < \alpha < \dfrac{\pi}{4}\right)$,则

$$f(x) = \cos2\alpha + \sqrt{3}\sin2\alpha = 2\sin\left(2\alpha + \frac{\pi}{6}\right),$$

因为 $\dfrac{\pi}{2} < 2\alpha + \dfrac{\pi}{6} < \dfrac{2\pi}{3}$,故 $f(x)$ 的值域为 $(\sqrt{3}, 2)$.

例 7.42 已知 G 是 $\triangle ABC$ 的重心,过 G 作直线,设这条直线分别交三角形的边 AB、AC 于 E、F,如图 7.22 所示,求证:$EG \leqslant 2GF$.[①]

分析 连结 BG 并延长交 AC 于 H.

(1) 当 E 与 B 重合时,F 与 H 重合,这时有 $BG = 2GH$,即 $EG = 2GH$.

(2) 当 E 与 B 不重合时,有 $S_{\triangle AEG} < S_{\triangle ABG} = 2S_{\triangle AGH} < 2S_{\triangle AGF}$.

$\triangle AEG$ 与 $\triangle AGF$ 可以看作底边在同一条直线 EF 上,它们有同一条高,所以 $EG < 2GF$.

[①] 段志贵,俞刚.巧用面积证明不等式一例[J].中学数学教学参考,1991(10):15.

综合(1)及(2)即有 $EG \leqslant 2GF$.

此题巧妙地将 EG 和 GF 放到两个等高的三角形中去考虑它们的面积关系,从而比较简洁明了地证出了命题的结论.

例 7.43 在平面直角坐标系中,$A(4,1),B(0,4)$,试在直线 $l:3x-y-1=0$ 上找一点 P,使 $|PA|-|PB|$ 的绝对值最大,并求出最大值.

图 7.22

分析 此题是一道典型的找点求最值问题,一般方法是数形结合,但算法上还是太繁琐,能否避开数形结合呢?以下用向量模不等式求解.

不妨设 $P(x,3x-1)$,则 $P \in l:3x-y-1=0$.

于是 $||PA|-|PB|| = \left| \sqrt{(x-4)^2+(3x-1-1)^2} - \sqrt{(x-0)^2+(3x-1-4)^2} \right|$

$= \left| \sqrt{10(x^2-2x+2)} - \sqrt{10\left(x^2-3x+\dfrac{5}{2}\right)} \right|$

$= \sqrt{10} \left| \sqrt{(x-1)^2+1^2} - \sqrt{\left(x-\dfrac{3}{2}\right)^2+\left(\dfrac{1}{2}\right)^2} \right|$.

设 $\vec{e}_1 = (x-1,1), \vec{e}_2 = \left(x-\dfrac{3}{2}, \dfrac{1}{2}\right)$,

则 $||PA|-|PB|| = \sqrt{10} \left| |\vec{e}_1| - |\vec{e}_2| \right| \leqslant \sqrt{10} |\vec{e}_1 - \vec{e}_2| = \sqrt{10} \cdot \dfrac{\sqrt{2}}{2} = \sqrt{5}$.

当且仅当 $\vec{e}_1$ 与 $\vec{e}_2$ 同向,即 $x=2, P(2,5)$ 时,$||PA|-|PB||_{\max} = \sqrt{5}$.

例 7.44 设集合 $M=\{-1,0,1\}, N=\{2,3,4,5,6\}$,映射 $f:M \to N$,求对于任意的 $x \in M, x+f(x)+xf(x)$ 恒为奇数的映射的个数.

分析 很多数学题目都有一定的背景.通常新题常常是由原型题引申、变化而来,以改头换面的形式出现.清楚了问题的背景及它与背景间的关系,发现"伪装"后面的"真面目",也就弄清了问题的来龙去脉,抓住了问题的本质.

本题以映射为背景,而映射概念并不易理解,那么,能否揭去这件"外衣"呢?事实上,本题相当于"将序号标为 1、2、3 的 3 封信投到标号为 2、3、4、5、6 的 5 个信箱里,要求奇数号信可投到任意信箱里,而偶数号信只能投到奇数号信箱里".于是由乘法原理,所求的映射个数是 $5 \times 5 \times 2 = 50$.

例 7.45 某轮船公司每天中午有一艘轮船从哈佛开往纽约,并且在每天的同一时间也有一艘轮船从纽约开往哈佛.船在途中所花的时间,来去都是 7 昼夜.问今天中午从哈佛开出的轮船,在整个航运途中会遇到几艘同一公司的轮船从对面开来?

分析 采用特别的图示法,会收到意想不到的解题效果.在平面上,x 轴表示时间,y 轴表示地点,以原点代表哈佛,y 轴上任取一点代表纽约,如图 7.23 所示.那么,轮船的时间—位置曲线就是两组平行线,粗黑线表示从哈佛开往纽约的一艘轮船的时间—位置曲线,因为它与另一组平行线相交 15 次.所以,这艘轮船将遇到 15 艘同一公司的轮船,其中两艘是开出哈佛与到达纽约遇到的,其余 13 艘是在海上遇到的.

例 7.46 已知 a、b、c、d、e 是满足 $a+b+c+d+e=8$ 且 $a^2+b^2+c^2+d^2+e^2=16$ 的实数,试求 e 的取值范围.

图 7.23

分析 这是一道美国中学生数学竞赛试题.由已知条件可知,e 值的大小决定于 a、b、c、d 的取值.考虑到题目条件的对称性,没有充足的理由说明当 e 取最大值时,a、b、c、d 的取值有什么不同.求解本题常用的方法有三种:一是利用柯西不等式得到关于 e 的不等式求解;二是把诸元平等看待,采用均值代换的方法求解;三是采用渐次变换主元的方法逐步消元求解.这里略去这三种方法的解题过程,介绍另一种运用方差求解的特别方法,可以非常巧妙地快速获得问题的答案.

不妨设 X 的分布列为 $\begin{bmatrix} a & b & c & d \\ \frac{1}{4} & \frac{1}{4} & \frac{1}{4} & \frac{1}{4} \end{bmatrix}$,则 $E(X) = \frac{8-e}{4}$,$E(X^2) = \frac{16-e^2}{4}$.又由 $D(X) \geqslant 0$ 且 $D(X) = E(X^2) - E(X)^2$,故有 $\frac{16-e^2}{4} \geqslant \frac{(8-e)^2}{16}$,解不等式可得 e 的取值范围为 $\left[0, \frac{16}{5}\right]$.

第六节 基于数学文化激发解题活力

通俗地说,数学文化是指数学的思想、精神、方法、观点,以及它们的形成和发展;广泛地说,除上述内涵外,还包含数学家、数学史、数学美、数学教育、数学发展中的人文成分、数学与社会的联系、数学与各种文化的关系,等等.近年来,与数学文化相关的数学问题经常出现在高考题、中考题中.在解题中关注数学文化的渗透具有一定的现实意义.

一、与数学名著相关联

古今中外,数学名著中蕴含着大量深刻的数学思想,解决这类问题时能够感受到千百年前古人对数学的探究方法,以及其中的数学精神.

例 7.47 我国古代数学名著《数书九章》中有"天池盆测雨"题:在下雨时,用一个圆台形的天池盆接雨水.天池盆盆口直径为二尺八寸,盆底直径为一尺二寸,盆深一尺八寸.若盆中积水深九寸,则平地降雨量是_____寸.(注:①平地降雨量等于盆中积水体积除以盆口面积;②一尺等于十寸.)

分析 本题主要考查空间线面关系、几何体的体积等知识,考查数形结合、化归与转化的数学思想,以及空间想象能力、推理论证能力和运算求解能力.由题意得到盆中水面的半径,利用圆台的体积公式求出水的体积,用水的体积除以盆的上底面面积即可得到答案.

如图 7.24 所示,由题意可知,天池盆上底面半径为 14 寸,下底面半径为 6 寸,高为 18 寸.因

图 7.24

为积水深 9 寸,所以水面半径为 $\frac{1}{2}\times(14+6)=10$(寸),则盆中水的体积为 $\frac{1}{3}\pi\times 9\times(6^2+10^2+6\times 10)=588\pi$(立方寸).所以平地降雨量为 $\frac{588\pi}{\pi\times 14^2}=3$(寸).

例 7.48 公元前 3 世纪,古希腊欧几里得在《几何原本》里提出:"球的体积(V)与它的直径(D)的立方成正比",即 $V=kD^3$,但欧几里得未给出 k 的值.17 世纪,日本数学家们对求球的体积的方法还不了解,他们将体积公式 $V=kD^3$ 中的常数 k 称为"立圆率"或"玉积率".类似地,对于等边圆柱(轴截面是正方形的圆柱)、正方体也可利用公式 $V=kD^3$ 求体积(在等边圆柱中 D 表示底面圆的直径;在正方体中 D 表示棱长).假设运用此体积公式求得球(直径为 a)、等边圆柱(底面圆的直径为 a)、正方体(棱长为 a)的"玉积率"分别为 k_1、k_2、k_3,求 $k_1:k_2:k_3$.

分析 本题考查了球、圆柱、正方体的体积计算公式、类比推理等,难度不大.事实上,因为 $V_1=\frac{4}{3}\pi R^3=\frac{4}{3}\pi\left(\frac{a}{2}\right)^3=\frac{\pi}{6}a^3\Rightarrow k_1=\frac{\pi}{6}$,$V_2=\pi R^2 a=\pi\left(\frac{a}{2}\right)^2 a=\frac{\pi}{4}a^3\Rightarrow k_2=\frac{\pi}{4}$,$V_3=a^3\Rightarrow k_3=1$,故 $k_1:k_2:k_3=\frac{\pi}{6}:\frac{\pi}{4}:1$.

二、与数学名题相关联

数学名题是前人智慧的结晶,是数学发展的重要标志.这些名题往往与数学史相关,而以数学史中的著名问题为背景的考题,是对数学文化的一种延续,同时也能让我们更加深刻地体会数学知识的本质.

例 7.49 《歌词古体算题》记载了中国古代的一道在数学史上名扬中外的"勾股容圆"名题,其歌词为:"十五为股八步勾,内容圆径怎生求?有人算得如斯妙,算学方为第一筹."其中提出的数学问题是这样的:今有股长 15 步,勾长 8 步的直角三角形,试求其内切圆的直径.

分析 根据题意画出图形,如图 7.25 所示,观察发现直角三角形的内切圆半径恰好是直角三角形内三个三角形的高,因而可以通过面积 $S_{\triangle ABC}=S_{\triangle AOB}+S_{\triangle BOC}+S_{\triangle AOC}$ 求得内切圆的半径.事实上,$\frac{1}{2}AB\cdot BC=\frac{1}{2}(AB+BC+AC)r$,所以 $r=\frac{AB\cdot BC}{AB+BC+AC}=3$.

图 7.25

例 7.50 "三等分角"是古希腊几何尺规作图中的名题,和化圆为方、倍立方问题并列为古代数学的三大难题.如今数学上已证实这个问题无解,数学家普斯借助函数则给出一种"三等分角"的方法.

(1) 探究.如图 7.26 所示,已知矩形 $PQRM$ 的顶点 P、R 都在函数 $y=\frac{1}{x}(x>0)$ 的图象上,试证明:点 Q 必在直线 OM 上.

(2) 应用.如图 7.27 所示,将给定的锐角 $\angle AOB$ 置于直角坐标系中,边 OB 在 x 轴上,

边 OA 与函数 $y=\dfrac{1}{x}(x>0)$ 的图象交于点 P,以 P 为圆心,以 $2OP$ 为半径作弧交图象于点 R,分别过点 P 和 R 作 x 轴、y 轴的平行线,两直线交于点 M、点 Q,连结 OM,则 $\angle MOB=\dfrac{1}{3}\angle AOB$,请用所学的知识证明:$\angle MOB=\dfrac{1}{3}\angle AOB$.

图 7.26

图 7.27

分析 本题借助于"三等分角"数学名题出题,立意新颖.本题考查的是反比例函数综合题,熟知反比例函数图象上点的坐标特点及矩形的性质是解答此题的关键.

(1) 延长 PQ 交 x 轴于点 H,设点 $P\left(a,\dfrac{1}{a}\right)$、$R\left(b,\dfrac{1}{b}\right)$,则 $Q\left(a,\dfrac{1}{b}\right)$、$M\left(b,\dfrac{1}{a}\right)$,又 $\tan\angle QOH=\dfrac{QH}{OH}=\dfrac{1}{ab}$,$\tan\angle MOB=\dfrac{MB}{OB}=\dfrac{1}{ab}$,由 $\tan\angle QOH=\tan\angle MOB$ 即可得出结论.

(2) 根据 $PR=2OP$,$PR=2PS$,得出 $OP=PS$,$\angle PSO=\angle POS$.再由 $\angle PSO=2\angle PMO$,$\angle PMO=\angle MOB$ 可得出结论.

三、与数学名人相关联

在世界数学的发展史中,有许多著名的数学家,他们给人类留下了非常丰富的精神财富,引入他们发现的数学名题,感受他们追求真理的伟大创举,可以激发我们对学习数学的热情.

例 7.51 我国南北朝时期的数学家祖暅(公元 5—6 世纪)提出了一条原理:"幂势既同,则积不容异."这句话的意思是:夹在两个平行平面间的两个几何体,被平行于平面的任何平面所截,如果截得的两个截面的面积总是相等,那么这两个几何体的体积相等.设由椭圆 $x^2+\dfrac{y^2}{4}=1$ 所围成的平面图形绕 y 轴旋转一周得到的几何体(成为椭球体)体积为 V_1;由直线 $y=\pm 2x$,$x=\pm 1$ 所围成的平面图形(见图 7.28 阴影部分)绕 y 轴旋转一周所得到的几何体体积为 V_2.请根据祖暅原理等知识,通过观察 V_2,求 V_1.

分析 此题考查了圆柱的体积公式、圆锥的体积公式及空间的想象能力等.可以先求出 V_2,$V_2=\pi\times 1\times 4-2\times\dfrac{1}{3}\pi\times 1^2\times 2=\dfrac{8}{3}\pi$.根据祖暅原理,每个平行平面所截得的两个几何体的截面积相等,故它们的体积相

图 7.28

等，所以 $V_1 = \dfrac{8}{3}\pi$.

例 7.52 柯西不等式是由数学家柯西在研究数学分析中的"流数"问题时得到的. 具体表述如下：对任意实数 $a_1, a_2, \cdots, a_n$ 和 $b_1, b_2, \cdots, b_n (n \in \mathbf{N}_+, n \geqslant 2)$，都有 $(a_1^2 + a_2^2 + \cdots + a_n^2)(b_1^2 + b_2^2 + \cdots + b_n^2) \geqslant (a_1 b_1 + a_2 b_2 + \cdots + a_n b_n)^2$.

(1) 证明 $n = 2$ 时柯西不等式成立，并指出等号成立的条件.

(2) 若对任意 $x \in [2, 6]$，不等式 $3\sqrt{x-2} + 2\sqrt{6-x} \leqslant m$ 恒成立，求实数 m 的取值范围.

分析 本题主要考查不等式的证明与应用，以及不等式求函数的最值等.

第(1)题只要构造出一个恰当的函数，利用判别式证明即可. 事实上，构造函数 $f(x) = (a_1 x + b_1)^2 + (a_2 x + b_2)^2 = (a_1^2 + a_2^2) x^2 + 2(a_1 b_1 + a_2 b_2) x + (b_1^2 + b_2^2)$.

注意到 $f(x) \geqslant 0$，所以 $\Delta = [2(a_1 b_1 + a_2 b_2)]^2 - 4(a_1^2 + a_2^2)(b_1^2 + b_2^2) \leqslant 0$，即 $(a_1 b_1 + a_2 b_2)^2 \leqslant (a_1^2 + a_2^2)(b_1^2 + b_2^2)$，其中等号成立当且仅当 $a_1 x + b_1 = a_2 x + b_2 = 0$，即 $a_1 b_2 = a_2 b_1$.

第(2)题可以利用柯西不等式求出 $\left(3\sqrt{x-2} + 2\sqrt{6-x}\right)_{\max}$，即可求实数 m 的取值范围. 事实上，$\left(3\sqrt{x-2} + 2\sqrt{6-x}\right)^2 \leqslant (3^2 + 2^2)\left[\left(\sqrt{x-2}\right)^2 + \left(\sqrt{6-x}\right)^2\right] = 52$，所以 $\left(3\sqrt{x-2} + 2\sqrt{6-x}\right)_{\max} = 2\sqrt{13}$.

因为对任意 $x \in [2, 6]$，不等式 $3\sqrt{x-2} + 2\sqrt{6-x} \leqslant m$ 恒成立，所以 $m \geqslant 2\sqrt{13}$.

四、与数学发现相关联

一些与数学文化相关的试题，既能反映特定知识的发展概貌、背景，又能让我们在解题过程中了解和掌握相关知识的发现过程.

例 7.53 关于圆周率 π，数学发展史上出现过许多很有创意的求法，如著名的蒲丰实验和查理斯实验. 受其启发，我们也可以通过设计下面的实验估计 π 的值：先请 200 名同学，每人随机写下一个都小于 1 的正实数对 (x, y)；再统计两数能与 1 构成钝角三角形三边的数对 (x, y) 的个数 m；最后根据统计数 m 估计 π 的值. 假如统计结果是 $m = 56$，那么可以估计 π 是多少(用分数表示)？

分析 本题考查了随机模拟法求圆周率的问题，也考查了几何概率的应用问题，是一道综合题. 由实验结果知 200 对 0~1 的均匀随机数 x, y，对应区域的面积为 1，两个数能与 1 构成钝角三角形三边的数对 (x, y)，满足 $x^2 + y^2 < 1, 0 < x, y < 1, x + y > 1$，面积为 $\dfrac{\pi}{4} - \dfrac{1}{2}$.

由几何概型概率计算公式，得出所取的点在圆内的概率是圆的面积比正方形的面积，二者相等即可估计 π 的值. 因为统计两数能与 l 构成钝角三角形三边的数对 (x, y) 的个数 $m = 56$，所以 $\dfrac{56}{200} \approx \dfrac{\pi}{4} - \dfrac{1}{2}$，所以 $\pi \approx \dfrac{78}{25}$.

五、与艺术相关联

数学对艺术的影响由来已久，文艺复兴时期艺术家们利用透视原理创作出许多不朽名作.数学家们则经常利用艺术作品开展研究.

例 7.54 榫卯(sǔn mǎo)是古代中国建筑、家具及其他器械的主要结构方式,是在两个构件上采用凹凸部位相结合的一种连接方式,凸出部分叫作"榫头".某"榫头"的三视图及其部分尺寸如图 7.29 所示,求该"榫头"的体积.

分析 榫卯结构是一个凝结了中国几千年传统文化精粹的技术,是中国古代劳动人民的智慧结晶,也是最烧脑的艺术.本题有效地考查了三视图、空间几何体的体积等知识,同时也培养了民族自豪感.本题考查的知识技能主要包括长方体与正方体的三视图、体积计算公式,以及推理能力与计算能力等.如图 7.30 所示,该几何体为一个 $3\times 2\times 3$ 的长方体,去掉四个角(棱长为 1 的正方体)余下的几何体.所以,该"榫头"的体积 $=3\times 2\times 3-4\times 1^3=14$.

图 7.29

图 7.30

六、与游戏相关联

以游戏为背景设置试题,不仅背景自然、实际,也让枯燥的数学问题充满乐趣.

例 7.55 "石头、剪刀、布"是一种广泛流传于我国民间的古老游戏,其规则是:用三种不同的手势分别表示石头、剪刀、布;两个玩家同时出示各自手势 1 次记为 1 次游戏,"石头"胜"剪刀","剪刀"胜"布","布"胜"石头";双方出示的手势相同时,不分胜负.现假设玩家甲、乙双方在游戏时出示三种手势是等可能的.

(1) 求出在 1 次游戏中玩家甲胜玩家乙的概率.

(2) 若玩家甲、玩家乙双方共进行了 3 次游戏,其中玩家甲胜玩家乙的次数记作随机变量 X,求 X 的分布列及其期望.

分析 本题着重考查了古典概型随机事件的概率公式、组合数,以及离散型随机变量的定义、分布列,并利用分布列求其期望.

(1) 设在 1 次游戏中玩家甲胜玩家乙为事件 A,利用列举法得玩家甲、玩家乙双方在 1 次游戏中出示手势的所有可能结果共有 9 个:(石头,石头)、(石头,剪刀)、(石头,布)、(剪刀,石头)、(剪刀,剪刀)、(剪刀,布)、(布,石头)、(布,剪刀)、(布,布).而玩家甲胜玩家乙的基本事件共有 3 个:(石头,剪刀)、(剪刀,布)、(布,石头).所以在 1 次游戏中玩家甲胜玩家乙的概率 $P(A)=\dfrac{3}{9}=\dfrac{1}{3}$.

(2) 玩家甲、玩家乙双方共进行了 3 次游戏,其中玩家甲胜玩家乙的次数用 X 表示,由题意取值为 0、1、2、3.利用随机变量分布列定义及期望公式即可.

$$P(X=0)=C_3^0 \cdot \left(\frac{2}{3}\right)^3=\frac{8}{27},$$

$$P(X=1)=C_3^1 \cdot \left(\frac{1}{3}\right)^1 \cdot \left(\frac{2}{3}\right)^2=\frac{12}{27},$$

$$P(X=2)=C_3^2 \cdot \left(\frac{1}{3}\right)^2 \cdot \left(\frac{2}{3}\right)^1=\frac{6}{27},$$

$$P(X=3)=C_3^3 \cdot \left(\frac{1}{3}\right)^3=\frac{1}{27}.$$

X 的分布列如表 7.1 所示.

表 7.1

X	0	1	2	3
P	$\frac{8}{27}$	$\frac{12}{27}$	$\frac{6}{27}$	$\frac{1}{27}$

X 的期望为

$$E(X)=0\times\frac{8}{27}+1\times\frac{12}{27}+2\times\frac{6}{27}+3\times\frac{1}{27}=1.$$

"石头、剪刀、布"游戏的背景,让我们的记忆仿佛又回到童年.本题中熟悉的游戏场景,不仅体现了试题的趣味性,在考查古典概率的同时,也有效检测了我们的数学阅读能力和分析问题、解决问题的能力.

习 题 七

1. 求证:$\dfrac{x^2-yz}{(x+y)(x+z)}+\dfrac{y^2-xz}{(x+y)(y+z)}=\dfrac{xy-z^2}{(x+z)(y+z)}$.

2. 已知 $\dfrac{x^2}{2^2-1^2}+\dfrac{y^2}{2^2-3^2}+\dfrac{z^2}{2^2-5^2}+\dfrac{w^2}{2^2-7^2}=1$,

$\dfrac{x^2}{4^2-1^2}+\dfrac{y^2}{4^2-3^2}+\dfrac{z^2}{4^2-5^2}+\dfrac{w^2}{4^2-7^2}=1$,

$\dfrac{x^2}{6^2-1^2}+\dfrac{y^2}{6^2-3^2}+\dfrac{z^2}{6^2-5^2}+\dfrac{w^2}{6^2-7^2}=1$,

$\dfrac{x^2}{8^2-1^2}+\dfrac{y^2}{8^2-3^2}+\dfrac{z^2}{8^2-5^2}+\dfrac{w^2}{8^2-7^2}=1$,

求 $x^2+y^2+z^2+w^2$ 的值.

3. 解不等式 $1<\dfrac{x^2-2x-1}{x^2-2x-2}<2$.

4. 已知 a 为实数,试解关于 x 的四次不等式:$x^4-2ax^2+2a^2-3>0$.

5. 在△ABC中,已知 $2b=a+c$,求证:

(1) $\tan\frac{A}{2}\tan\frac{C}{2}=\frac{1}{3}$.

(2) $\cos A+\cos C-\cos A\cos C+\frac{1}{3}\sin A\sin C$ 为定值.

6. 已知正数 x、y、z 满足 $x+y+z=1$,求证:$\frac{x^2}{y+2z}+\frac{y^2}{z+2x}+\frac{z^2}{x+2y}\geqslant\frac{1}{3}$.

7. 求证:对任意实数 $a>1,b>1$ 都有不等式 $\frac{a^2}{b-1}+\frac{b^2}{a-1}\geqslant 8$ 成立.

8. 设 $f^{-1}(x)$ 是函数 $f(x)=\frac{1}{2}(a^x-a^{-x})(a>1)$ 的反函数,求使 $f^{-1}(x)>1$ 成立的 x 的取值范围.

9. 若不等式 $\sqrt{4x-x^2}>ax$ 的解集为 $\{x|0<x\leqslant 4\}$,求实数 a 的取值范围.

10. 设双曲线 $C:\frac{x^2}{a^2}-y^2=1(a>0)$ 与直线 $l:x+y=1$ 相交于两个不同的点 A、B,设直线 l 与 y 轴的交点为 P,且 $\overrightarrow{PA}=\frac{5}{12}\overrightarrow{PB}$,求 a 的值.

11. 正数 x、y、z 满足 $\begin{cases}x^2+y^2+xy=1,\\ y^2+z^2+yz=3,\\ z^2+x^2+xz=4,\end{cases}$ 求 $x+y+z$ 的值.

12. 已知 $0<a<1,0<b<1,0<c<1$,求证 $abc(1-a)(1-b)(1-c)\leqslant\left(\frac{1}{4}\right)^3$.

13. "筝形"$ABCD$ 中,$AB=AD,BC=CD$.如图 7.31 所示,经 AC、BD 交点 O 任作两条直线,分别交 AD 于 E,交 BC 于 F,交 AB 于 G,交 CD 于 H,GF、EH 分别交 BD 于 I、J,求证:$IO=OJ$.

14. 如果 $x>0$ 时,$f(x)=x^2+2mx+m^2-\frac{1}{2}m-\frac{3}{2}$ 恒大于 0,求 m 的取值范围.

图 7.31

15. 当 s 和 t 取遍全体实数时,$f(s,t)=(s+5-3|\cos t|)^2+(s-2|\sin t|)^2$ 的最小值是多少?

16. 中国古代数学著作《算法统宗》中有这样一个问题:"三百七十八里关,初步健步不为难,次日脚痛减一半,六朝才得至其关,要见次日行里数,请公仔细算相还."其大意为有一个人走 378 里路,第一天健步行走,从第二天起脚痛每天走的路程为前一天的一半,走了 6 天后到达目的地.求该人最后一天走的路程.

17. 《九章算术》中的"两鼠穿墙题"是我国数学的古典名题:"今有垣厚若干尺,两鼠对穿,大鼠日一尺,小鼠也日一尺.大鼠日自倍,小鼠日自半.问何日相逢,各穿几何?"题意是:有两只老鼠从墙的两边打洞穿墙,大老鼠第一天进一尺,以后每天加倍;小老鼠第一天也进一尺,以后每天减半,如果墙足够厚,S_n 为前 n 天两只老鼠打洞长度之和,求 S_5.

18. 南北朝时期的数学古籍《张邱建算经》有如下一道题:"今有十等人,每等一人,宫赐金以等次差(即等差)降之,上三人,得金四斤,持出;下四人后入得三斤,持出;中间三人未到者,亦依等次更给,问:每等人比下一等人多得几斤?"

19. 甲、乙两人玩猜数字游戏,甲、乙猜的数字分别计作 a、b,且 a、$b \in \{1,2,3\}$,若 $|a-b| \leqslant 1$,则称甲、乙"心有灵犀".求甲、乙两人"心有灵犀"的概率.

20. 数学是一门艺术与美妙结合的学科,现在做一次探究:观察如图 7.32 所示的图形,这是通过等边三角形绘制的一幅自相似图形.

图 7.32

若第 1 个图形中的阴影部分的面积为 1.经过 n 次变换,求第 n 个图形的阴影部分的面积.

21. 给 n 个自上而下相连的正方形着黑色或白色.当 $n \leqslant 4$ 时,在所有不同的着色方案中,黑色正方形互不相连的着色方案如图 7.33 所示.由此推断,当 $n=6$ 时,黑色正方形互不相邻的着色方案共有_____种,至少有两个黑色正方形相邻的着色方案共有_____种.(结果用数值表示.)

图 7.33

22. 一套三色卡片共有 32 张,红、黄、蓝各 10 张,编号为 $k(k=1,2,\cdots,10)$,另有大、小王各一张,编号均为 0.从这些卡片中任取若干张,按如下规则计算分值:每张卡片计为 2^k 分,若它们的分值之和为 1921,则称这些卡片为一个"好牌组".

(1) 若任取 3 张卡片,试判断是否存在"好牌组".

(2) 若存在"好牌组",应至少取几张卡片,并求卡片取法数.

穷则变,变则通,通则久.

——《易·系辞下》(西周时期)

数学的本质在于它的自由.

——[德]康托尔(1845—1918)

第八章　变通:解题的调适

战国时期,魏王问大臣们:"你们有什么办法让我从座位上下来吗?"庞涓出谋说:"可在大王座位下边生起火来."魏王说:"不可取."孙膑捻捻胡须道:"大王坐在上边嘛,我是没有办法让大王下来的."魏王问:"那你怎么办?"孙膑说:"如果大王在下边,我却有办法让大王坐上去.""那好,"魏王得意扬扬地说着从座位上走了下来,"我倒要看看你有什么办法让我上去."周围的群臣一时没有反应过来,也哄笑孙膑无能.忽然,孙膑哈哈大笑起来,说:"我虽然无法让大王坐上去,但已经让大王从座位上下来了."这时大家才恍然大悟,连连称赞孙膑的机智.

这个故事充分体现了孙膑的思维不拘一格,善于变通.遇到问题时,人们较多按照常规去思考,而孙膑则能换一个角度,从反方向去思考,巧妙地解决了问题.这需要的是发散思维、变通思维.在数学解题中,遇到不会的问题,就需要变通,需要对问题中的条件或者结论进行变化才能通达.

第一节　变通的思维

变通的思维不同于转化、化归等具体的数学思想方法,它是通过对问题的条件或结论进行变化(如扩大、缩小、等价替换、恰当分解等)来解决问题.每一种变通策略往往包含一个或几个思想方法.许多问题都不是一眼能看出解法的,而是需要几经调整思维方向才能获得突破.

一、变通法解题的内涵

"变通"可以这样解释:依情况变化而做出改变,从而解决问题;不拘一格,遇到难题、特殊情况作特殊处理.

大家熟知波利亚的怎样解题表,但了解他的解题思维图解的人并不多.在《数学的发现》一书中,波利亚分析了解题思维的作用,提出了面对数学问题的思维路径,勾画了"我们该怎样思考"解题思维导图,如图 8.1 所示.

这是一张正方形解题思维图解,位于四个顶点的分别是"动员""组织""分离"和"组合",四条边上分别嵌有"辨认""回忆""充实"以及"重新配置",位于正方形中心的是"预见",这些都是这张图解的关键词.这里的"重新配置",简单地说,就是改变问题理解与探索的思维"结构",对问题进行整体构思."穷则变,变则通",根据问题求解的需要对问题的条件和结论做出必要的变动,对相关因素进行合理的再调配、再组合.这种依情况变化而做出解题改变的思维策略,就是人们常说的变通.

图 8.1

一般来说,数学解题中的变通指的是在遇到问题且难以直接用所学到的公式、定理去解决时,重新表征原问题的一些要素,从而得到一个或多个相对容易、简单、易于分析解答的新问题.通过对变更后的新问题进行观察、探索、整理,从而达到解决问题的目的.换个方式说,变通法解题的关键就是对原问题的条件或结论做适当变化以期获得解决问题的路径[①].

例 8.1 设非负实数 x、y 满足 $x^2+2xy-1=0$,求 $x+y$ 的取值范围.

分析 该题直接运用公式 $\dfrac{a+b}{2} \geqslant \sqrt{ab}$($a \geqslant 0, b \geqslant 0$)显然无法求解,若做如下变化,则能非常巧妙地化难为易.替换待求代数式中的一个字母 y,即因为 $x>0$,所以 $y=\dfrac{1}{2}\left(\dfrac{1}{x}-x\right)$,所以 $x+y=\dfrac{1}{2}\left(x+\dfrac{1}{x}\right) \geqslant 1$.

本题也可以由 $x^2+2xy-1=0$ 恒等变换,得 $x^2+2xy+y^2=1+y^2 \geqslant 1$,所以 $(x+y)^2 \geqslant 1$,$x+y \geqslant 1$.

在本例中,消元与转化为"对勾函数"、等式两边各补个 y^2,都是变通思维的体现.通过变通策略的实施,使原来复杂的问题变得容易解决了.

例 8.2 已知 x、y 为实数,且 $x^2-2xy+2y^2=2$,求 $x+y$ 的取值范围.

分析 观察所给等式的结构特征,容易发现 $(x-y)^2+y^2=2$.于是想到三角换元,令 $x-y=\sqrt{2}\cos\theta$,$y=\sqrt{2}\sin\theta$,则

$$x+y=(x-y)+2y=\sqrt{2}\cos\theta+2\sqrt{2}\sin\theta=\sqrt{10}\sin(\theta+\alpha),\text{其中 } \alpha=\arctan\dfrac{1}{2}.$$

由三角函数的有界性得 $x+y$ 的取值范围是 $[-\sqrt{10},\sqrt{10}]$.

在本例中,三角换元也是一种变通思维的体现.通过三角换元,有效化解了解题的阻隔,打通了解题通道.

二、变通法解题的本质

变通法解题,本质上是一种命题的等价转换.例如,a、b 是非负实数,则 $a^2+b^2=0$,$\sqrt{a}+$

---

① 段志贵.变通:让解题有更充分的预见[J].数学通报,2017,56(12):50-54.

$\sqrt{b}=0$，$|a|+|b|=0$，$a^{2n}+b^{2m}=0$(m、n 为整数)，甚至 $a=b=0$ 和 $a+bi=0$(a、$b\in\mathbf{R}$)也是等价的.

"变"是解题策略，"通"是解题目标."直线 $y=kx+3$ 过点 $A(1,2)$"，可以转换成"点 $A(1,2)$ 在直线 $y=kx+3$ 上"，进一步转换成"点 $A(1,2)$ 的坐标 $x=1$，$y=2$ 满足方程 $y=kx+3$"，这三种说法也是等价的，组成一个等价命题系统.按照最后的说法，把 $x=1$，$y=2$ 代入方程 $y=kx+3$ 就可以求出 k，从而确定直线方程.前两种叙述"直线 $y=kx+3$ 过点 $A(1,2)$"和"点 $A(1,2)$ 在直线 $y=kx+3$ 上"，涉及的对象没有变化，仍是直线 $y=kx+3$ 和点 $A(1,2)$，只是叙述的主体从直线转为点了.第三种说法是叙述的对象发生了变化，这时，"问题系统"发生了变化.因为"$x=1$，$y=2$ 满足方程 $y=kx+3$"已经不是几何问题，而是代数问题了.

又如，"A、B、C 三点不在同一直线上"，其等价说法为"没有这样的直线，使 A、B、C 三点都在这条直线上"；"A、B、C、D 四人排成一行，要求 A 不能排在首位"，A 不能排在首位，是否定说法，换成正面的说法，就是或者 B 排在首位，或者 C 排在首位，或者 D 排在首位.

例 8.3 当 a 为何值时，由不等式 $1<x\leqslant 2$ 可以得到 $x^2-2ax+a<0$？

分析 可以将原命题转化为在区间 $(1,2]$ 上，$f(x)=x^2-2ax+a<0$，求 a 的取值范围.再变通已知条件，由 $(1,2]$ 位于 $f(x)$ 的两根之间，区间 $(1,2]$ 的两个端点在 $f(x)$ 的两根之间.于是得 $f(1)\leqslant 0$，$f(2)<0$，所以 $1-a\leqslant 0$，$4-3a<0$.从而 $a>\dfrac{4}{3}$.

例 8.4 如果三个实数的倒数和与这三个实数和的倒数相等，那么这三个实数必有两个互为相反数.

分析 能否解出这道题很大程度上取决于把自然语言转换为用符号语言重新表征.分析题意，把已知条件转化为 x、y、$z\in\mathbf{R}$，x、y、z 都不为 0，$x+y+z\neq 0$，且

$$\frac{1}{x}+\frac{1}{y}+\frac{1}{z}=\frac{1}{x+y+z}. \qquad ①$$

其实该结论可以理解为"x、y 互为相反数，或 x、z 互为相反数，或 y、z 互为相反数".还可以理解为"$x+y=0$，或 $y+z=0$，或 $z+x=0$".如果理解成

$$(x+y)(y+z)(x+z)=0, \qquad ②$$

解题就变得很简单了.

欲证式②，只要证明 $2xyz+xy^2+x^2y+xz^2+x^2z+yz^2+y^2z=0$，两边同时除以 xyz，即证 $\dfrac{y}{z}+\dfrac{x}{z}+\dfrac{z}{y}+\dfrac{x}{y}+\dfrac{z}{x}+\dfrac{y}{x}+2=0$.在条件式①两边同时乘以 $x+y+z$，整理即可证得.

可以看出，从"三个实数必有两个互为相反数"，联想到与它等价的式子 $(x+y)(y+z)(x+z)=0$，正是解决本题的关键所在.这里，由以下 4 个命题组成等价命题系统：

(1) 三个实数 x、y、z 必有两个互为相反数.

(2) x、y 互为相反数，或 x、z 互为相反数，或 y、z 互为相反数.

(3) $x+y=0$，或 $y+z=0$，或 $z+x=0$.

(4) $(x+y)(y+z)(x+z)=0$.

如果熟悉这些等价形式,并善于从中选择合适的形式,我们的解题速度就会大大提高.

三、变通法解题的基本原则

数学解题中的变通是对问题条件和结论的等价变换,既可以只改变其中一个,也可以同时改变,以达到解决问题的目的.为实现有效的变通效果,需要注意分析题目,遵从以下4个原则.

1. 熟悉化原则

熟悉化原则是指我们在变更问题的条件或者结论时,要注意把不熟悉的问题转变为比较熟悉的问题,以便充分利用已有的知识经验.

例 8.5 已知 $a+b+c=\dfrac{1}{a}+\dfrac{1}{b}+\dfrac{1}{c}=1$,求证:$a$、$b$、$c$ 中至少有一个等于 1.

分析 题目所要求的结论是生活化的语言,并没有翻译为数学语言,或者用一个数学表达式来表示,这就对我们分析题目造成了障碍.所以第一步我们就要把所求的结论翻译成我们熟悉的数学表达式."a、b、c 中至少有一个为 1",也就是说"$a-1$、$b-1$、$c-1$ 中至少有一个为 0",这样,问题就容易解决了.

事实上,$\dfrac{1}{a}+\dfrac{1}{b}+\dfrac{1}{c}=1$,所以 $bc+ac+ab=abc$.于是有

$$(a-1)(b-1)(c-1)=abc-(ab+ac+bc)-1+(a+b+c)=-1+1=0.$$

所以,$a-1$、$b-1$、$c-1$ 中至少有一个为 0,即 a、b、c 中至少有一个为 1.

遇到此类问题,如果直接分析条件,忽略对结论的分析,没有对陌生的结论进行适当的变化,没有把结论转变为我们熟悉的数学表达式,解题就很难切入进去.

2. 简单化原则

简单化原则,顾名思义就是把复杂变为简单,指在变更问题的条件或者结论时,通过把复杂的问题变更为相对比较简单的问题,以便快速求解原题.

例 8.6 已知满足不等式 $|x^2-4x+p|+|x-3|\leqslant 5$ 的 x 的最大值为 3,求 p 的值.

分析 若从不等式的表象考虑,直接讨论去绝对值符号,找出对应方程的根,再对根进行大小讨论来解决问题,显然很复杂.如果对题设仔细观察分析,从不等式解的最大值含义去理解,问题就立刻得到简化.

因为满足不等式 $|x^2-4x+p|+|x-3|\leqslant 5$ 的 x 的最大值为 3,所以 $x-3\leqslant 0$,故 $|x-3|=3-x$.若 $|x^2-4x+p|=-x^2+4x-p$,则原不等式为 $x^2-3x+p+2\geqslant 0$,其解集不可能为 $\{x\mid x\leqslant 3\}$ 的子集,所以必有 $|x^2-4x+p|=x^2-4x+p$.

原不等式化为 $x^2-4x+p+3-x\leqslant 5$,即 $x^2-5x+p-2\leqslant 0$.

令 $x^2-5x+p-2=(x-3)(x-m)$,可得 $m=2,p=8$.

3. 和谐化原则

和谐化原则是指在变更问题的条件和结论时,注意数学中和谐表达的特点,把问题的本质特点呈现出来,突出问题条件和结论之间的联系.

例 8.7 若关于 x 的不等式 $(2x-1)^2<ax^2$ 的解集中整数恰有 3 个,求实数 a 的取值范围.

分析 审读本题后,并不能立即发现切入口.于是,首先要做的工作是把原不等式进行变化.

因为原不等式等价于$(-a+4)x^2-4x+1<0$,若不等式的整数解为3个(有限个),则需先满足$\Delta=4a>0$且$4-a>0$,故$0<a<4$.

至此,原题还没有解出来,考虑到原不等式的解集中整数恰好有3个,于是再次在原来演变的基础上向前推进.

不等式的解为$\dfrac{1}{2+\sqrt{a}}<x<\dfrac{1}{2-\sqrt{a}}$.

而$\dfrac{1}{4}<\dfrac{1}{2+\sqrt{a}}<\dfrac{1}{2}$,则满足不等式的3个整数解应为1,2,3.

所以$3<\dfrac{1}{2-\sqrt{a}}<4$,解得$a$的范围为$\left(\dfrac{25}{9},\dfrac{49}{16}\right)$.

4. 直观化原则

直观化原则是指在变更问题的条件和结论时,将抽象的问题直观化,以便直观地把握问题的各个因素之间的关系.

例 8.8 如图 8.2 所示,双曲线$\dfrac{x^2}{3}-y^2=1$,F是右焦点,点A的坐标为$(3,1)$,P是该双曲线右支上任意一点,求$|PF|+|PA|$的最小值.

分析 本题是一道典型的数形结合问题.PF'是解决问题的关键,仿佛"于无声处听惊雷",具有四两拨千斤的效果.若不能将点P与双曲线的左焦点F'相连,则问题就不容易解决.事实上,由双曲线的定义可得,对双曲线上任意一点P,有$|PF'|-|PF|=2a$,所以$|PF|=|PF'|-2a$,故$|PF|+|PA|=|PF'|+|PA|-2a\geq|F'A|-2a=\sqrt{26}-2\sqrt{3}$.

图 8.2

上述问题变通解决的常用原则互相渗透、互相联系、互相补充,是相辅相成的一个整体.在解决实际问题的过程中,可以结合起来使用,以达到更好的变通效果.

第二节 追本溯源

在第四章第三节和第五章第二节里都曾提及许多问题的编拟都有一些特定的背景,要么是某个概念或数学公式,要么是某个已经解决了的实际问题,要么是一个基本思想的应用等.对于一些较难解决的问题,倘若我们能把深藏其中的这些概念、定理、公式,或者应用背景及思考方法挖掘出来,无疑对于破解题意、突破思维瓶颈大有裨益.

一、回归定义

对于任何一个数学问题的编拟与解决,数学概念都不可或缺.在一些特定的问题中,概念既是推导公式、定理的依据,也是解题常用的一把钥匙.所以对于一些特定的数学问题,如

能回到数学概念所定义的形式中去,往往能获得题设一些具有本质特征的属性,达到合理运算、准确判断、灵活解题的目的.[①]

有些问题的解决,表面上看对定义的依赖性不强,但是如能透过题意,挖掘其中基本元素间的关系,也能帮助我们把握问题的实质,厘清变量间错综复杂的关系.因此,回到定义中去考虑,借助定义所反映的数学表达式进行调节转化,是把问题化难为易、化繁为简的又一个行之有效的解题策略.

例 8.9 若点 A 的坐标为 $(3,2)$,F 为抛物线 $y^2=2x$ 的焦点,点 P 在抛物线上移动,为使 $|PA|+|PF|$ 取最小值,求点 P 的坐标.

分析 容易作出草图如图 8.3 所示,显然 A 在抛物线开口方向内.能否作出准线,能否想到抛物线的定义,是解决本题的关键.

过点 P 作到准线 $x=-\dfrac{1}{2}$ 的垂线段 PQ,则显然 $|PF|=|PQ|$,即 $|PA|+|PF|=|PA|+|PQ|$,所以从 A 点出发到准线距离最短的是 PA 与 PQ 在同一条直线

图 8.3

上,于是有点 A 到准线的距离为 $3+\dfrac{1}{2}=\dfrac{7}{2}$,点 P 是 AQ 与抛物线的交点,此时点 P 的坐标为 $(2,2)$.

例 8.10 若方程 $\sqrt{k(x^2+y^2+6x-2y+10)}-|x-y+3|=0$ 表示双曲线,求实数 k 的取值范围.

分析 本题若是按常规方法移项后两边平方,则会发现出现了 xy 项,给求 k 造成了比较大的麻烦.然而,我们可以从观察所给方程左右两边的结构入手,发现它们酷似两种距离:两点间的距离与点到直线的距离,将该等式变形为

$$\frac{\sqrt{x^2+y^2+6x-2y+10}}{\dfrac{|x-y+3|}{\sqrt{1^2+1^2}}}=\sqrt{\dfrac{2}{k}},\text{即}\frac{\sqrt{(x+3)^2+(y-1)^2}}{\dfrac{|x-y+3|}{\sqrt{1^2+1^2}}}=\sqrt{\dfrac{2}{k}}.$$

至此,原本的方程问题等价变换为到定点 $(-3,1)$ 和到定直线 $x-y+3=0$ 距离之比的问题,再依据双曲线这个已知条件,直接判断出 $e=\sqrt{\dfrac{2}{k}}>1$,从而求出 k 的取值范围为 $0<k<2$.

例 8.11 将 7 个同样的白球全部放入 4 个不同的盒子内(可以有盒子不放),问共有多少种不同的放法.

分析 在第五章例 5.26 研究构造法求解多元一次方程整数解时曾提及过这一题型.这里我们着重厘清如何回归定义探索解题思路.本题题意清晰明了,但求解起来似乎并不容易.有些学生看到题目,就考虑分情况讨论,这一过程将会十分繁琐.可以考虑改变原问题情境,把原问题"放到不同的盒子内"等价地改编为"排列组合中的插板"问题,从而直接利用组合的定义进行解答.

[①] 段志贵.联想:数学解题的重要思维形式[J].吉林师范大学学报(自然科学版),2003(1):89-91.

事实上，把 7 个白球排成一排，并插入 3 个黑球，如图 8.4 所示。在左边的第一个黑球前面只有 1 个白球，表示第一个盒子放 1 个白球；第二个黑球与第一个黑球之间有 3 个白球，表示第二个盒子放 3 个白球；以此类推，第三个和第四个盒子分别放 2 个和 1 个白球。同样，图 8.5 表示 4 个盒子放入的白球数依次为 0,4,0,3。

图 8.4   图 8.5

显然，白球放入盒子的方法与黑球所在位置之间有一一对应关系。而黑球所在的位置就相当于 7+3=10（个）无色的球中选出了 3 个涂上黑色（余下的 7 个涂上白色）。因此，依据组合的定义，黑球不同位置的总数为 $C_{10}^3=120$，也就是说 7 个白球放入 4 个不同盒子内（可以有盒子不放）共有 120 种放法。

二、追溯定理

有些问题看似复杂，实质上是相关研究对象性质定理的变式。因此，这类题目需要我们认清研究对象的属性，有意识地联想相关性质或定理，把相关元素关联起来，就有可能厘清解题线索，获得解题思路。

例 8.12 试证：不存在整数 a、b、c 满足
$$a^2+b^2-8c^2=6. \qquad ①$$

分析 这道题目乍一看好像无从下手，但是我们如果对所求证的问题稍加变化，将式①变形为 $a^2+b^2=8c^2+6$，则原题可变更为

"证明不存在整数 a 和 b，使它们的平方和被 8 除余 6。"

变更后的问题成为一个整除问题，回归到具体的整除性质（定理）中去，则有利于我们寻找切入口。我们可以通过对整数的适当分类，利用整数性质完成证明。

事实上，任何整数用 4 去整除可以而且仅可以表现成下列形式之一：$4n,4n+1,4n+2,4n+3(n\in\mathbf{Z})$。其平方数为

$$(4n)^2=16n^2,$$
$$(4n+1)^2=16n^2+8n+1,$$
$$(4n+2)^2=16n^2+16n+4,$$
$$(4n+3)^2=16n^2+8(3n+1)+1.$$

由此可得，这四种形式的数的平方，被 8 除的余数只能是 0,1,4。显然，这三个余数的任意两数（可以相同）之和都不可能等于 6。因此，$a^2+b^2\neq 8k+6(a、b、k\in\mathbf{Z})$，即不存在整数 a、b、c 满足 $a^2+b^2-8c^2=6$。

例 8.13 在 $\triangle ABC$ 中证明：
$$\cos^2 A+\cos^2 B+\cos^2 C+2\cos A\cos B\cos C=1.$$

分析 本题看上去并不容易入手。如果我们把题意归结到满足一般三角形的射影定理

上去,结合齐次方程有非零解的条件,问题解决就会变得非常容易了.

事实上,由三角形的射影定理知

$$\begin{cases} a = b\cos C + c\cos B, \\ b = a\cos C + c\cos A, \\ c = a\cos B + b\cos A. \end{cases}$$

进一步地,将射影定理写成

$$\begin{cases} a - b\cos C - c\cos B = 0, \\ -a\cos C + b - c\cos A = 0, \\ -a\cos B - b\cos A + c = 0. \end{cases}$$

由此可知,a、b、c(非零的)是齐次线性方程组

$$\begin{cases} x - y\cos C - z\cos B = 0, \\ -x\cos C + y - z\cos A = 0, \\ -x\cos B - y\cos A + z = 0. \end{cases}$$

的一组非零解.

根据齐次线性方程组有非零解的充要条件是其系数行列式等于零,即

$$\begin{vmatrix} 1 & -\cos C & -\cos B \\ -\cos C & 1 & -\cos A \\ -\cos B & -\cos A & 1 \end{vmatrix} = 0.$$

所以,$\cos^2 A + \cos^2 B + \cos^2 C + 2\cos A\cos B\cos C = 1$.

例 8.14 设正七边形的边长为 a,对角线中长的为 x,短的为 y,求证:

$$\frac{1}{x} + \frac{1}{y} = \frac{1}{a}.$$

分析 首先化简求证式,把倒数关系变更为 $ax + ay = xy$.为了厘清 a、x、y 三者关系,依据题意,可以从两个方面寻求突破.

一是利用托勒密定理.注意到正七边形 $A_1A_2A_3A_4A_5A_6A_7$ 内接于圆(见图 8.6),$A_1A_2A_4A_7$ 是圆内接四边形,于是可把原题变更为"设 $A_1A_2A_4A_7$ 为圆内接四边形,$A_1A_2 = A_1A_7 = a$, $A_1A_4 = A_4A_7 = x$, $A_2A_4 = A_2A_7 = y$,求证:$ax + ay = xy$".这样,利用托勒密定理容易得证.

事实上,边长为 a 的正七边形 $A_1A_2A_3A_4A_5A_6A_7$ 必内接于圆,连结 A_2A_4、A_4A_7、A_1A_4、A_2A_7(见图 8.6),则 $A_1A_2 = A_1A_7 = a$, $A_1A_4 = A_4A_7 = x$, $A_2A_4 = A_2A_7 = y$.

依据托勒密定理,有 $A_1A_2 \cdot A_4A_7 + A_1A_7 \cdot A_2A_4 = A_1A_4 \cdot A_2A_7$,代入即得 $ax + ay = xy$.

图 8.6

二是利用正弦定理.设正七边形的外接圆半径为 R,则由正弦定理可知,$a=2R\sin\frac{\pi}{7}$, $x=2R\sin\frac{4\pi}{7}$,$y=2R\sin\frac{2\pi}{7}$.于是原题可变更为"求证:$\sin\frac{\pi}{7}\sin\frac{4\pi}{7}+\sin\frac{\pi}{7}\sin\frac{2\pi}{7}=\sin\frac{2\pi}{7}\sin\frac{4\pi}{7}$".

具体地说,设边长为 a 的正七边形的外接圆半径为 R,则 $a=2R\sin\frac{\pi}{7}$,$x=2R\sin\frac{4\pi}{7}$, $y=2R\sin\frac{2\pi}{7}$,有 $ax+ay=4R^2\sin\frac{\pi}{7}\left(\sin\frac{4\pi}{7}+\sin\frac{2\pi}{7}\right)=8R^2\sin\frac{\pi}{7}\sin\frac{3\pi}{7}\cos\frac{\pi}{7}=\left(2R\sin\frac{4\pi}{7}\right)\left(2R\sin\frac{2\pi}{7}\right)=xy$.

三、挖掘题眼

棋有棋眼,文有文眼,题有题眼.棋眼,即下棋的突破口.一旦占领棋眼,就可取得绝对性的优势.文眼,则指文章中最能揭示主旨、升华意境、涵盖内容的关键性词句.文眼往往奠定文章的感情基调,确定文章的中心.而数学问题中的"题眼"泛指试题主要落点或解题的关键点.从哲学的角度来看,就是抓住主要矛盾,问题便迎刃而解.数学解题和下棋、写文章一样,如果善于挖掘题眼,理解题眼,破解题眼,就会起到四两拨千斤的作用.

例 8.15 已知圆 $(x-1)^2+\left(y-\sqrt{2}\right)^2=25$,过点 $A\left(2,3\sqrt{2}\right)$ 的所有的弦中,弦长为正整数的共有多少条?

分析 观察发现点 $A\left(2,3\sqrt{2}\right)$ 在圆内,则由圆的性质可知,过 A 点有一条最长的弦和一条最短的弦,这正是本题"题眼",抓住这一线索,就迅速找到了解题的突破口.易求得过 A 点的最长弦和最短弦的长度分别为 10 和 8,从而由对称性可知弦长为 9 的弦有 2 条,因此弦长为正整数的共有 4 条.

例 8.16 已知函数 $f(x)=-2x^2+4x-1$,又 $0<m<n$,并且 $x\in[m,n]$ 时,$f(x)$ 的取值范围是 $\left[\frac{1}{n},\frac{1}{m}\right]$,求实数 m 和 n 的值.

分析 易得 $f(x)=-2(x-1)^2+1$.对条件"$x\in[m,n]$ 时,$f(x)$ 的取值范围是 $\left[\frac{1}{n},\frac{1}{m}\right]$"的理解程度,直接影响本题的解题效率.由函数 $f(x)$ 的图象可知,其最大值为 1,不难发现 $\frac{1}{m}\leqslant 1$,$\frac{1}{n}\leqslant 1$."$m\geqslant 1$,$n\geqslant 1$"就是"题眼".厘清这一题眼,即可根据增减性获得突破.

事实上,当 $x\in[m,n]$ 时,$f(x)$ 单调递减,从而得到 $\begin{cases}f(m)=\dfrac{1}{m},\\ f(n)=\dfrac{1}{n}.\end{cases}$

解方程 $-2(x-1)^2+1=\dfrac{1}{x}$,即可求得 $m=1$,$n=\dfrac{1+\sqrt{3}}{2}$.

有些数学题所给的条件往往不能直接为解题服务,而一些有效因素往往隐蔽在题目所蕴含的图形及其性质中,此时,如果能以数思形,借助图形直观分析,就可以迅速挖掘"题眼",使问题获得解决.

例 8.17 已知函数 $f(x)=\dfrac{4^x+k\cdot 2^x+1}{4^x+2^x+1}$,若对任意的实数 x_1、x_2、x_3,不等式 $f(x_1)+f(x_2)>f(x_3)$ 恒成立,求实数 k 的取值范围.

分析 解决本题的关键是对已知条件"对任意的实数 x_1、x_2、x_3,不等式 $f(x_1)+f(x_2)>f(x_3)$ 恒成立"的理解,也就是对不等式恒成立的"恒"字的理解.生活常识告诉我们,上述题目条件等价于 $[2f(x)]_{\min}\geqslant[f(x)]_{\max}$ [若 $f(x)$ 的最小值或最大值不存在,则取"确界"——最接近 $f(x)$ 取值区间的最小实数或最大实数],因此本题的"题眼"信息就是求 $f(x)$ 的最大值和最小值.

为了计算方便,不妨令 $2^x+2^{-x}=t$,则 $t\geqslant 2$,所以原问题等价于以下命题.

$f(t)=\dfrac{t+k}{t+1}=1+\dfrac{k-1}{t+1}(t\geqslant 2)$,且 $[2f(t)]_{\min}\geqslant[f(t)]_{\max}$ 恒成立,求实数 k 的取值范围.

易知当 $k=1$ 时,显然成立.

当 $k<1$ 时,$\dfrac{k+2}{3}\leqslant f(t)<1$,由 $2\left(\dfrac{k+2}{3}\right)\geqslant 1$,得 $-\dfrac{1}{2}\leqslant k<1$.

当 $k>1$ 时,$1<f(t)\leqslant\dfrac{k+2}{3}$,由 $2\times 1\geqslant\dfrac{k+2}{3}$ 得 $1<k\leqslant 4$.

综上所述,实数 k 的取值范围为 $\left[-\dfrac{1}{2},4\right]$.

例 8.18 已知椭圆 $C_1:\dfrac{x^2}{2}+y^2=1$ 和圆 $C_2:x^2+y^2=1$,如图 8.7 所示,椭圆的上、下顶点分别为 B_1、B,点 M 和 N 分别是椭圆 C_1 和圆 C_2 上位于 y 轴右侧的动点,且直线 BN 的斜率是直线 BM 斜率的 2 倍,证明:直线 MN 恒过定点.

图 8.7

分析 我们可以猜想直线 MN 可能恒过椭圆的上顶点.事实上,如果 MN 过椭圆的上顶点 B_1,由椭圆的性质得 $k_{MB}\cdot k_{MB_1}=-\dfrac{b^2}{a^2}=-\dfrac{1}{2}$,由圆的性质得 $k_{NB}\cdot k_{NB_1}=-1$,而 M、N、B_1 共线,则 $k_{MB_1}=k_{NB_1}=k_{MN}$.设直线 BM 的斜率为 k,则直线 BN 的斜率为 $2k$,所以直线 MN 的斜率为 $-\dfrac{1}{2k}$.其中椭圆的性质"$k_{MB}\cdot k_{MB_1}=-\dfrac{b^2}{a^2}$"就是本题的"题眼".

证明 设直线 BM 的斜率为 k,则直线 BN 的斜率为 $2k$,又两直线都过点 $B(0,-1)$,则直线 BM 的方程为 $y=kx-1$,直线 BN 的方程为 $y=2kx-1$.

由 $\begin{cases}y=kx-1\\x^2+2y^2=2\end{cases}$,解得 $x_M=\dfrac{4k}{2k^2+1}$,$y_M=\dfrac{2k^2-1}{2k^2+1}$,即 $M\left(\dfrac{4k}{2k^2+1},\dfrac{2k^2-1}{2k^2+1}\right)$.

由 $\begin{cases}y=2kx-1\\x^2+y^2=1\end{cases}$,解得 $x_N=\dfrac{4k}{4k^2+1}$,$y_N=\dfrac{4k^2-1}{4k^2+1}$,即 $N\left(\dfrac{4k}{4k^2+1},\dfrac{4k^2-1}{4k^2+1}\right)$.

于是，求得直线 MN 的斜率为 $k_{MN}=-\dfrac{1}{2k}$，所以直线 MN 的方程为 $y-\dfrac{2k^2-1}{2k^2+1}=-\dfrac{1}{2k}\left(x-\dfrac{4k}{2k^2+1}\right)$，整理得 $y=-\dfrac{1}{2k}x+1$，所以直线 MN 恒过定点 $(0,1)$.

孤立地审视已知条件往往"山重水复疑无路"，但将几个已知条件联系起来审视，就可能"柳暗花明又一村"．本题正是利用条件中斜率之间的关系，追溯到"题眼"：$k_{MB}\cdot k_{MB_1}=-\dfrac{b^2}{a^2}$．

高中数学中常见、常用的"题眼"如下．
(1) 含参初等函数注意研究不变性(不受参数影响的性质)．
(2) 求参数的取值范围，应该建立含有参数的等式或是不等式．
(3) 恒成立问题或是它的反面，可以转化为最值问题．
(4) 圆锥曲线的题目优先选用定义解题．直线与圆锥曲线相交问题，若与弦的中点有关，选择设而不求点差法；与弦的中点无关，选择韦达定理公式法．
(5) 三角函数求周期、单调区间或是最值，优先考虑化为同角弦函数，然后使用辅助角公式解答．
(6) 立体几何与球有关的题目可以考虑连结"心心距"，创造直角三角形解题．
(7) 有关概率的解答题，如果有分布列，则概率和为 1 是检验解题正确与否的重要工具．
(8) 使用换元法必须注意新元的取值范围，有勾股定理型的已知条件，可使用三角换元来完成．
(9) 关于中心对称问题，只需使用中点坐标公式即可；关于轴对称问题，需要注意两个关系的运用：一是垂直，二是中点在对称轴上．

第三节 变 换 主 元

对于多变量问题，通常会有一些变量处于题柱角色，它们是解决矛盾的主要方面，称为主元；其他的元素则处于问题解决的次要和服从地位，称为次元．在一些问题所给条件或结论中，往往掩盖主元与次元之间的关系，把相关变量搅在一起，无形中增加了解题难度．如果解题中能迅速准确地确定并突出主要元素，就可使解题目标指向更清晰，更有利于抓住问题的要害，将复杂问题简单化．

一、在若干变元中挑选主元

在众多变元中，选择其中一个变元为主元，视其他变元为辅助参量，突出主要矛盾，淡化次要矛盾，促成问题转化．

例 8.19 已知 $x、y、z\in\mathbf{R}$ 且 $x+y+z=\pi$，$x^2+y^2+z^2=\dfrac{\pi^2}{2}$．求证：$0\leqslant x、y、z\leqslant\dfrac{2\pi}{3}$．

分析 已知条件中有 3 个变量，却只有 2 个等式，似乎无从下手．考虑到本题是一个多变量问题，可先减少变量的个数，将 $z=\pi-(x+y)$ 代入 $x^2+y^2+z^2=\dfrac{\pi^2}{2}$，可得 x^2+y^2+

$(\pi-x-y)^2=\dfrac{\pi^2}{2}$,选择变量 x 为主元,视 y 为参数,则上式可看成关于 x 的一元二次方程,即

$$2x^2-2(\pi-y)x+2y^2-2\pi y+\dfrac{\pi^2}{2}=0. \quad ①$$

上述方程①有实根,则有

$$\Delta=4(\pi-y)^2-8\left(2y^2-2\pi y+\dfrac{\pi^2}{2}\right)=8\pi y-12y^2\geqslant 0,$$

所以 $y\left(\dfrac{2\pi}{3}-y\right)\geqslant 0,0\leqslant y\leqslant\dfrac{2\pi}{3}$,同理可证得 $0\leqslant x\leqslant\dfrac{2\pi}{3},0\leqslant z\leqslant\dfrac{2\pi}{3}$.

处理多个变元问题有时会在不同阶段确立不同的主元,视其他变元为参数,从而突破参数之间的互相制约,化多元问题为一元问题.

例 8.20 对任意 x、y、$z\in\mathbf{R}$,$ax+by+cz+d=r$(r 为常数)恒成立的充要条件是什么?

分析 易知当 $x\in\mathbf{R}$ 时,$Ax+B=0$ 成立的充要条件是 $A=0$ 且 $B=0$,由此类比,可用主元法采取轮流做主、各个击破的策略求解.不妨先以 x 为主元,整理得

$$ax+(by+cz+d-r)=0. \quad ①$$

当 $x\in\mathbf{R}$ 时式①恒成立的充要条件是 $a=0$,且

$$by+cz+d-r=0. \quad ②$$

对于式②,再以 y 为主元,整理式②得 $by+(cz+d-r)=0(y\in\mathbf{R})$,同理可得 $b=0$ 且

$$cz+d-r=0. \quad ③$$

对于式③,又以 z 为主元整理式③得 $cz+(d-r)=0$(r 为常数).
同样可得 $c=0$ 且 $d-r=0$.

综上所述,可得 $ax+by+cz+d=r$(r 为常数)对任意 x、y、$z\in\mathbf{R}$ 恒成立的充要条件是 $a=b=c=0$ 且 $d=r$.

二、反客为主调换主元与辅元的位置

在处理含有参数与主变量的有关问题时,突破思维定式,选取辅助参变量为主元,而视原来的"主元"为参量,反客为主,化难为易,化繁为简.

例 8.21 设方程 $x^2+ax+b-2=0$(a、$b\in\mathbf{R}$)在 $(-\infty,-2]\cup[2,+\infty)$ 上有实根,求 a^2+b^2 的取值范围[①].

分析 本题若直接由条件出发,利用实根分布条件求出 a,b 的取值范围,即在 aOb 坐标平面内表示的区域,再视 a^2+b^2 为区域内点与原点距离的平方,以此数形结合的方法,也可获解,但过程很繁琐,故我们反客为主,视方程 $x^2+ax+b-2=0$(a、$b\in\mathbf{R}$)为 aOb 坐标平面上的一条直线 $l:xa+b+x^2-2=0$,$P(a,b)$ 为直线上的点,则 a^2+b^2 即为 $|PO|^2$.设 d

---

① 段志贵,黄云鹤,陈兴鹏.一道数学模考题的错解分析与反思[J].中学生数学,2021(7):37-39.

为点 O 到直线 l 的距离,由几何条件可知:

$$|PO|^2 \geqslant d^2 = \left(\frac{|x^2-2|}{\sqrt{x^2+1}}\right)^2 = \frac{(x^2+1-3)^2}{x^2+1} = (x^2+1) + \frac{9}{x^2+1} - 6.$$

因为 $x \in (-\infty, -2] \cup [2, +\infty)$,令 $t = x^2+1$,所以 $t \in [5, +\infty)$.

且易知函数 $t + \dfrac{9}{t}$ 在 $[5, +\infty)$ 上为增函数,所以,

$$|PO|^2 \geqslant (x^2+1) + \frac{9}{x^2+1} - 6 = t + \frac{9}{t} - 6 \geqslant 5 + \frac{9}{5} - 6 = \frac{4}{5},$$

等号成立的条件是 $\begin{cases} |PO| = d, \\ x^2+1 = 5, \end{cases}$ 即 $x = \pm 2$.

当 $\begin{cases} x = 2 \\ PO \perp l \end{cases}$ 时,$\begin{cases} 2a+b+2 = 0, \\ b = \dfrac{a}{2}, \end{cases} \Rightarrow \begin{cases} a = -\dfrac{4}{5}, \\ b = -\dfrac{2}{5}. \end{cases}$

当 $\begin{cases} x = -2 \\ PO \perp l \end{cases}$ 时,$\begin{cases} -2a+b-2 = 0, \\ b = -\dfrac{a}{2}, \end{cases} \Rightarrow \begin{cases} a = \dfrac{4}{5}, \\ b = -\dfrac{2}{5}. \end{cases}$

所以,当 $x = 2, a = -\dfrac{4}{5}, b = -\dfrac{2}{5}$ 或 $x = -2, a = \dfrac{4}{5}, b = -\dfrac{2}{5}$ 时,$(a^2+b^2)_{\min} = \dfrac{4}{5}$.

同样是数形结合,但显然变换主元后的数形结合更简捷,所以在一个含有多个变量的问题中,"主"和"客"是相对而言的,"客随主便"理所当然,但"喧宾夺主"也未尝不可.

第四节 有效增设

增设性的构作是解题中的一种创造性劳动.最常见的有平面几何、立体几何中的辅助线的添作和数式问题中辅助参数的设立等,但不限于此.许多有效的增设性构作给问题的求解带来柳暗花明和变繁为易的生机.

一、增设参数,铺设解题通道

有些问题,初看上去似乎缺少条件,一时难以切入,或是已知条件较多,无从下手,这时,我们可以通过增加一些辅助参数来拓宽思路寻求解题良策.辅助参数从更广泛的意义上说,包括增设的未知数,也包括一些辅助图形.所谓的"设而不求"未知数,就是一种特别的辅助参数.所有这些辅助参数的加入,为解题增添了活力,使得问题中各变量之间的关系,特别是未知量与已知量之间的关系进一步明朗化,为最终解决问题奠定基础.

例 8.22 求方程 $x^3 - y^3 = xy + 61$ 的自然数解 x、y.

分析 由方程结构知,$x > y$,又由 $x^3 - y^3 = (x-y)xy + (x-y)(x^2+y^2)$ 知,x 不能比 y 大太多,考虑用线性代换 $x = y + d$ 降低方程次数.代入原方程并整理得 $(3d-1)y^2 +$

$(3d^2-d)y+d^3=61.$

由 $x>y$ 得 $d\geqslant 1$,从而 $3d-1>0$.又因为 $y>0$,所以,$d^3<61$,$d\leqslant 3$.因此,d 只有三个可能的取值,即 $d=1,2,3$.

不难验证,只有当 $d=1$ 时,y 才有自然数解,此时 $y=5$,$x=y+d=6$.因此,原方程的自然数解为 $x=6$,$y=5$.

例 8.23 设 x、y 均不为零,且 $x\sin\theta-y\cos\theta=\sqrt{x^2+y^2}$,$\dfrac{\sin^2\theta}{a^2}+\dfrac{\cos^2\theta}{b^2}=\dfrac{1}{x^2+y^2}$.求证:$\dfrac{x^2}{a^2}+\dfrac{y^2}{b^2}=1$.

分析 本题实质上就是要从已知条件中消去参数 θ.这类命题变化较大,解题方法具有较大的灵活性.如果用平方消去法和比较消去法推证,解题过程就较为曲折.注意到已知条件中的前一个等式在结构上的特征,引入辅助角 $\varphi=\arctan\dfrac{y}{x}$,则容易把条件和结论联系起来.

事实上,由已知条件易得 $\dfrac{x}{\sqrt{x^2+y^2}}\sin\theta-\dfrac{y}{\sqrt{x^2+y^2}}\cos\theta=1$.

令 $\varphi=\arctan\dfrac{y}{x}$,则 $\sin(\theta-\varphi)=1$.所以,$\theta=\varphi+\dfrac{\pi}{2}+2k\pi$ $(k\in\mathbf{Z})$.

于是,$\sin^2\theta=\sin^2\left(\varphi+\dfrac{\pi}{2}+2k\pi\right)=\cos^2\varphi=\dfrac{x^2}{x^2+y^2}$,

$\cos^2\theta=\cos^2\left(\varphi+\dfrac{\pi}{2}+2k\pi\right)=\sin^2\varphi=\dfrac{y^2}{x^2+y^2}.$

由 $\dfrac{\sin^2\theta}{a^2}+\dfrac{\cos^2\theta}{b^2}=x^2+y^2$ 可得 $\dfrac{x^2}{a^2}+\dfrac{y^2}{b^2}=1$.

例 8.24 已知 x、$y>0$,求 $\dfrac{4x}{4x+y}+\dfrac{y}{x+y}$ 的最大值.

分析 考虑到分母比较复杂,分子简单,故对分母进行双换元,再利用基本不等式求最值即可.设 $4x+y=t>0$,$x+y=s>0$,得 $x=\dfrac{t-s}{3}$,$y=\dfrac{4s-t}{3}$.于是

$$\dfrac{4x}{4x+y}+\dfrac{y}{x+y}=\dfrac{\frac{4}{3}(t-s)}{t}+\dfrac{\frac{4s-t}{3}}{s}=\dfrac{8}{3}-\left(\dfrac{4s}{3t}+\dfrac{t}{3s}\right)\leqslant\dfrac{8}{3}-2\sqrt{\dfrac{4}{3}\cdot\dfrac{1}{3}}=\dfrac{4}{3}.$$

当且仅当 $\dfrac{4s}{3t}=\dfrac{t}{3s}$,即 $y=2x$ 时等号成立.

这类问题的求解策略很多,如变为齐次式,通分后利用基本不等式,等等.但是从上面的解答可以看出,进行双换元后化简,变为关于 s、t 的式子,再利用基本不等式求解,显得顺理成章,减少了运算量.

二、增设条件,扩充解题资源

许多有待证明的问题都可利用增设的条件,扩充可供利用的资源和解题的视野,使求证显得更为轻松、方便.

例 8.25 已知 $x+y+z=0$，求证：$6(x^3+y^3+z^3)^2 \leqslant (x^2+y^2+z^2)^3$.

分析 由已知得 $z=-(x+y)$，因此 $x^3+y^3+z^3=x^3+y^3-(x+y)^3=3xyz$，$6(x^3+y^3+z^3)^2=54x^2y^2z^2$.但要证 $54x^2y^2z^2 \leqslant (x^2+y^2+z^2)^3$ 仍不易，注意到 x、y、z 的全对称及 $x+y+z=0$，为不失一般性可增设 $x \geqslant 0, y \leqslant 0$ 再证之.

增设"$x \geqslant 0, y \leqslant 0$"后并没有改变题意，相反能够帮助我们更好地分析题意，赢得证明的空间.事实上，当 $x \geqslant 0, y \leqslant 0$ 时，有 $|xy|=-xy$，

$$54x^2y^2z^2 = 216 \cdot \frac{|xy|}{2} \cdot \frac{|xy|}{2} \cdot z^2 \leqslant 216 \cdot \left(\frac{\frac{|xy|}{2}+\frac{|xy|}{2}+z^2}{3}\right)^3$$
$$= 8\left(|xy|+z^2\right)^3 = \left(2|xy|+2z^2\right)^3 = [z^2+2|xy|+(-x-y)^2]^3$$
$$= (x^2+y^2+z^2)^3.$$

从而原命题获证.

我们知道，用分析法证代数或几何题在找到思路后，其推理顺序需逆向写一遍.若增设与原结论相反的对立面的结论，则不但增加了已知条件，而且经改换成反证法，把原先倒置的逻辑顺序也调整好了.这就是说，一般能用分析法求证的不等式之类的问题（前提是对立面的结论较简单），都可以通过增设相反的结论，转而用反证法证之.

例 8.26 已知 x_1、x_2 均为正数.求证：

$$\frac{\sqrt{1+x_1^2}+\sqrt{1+x_2^2}}{2} \geqslant \sqrt{1+\left(\frac{x_1+x_2}{2}\right)^2}.$$

分析 可用反证法进行证明.首先假设结论不真，即

$$\frac{\sqrt{1+x_1^2}+\sqrt{1+x_2^2}}{2} < \sqrt{1+\left(\frac{x_1+x_2}{2}\right)^2}.$$

因不等号两端均为正数，两边平方，展开得

$$\sqrt{(1+x_1^2)(1+x_2^2)} < 1+x_1x_2,$$

再平方，展开得

$$x_1^2+x_2^2 < 2x_1x_2,$$

即

$$(x_1-x_2)^2 < 0.$$

显然矛盾，因此原不等式获证.

三、增设结论，降低解题难度

通常情况下，增设结论会提高解题的难度，但正如"以屈求伸"和"以退为进"的道理一样，有时恰当地增设结论反而会创造解题的转机.

例 8.27 设 $0<a<1$，定义 $a_1=1+a, a_{n+1}=\frac{1}{a_n}+a(n \geqslant 1)$，证明对一切非零自然数 n，有 $a_n>1$.

分析 命题带有自然数特征,启发我们用数学归纳法证之.其中第二步从设 $a_k>1$ 到证 $a_{k+1}=\dfrac{1}{a_k}+a>1$,须证 $a_k<\dfrac{1}{1-a}$,但这是条件或结论所没有的.故需增设结论:"证明对一切自然数,有 $1<a_n<\dfrac{1}{1-a}$."

证明 当 $n=1$ 时,显然有 $a_1=1+a>1$ 及 $a_1=\dfrac{1-a^2}{1-a}<\dfrac{1}{1-a}$.

所以,当 $n=1$ 时,命题成立.

假设 $n=k$ 时,有 $1<a_k<\dfrac{1}{1-a}$,则当 $n=k+1$ 时,由递推关系,有

$$a_{k+1}=\frac{1}{a_k}+a>\frac{1}{\dfrac{1}{1-a}}+a=1-a+a=1,$$

及

$$a_{k+1}=\frac{1}{a_k}+a<1+a=\frac{1-a^2}{1-a}<\frac{1}{1-a},$$

即知 $n=k+1$ 时,命题也成立.

所以,对一切非零自然数 n,都有 $1<a_n<\dfrac{1}{1-a}$,当然有 $a_n>1$,命题得证.

四、增设阶梯,减缓解题坡度

对有一定难度的数学题,有时可增设阶梯,即插入中间过渡的系列小题来简化求解过程.

例 8.28 已知数列 $\{a_n\}$、$\{b_n\}$ 满足 $a_1=\alpha, b_1=\beta(\alpha>0,\beta>0), \alpha+\beta=1$,且 $a_n=\dfrac{a_{n-1}b_{n-1}}{1-a_{n-1}^2}, b_n=\dfrac{a_{n-1}b_{n-1}+b_{n-1}^2}{1-a_{n-1}^2}$.求 $S_n=a_1^2b_2+a_2^2b_3+a_3^2b_4+\cdots+a_n^2b_{n+1}$.

分析 要求 S_n,须先知 $\{a_n\}$、$\{b_n\}$ 的通项,为此可以先求 $\left\{\dfrac{b_n}{a_n}\right\}$ 的通项,以此作为解题的阶梯.

注意到 $\dfrac{b_n}{a_n}=\dfrac{a_{n-1}b_{n-1}+b_{n-1}^2}{a_{n-1}b_{n-1}}=1+\dfrac{b_{n-1}}{a_{n-1}}$,即 $\dfrac{b_n}{a_n}-\dfrac{b_{n-1}}{a_{n-1}}=1$,也即 $\left\{\dfrac{b_n}{a_n}\right\}$ 是首项为 $\dfrac{\beta}{\alpha}$,公差为 1 的等差数列,所以,

$$\frac{b_n}{a_n}=\frac{\beta}{\alpha}+(n-1)=\frac{1-\alpha}{\alpha}+(n-1)=\frac{1}{\alpha}+(n-2). \qquad ①$$

如果能再找到一个 a_n 与 b_n 的关系式,就可和式①联立,求出两通项,这是进一步设立阶梯小题的目标.事实上,观察 $a_1+b_1=\alpha+\beta=1$,又

$$a_2+b_2=\frac{a_1b_1}{1-a_1^2}+\frac{a_1b_1+b_1^2}{1-a_1^2}=\frac{2\alpha\beta+\beta^2}{1-\alpha^2}=\frac{\beta(2\alpha+\beta)}{1-\alpha^2}=\frac{\beta(1+\alpha)}{(1-\alpha)(1+\alpha)}=1,$$

于是可以猜想
$$a_n + b_n = 1. \qquad ②$$

这一结论可以通过数学归纳法加以验证.增设了上述两个层次的阶梯小题,我们已逐渐接近求解的目标,原命题的最终求解也不再是难事了.

联立式①②,解得 $a_n = \dfrac{\alpha}{(n-1)\alpha+1}$, $b_n = \dfrac{(n-2)\alpha+1}{(n-1)\alpha+1}$.于是有

$$\begin{aligned}
S_n &= a_1^2 b_2 + a_2^2 b_3 + a_3^2 b_4 + \cdots + a_n^2 b_{n+1} \\
&= \alpha^2 \cdot \frac{1}{\alpha+1} + \left(\frac{\alpha}{\alpha+1}\right)^2 \frac{\alpha+1}{\alpha+2} + \left(\frac{\alpha}{\alpha+2}\right)^2 \frac{\alpha+2}{\alpha+3} + \cdots + \left[\frac{\alpha}{(n-1)\alpha+1}\right]^2 \frac{(n-1)\alpha+1}{n\alpha+1} \\
&= \alpha^2 \left\{ \frac{1}{\alpha+1} + \frac{1}{(\alpha+1)(\alpha+2)} + \frac{1}{(\alpha+2)(\alpha+3)} + \cdots + \frac{1}{[(n-1)\alpha+1](n\alpha+1)} \right\} \\
&= \alpha^2 \left(\frac{1}{\alpha+1} + \frac{1}{\alpha+1} - \frac{1}{n\alpha+1} \right) \\
&= \frac{2\alpha^2}{\alpha+1} - \frac{\alpha^2}{n\alpha+1}.
\end{aligned}$$

如果用化归的观点来看待求解问题的变形和转化,常常会获得比原先更简单的命题,而它的解决又成为解决原先问题的关键.因此增设一些相对简单的题作为阶梯小题,先行解决,则原题的解决也就显得思路清晰、简单易行了.

第五节 正难则反

许多数学问题的解决可以从条件出发,进行正面、顺向的思考而获得结论,即用综合法解决问题.这种思考在思维方向上具有定向性、聚合性.强化这种思维定式,在数学解题中有着方向性的指导作用.然而,综合法由题设条件出发可用的定理很多,推出的结论往往也很多,要从众多的结论中找到我们需要的结论,有时是很困难的.千古传诵的"草船借箭"与"司马光砸缸"的历史故事都充分说明了逆向思维的巨大威力,正难则有可能反易,数学问题的解决也是这样,"第五公设"的试证与罗巴切夫斯基几何的诞生就是最辉煌且最悲壮的例证.

正难则反是解题学中一个重要的思维方式,本质上来说,就是当从问题的正面思考遇到阻力难以下手时,可以通过逆向思维,从问题的结论出发,从问题的反面入手,逆向溯源或求解以达到解决问题的目的.

一、逆推分析法

逆推分析法是求解证明问题的重要思想方法,它是从问题的结论入手进行推理尝试.当一个数学问题设定的条件和结论之间的联系不是十分明显,无法找到解题突破口时,便可以尝试使用逆推分析法.其思路是不断地探究要证结论成立的充分条件或者充要条件,直到探求出一个可以直接证明的条件为止.

例 8.29 某圆形池塘中央,有一块浮萍,若这块浮萍的面积以每天增加一倍的速度向外蔓延,且 10 天刚好长满池塘.问第几天长满池塘的一半?

分析 这道题,若用常规方法,从已知出发求结果,则较为复杂.但如果从结果考虑,10 天刚好长满池塘,那么前一天长满池塘的多少呢?结果自然就清楚了:第 9 天刚好长满池塘的一半.

例 8.30 证明:如果 $|x|<1$,$|y|<1$,则 $\left|\dfrac{x-y}{1-xy}\right|<1$.

分析 要从条件推导出相应结论,很难找到问题的切入点,不妨从结论出发,对其进行等价变形,逆推到便于利用已知条件得出结论的形式.

事实上,$\left|\dfrac{x-y}{1-xy}\right|<1 \Leftrightarrow \left(\dfrac{x-y}{1-xy}\right)^2<1$

$\Leftrightarrow (x-y)^2<(1-xy)^2$ 且 $xy\neq 1$

$\Leftrightarrow 1-x^2-y^2+x^2y^2>0$ 且 $xy\neq 1$

$\Leftrightarrow (1-x^2)(1-y^2)>0$ 且 $xy\neq 1$.

由已知条件 $|x|<1$,$|y|<1$,上式显然成立,从而原不等式得证.

例 8.31 设 a、b、$c\in \mathbf{R}_+$,证明:$\dfrac{a}{1+a+ab}+\dfrac{b}{1+b+bc}+\dfrac{c}{1+c+ca}\leqslant 1$.

分析 这是一个与分式有关的不等式,直接将分式左边变形进行证明,较为复杂,不妨对分式进行等价变形,找出不等式成立的条件.

要使得原不等式成立,只需有

$$\dfrac{b}{1+b+bc}+\dfrac{c}{1+c+ca}\leqslant \dfrac{1+ab}{1+a+ab}.$$

只需证明

$$\dfrac{b+c+2bc+abc+bc^2}{(1+b+bc)(1+c+ca)}\leqslant \dfrac{1+ab}{1+a+ab}.$$

通过去分母变形可得,只需证明

$$(b+c+2bc+abc+bc^2)(1+a+ab)\leqslant (1+b+bc)(1+c+ca)(1+ab).$$

去括号化简,只需证明 $2abc\leqslant 1+a^2b^2c^2$,即证 $(abc-1)^2\geqslant 0$.

此式恒成立,所以原不等式得证.

例 8.32 求证:对 x、$y\in \mathbf{R}$,总有 $x^2+xy+y^2\geqslant 3(x+y-1)$.

分析 要证明的不等式直接从右边部分变形很难找到与左边部分的联系,可以通过对上述不等式进行逆推分析来解决:

$x^2+xy+y^2\geqslant 3(x+y-1)\Leftrightarrow x^2+(y-3)x+y^2-3y+3\geqslant 0$.

上式可以看成一个关于 x 的一元二次不等式.

上式成立 $\Leftrightarrow \Delta=(y-3)^2-4(y^2-3y+3)=-3y^2+6y-3=-(y-1)^2\leqslant 0$,

显然,逆推出来的 $-(y-1)^2\leqslant 0$ 恒成立,所以恒有 $x^2+xy+y^2\geqslant 3(x+y-1)$.

二、反证法

牛顿曾经说过"反证法是数学家最重要的武器之一",这句话充分肯定了反证法在数学中的重要性.反证法与其他证明方法有较大的区别.反证法的逻辑依据就是,一个命题的结论与它结论的反面有且只有一个是成立的,或者说原命题与命题的否定之间有且只有一个是真的,所以有些时候我们不能直接证明一个命题的真假,可以假设它结论的反面是成立的,并且以此为一个新的条件,结合其他已知条件,通过正确的逻辑推理,得出与公理、客观事实或已知条件相矛盾的结论,如此就可以说明假设是不成立的,则原命题的结论一定是成立的.

根据命题结论反面的不同情形,反证法大致可以分为两种类型:归谬法和穷举法.当结论的反面只有一种情形时,我们只需否定这一种情形就能证明原命题,这种反证法称为归谬法;当结论的反面有多种情形时,我们必须将每一种情形都否定才能证明原命题,这种反证法称为穷举法.

反证法的基本步骤,主要分为以下三步.

第一步:反设.假设原命题是假命题,即假设命题结论的反面成立.表 8.1 列出了几种常见的命题反设方法.

表 8.1

原 结 论	反 设	原 结 论	反 设
至少有一个	一个也没有	至多有一个	最少有两个
至少有 n 个	最多有 $n-1$ 个	最多有 n 个	至少有 $n+1$ 个
p 或 q	非 p 且非 q	p 且 q	非 p 或非 q
对任意的 p 不成立	存在某个 p 成立	对所有的 p 都成立	存在某个 p 不成立

第二步:得出矛盾.以假设的结论为条件进行推理,得出矛盾.这里的矛盾可以多种多样,既可以与题目的条件矛盾,也可以与公理相矛盾,还可以与客观事实相矛盾.得出矛盾的推理过程是反证法的核心部分.

第三步:下结论.对于"若 p 则 q"型的问题,理论上都是可以用反证法来解决的,但根据具体问题,难易程度会不一样,并不是所有的题都适合反证法,要根据题型的特点采用合适的方法.

例 8.33 证明:在平面中通过点 $(\sqrt{3},2)$ 的所有直线中,至少通过两个有理点的直线有且只有一条[有理点指的是横坐标和纵坐标都是有理数的点,如 $(2,3)$].

分析 此题若直接证明存在性很容易说清楚,但是唯一性的证明却很困难.唯一性的证明常用的方法有反证法和同一法.

很显然直线 $y=2$ 符合题意,故存在一条直线满足条件.

下面用反证法证明只有这一条直线满足条件.假设存在另外一条直线 $y=kx+b$(显然 k 存在且 $k\neq 0$)经过有理点 $A(x_1,y_1)$、$B(x_2,y_2)$.因为直线经过点 $(\sqrt{3},2)$,所以有 $b=2-\sqrt{3}k$.因为点 A 与点 B 在直线上,于是有 $y_1=kx_1-\sqrt{3}k+2$,$y_2=kx_2-\sqrt{3}k+2$.两式相减,可得 $k=\dfrac{y_1-y_2}{x_1-x_2}$,又 x_1、y_1、x_2、y_2 均为有理数,由此可知 k 也为有理数.

而由 $y_1 = kx_1 - \sqrt{3}k + 2$，可得 $\sqrt{3} = \dfrac{kx_1 + 2 - y_1}{k}$，等式左边为无理数，右边为有理数故矛盾，所以符合题意的直线只有一条 $y = 2$。

这道题的唯一性还可以用同一法证明：假设除直线 $y = 2$ 之外还存在一条满足题意的直线 $y = kx + b$，并且经过有理点 $A(x_1, y_1)$、$B(x_2, y_2)$，有 $b = 2 - \sqrt{3}k$，直线可化为 $y = kx - \sqrt{3}k + 2 = k(x - \sqrt{3}) + 2$。因为直线经过有理点 $A(x_1, y_1)$ 和 $B(x_2, y_2)$，所以 $k = \dfrac{y_1 - y_2}{x_1 - x_2}$，$k$ 为有理数。又 $y_1 = k(x_1 - \sqrt{3}) + 2$，$y_2 = k(x_2 - \sqrt{3}) + 2$ 且 x_1、y_1、x_2、y_2 均为有理数，所以 $k = 0$，直线为 $y = 2$，即只存在唯一一条符合题意的直线。

同一法也体现了正难则反思想，它主要用于包含唯一性的命题的证明。它跟反证法的逻辑有一点差别，它是假设结论不唯一，即存在另外一个结论也满足题意，再通过逻辑证明这两个结论是同一个，这样也从反面说明了结论的唯一性。

三、构造反例

构造反例是纠正错误的有效方法。在数学学习和研究过程中，要证明一个数学命题是正确的，则必须能够根据命题所给的条件推导出命题的结论，但是如果要证明一个命题是错误的，简单而有效的方法就是举出一个反例。

一般情况下，反例是指用来否定命题的特例。在数学的发展过程中，反例起到了不可忽视的作用。经常会出现这样的现象：某些数学猜想，经过很长一段时间都没有人能够证明它，但是有人转换了一下思考的方向，举出了反例，于是，便直接说明了这个猜想是错误的，从而解决了这个数学问题。

无理数的发现过程便是一个典型的案例，毕达哥拉斯学派认为世界上任意的数都是有理数，都可以表示成整数与整数之比，这个结论影响很大，得到普遍认同。然而，毕达哥拉斯的学生希伯索斯在研究正方形时发现，当正方形的边长为 1 时，它的对角线长度是不可测量的，即此时对角线的长度不是一个有理数。这一反例的发现，彻底推翻了毕达哥拉斯学派关于"数"的理论，表明有理数不能表示数轴上所有的点。这一发现无疑对数学的发展起到了极大的推动作用，让人们对数学的研究从依靠直觉、经验转向严格意义上的推理与证明。

例 8.34 证明对于任意的 θ，曲线 $x^2 + y^2 - 2ax\sin\theta - 2ay\cos\theta = 0$ 都经过定点，并求出定点。

分析 求曲线过定点，可以通过取特殊值先来求出定点，分别取 $\theta = 0, \dfrac{\pi}{2}$，代入曲线方程并联立，得 $\begin{cases} x^2 + y^2 - 2ay = 0, \\ x^2 + y^2 - 2ax = 0. \end{cases}$

解上述方程可得 $\begin{cases} x_1 = 0, \\ y_1 = 0; \end{cases}$ $\begin{cases} x_2 = a, \\ y_2 = a. \end{cases}$

也许此时我们就会得出结论：曲线过定点 $(0, 0)$、(a, a)。然而，再进一步分析题意可知，曲线都经过定点必须是对任意的 θ 都成立，因而上述结论的正确性值得怀疑，我们可以举出这样一个反例。

当 $a=1$ 时,曲线为 $x^2+y^2-2x\sin\theta-2y\cos\theta=0$.将 $(1,1)$ 代入曲线方程的左边可以化为

$$1^2+1^2-2\sin\theta-2\cos\theta=2\left[1-\sqrt{2}\sin\left(\theta+\frac{\pi}{4}\right)\right].$$

由上式可以看出,当且仅当 $\theta=k\pi+[(-1)^k-1]\cdot\frac{\pi}{4}$ 时上式才等于零,所以当 $a\neq 0$ 时曲线不一定过点 (a,a),所以点 (a,a) 不是曲线的定点.

作为一个反例,它提醒我们,对于某些解法如果利用的是必要性,必要时需要验证它的充要性.

例 8.35 判断命题,若 P、Q 是直线 l 同侧的两个不相同的点,则必存在两个不同的圆通过 P、Q,且和直线 l 相切.

分析 P、Q 两点所在的直线与直线 l 存在两种关系,相交或者平行,那么我们就可以分两种情况讨论,若两种情况都成立,则命题是正确的,若在一种情况中可以找到一个反例,则说明命题是错误的.

当 P、Q 所在的直线与直线 l 相交时,命题是正确的(见图 8.8).

当 P、Q 所在的直线与直线 l 平行时,过 P、Q 且与 l 相切的圆只有一个(见图 8.9),即构成反例,故原命题不正确.

图 8.8

图 8.9

四、从反面思考

从问题的反面思考包含多个方面,可以采用补集的方法从问题结论的补集入手,也可以从转换的角度切入,诸如将主元与次元对调,将等式转换成不等式求解等.

例 8.36 已知三个方程 $x^2-mx+4=0$,$x^2-2(m-1)x+16=0$,$x^2+2mx+3m+10=0$ 中至少有一个方程有实根,求实数 m 的取值范围.

分析 若正面求解,三个方程至少有一个方程有实根,将出现七种可能,情况复杂,但其反面则只有一种情况:三个方程都没有实根,问题变得极为简单.此时,有

$$\begin{cases}\Delta_1=m^2-4\times 4=(m-4)(m+4)<0,\\ \Delta_2=4(m-1)^2-4\times 16=4(m-5)(m+3)<0,\\ \Delta_3=4m^2-4(3m+10)=4(m-5)(m+2)<0,\end{cases}$$

即 $\begin{cases}-4<m<4,\\ -3<m<5,\\ -2<m<5,\end{cases}$ 得 $-2<m<4$.

后续再求补集,即可求得三个方程至少有一个方程有实根时,实数 m 的取值范围为 $(-\infty,-2] \cup [4,+\infty)$.

例 8.37 对满足不等式 $|\log_2 p|<2$ 的一切实数 p,求使不等式 $x^2+px+1>3x+p$ 都成立的 x 的取值范围.

分析 由题设知,$-2<\log_2 p<2$,得 $\frac{1}{4}<p<4$.原命题即可转化为已知 $f(x)=x^2+(p-3)x+(1-p)$,在约束条件 $\frac{1}{4}<p<4$ 下,求 $f(x)>0$ 的解集.如果正面求解,可能比较麻烦.此时,如果反客为主,以 p 为主元,则有

$$g(p)=(x-1)p+(x^2-3x+1) \quad \left[p\in\left(\frac{1}{4},4\right)\right].$$

显然 $x\neq 1$,$g(p)$ 是 p 的一次函数,问题即可转化为关于 p 的一次函数在 $\left(\frac{1}{4},4\right)$ 上恒正时对相关系数的讨论,问题就容易多了.

事实上,由 $|\log_2 p|<2$ 得 $\frac{1}{4}<p<4$,显然 $x\neq 1$,由一次函数的单调性得 $g(p)>0$ 的充要条件是 $g\left(\frac{1}{4}\right)\geq 0$ 且 $g(4)\geq 0$,即

$$4x^2-11x+3\geq 0 \text{ 且 } x^2+x-3\geq 0,$$

解之得 $x\geq \frac{11+\sqrt{73}}{8}$ 或 $x\leq \frac{-1-\sqrt{13}}{2}$.

习 题 八

1. 已知 $x\geq 0, y\geq 0$,且 $x+\frac{1}{2}y=1$,求 x^2+y^2 的最值.

2. 已知二次函数 $f(x)=ax^2+bx+c=0(a>0)$,满足关系 $f(2+x)=f(2-x)$,试比较 $f(0.5)$ 与 $f(\pi)$ 的大小.

3. 已知长方体的全面积为 11,其 12 条棱的长度之和为 24,求这个长方体的一条对角线长.

4. 已知复数 z 的模为 2,求 $|z-i|$ 的最大值.

5. 已知点 $A(1,3)$、$B(3,1)$,点 C 在坐标轴上,且 $\angle ACB=90°$,求满足条件的点 C 的个数.

6. 解方程 $(x^2+3x-4)^2+(2x^2-7x+6)^2=(3x^2-4x+2)^2$.

7. 已知点 $P_1(2,3)$、$P_2(-4,5)$ 和 $A(-1,2)$,求过点 A 且与点 P_1、P_2 距离相等的直线方程.

8. 已知 $\sin^4\alpha+\cos^4\alpha=1$,求 $\sin\alpha+\cos\alpha$ 的值.

9. 求函数 $y = \dfrac{\sqrt{x+2}}{x+3}$ 的值域.

10. 已知函数 $f(x) = 2x^2 + mx + n$,求证:$|f(1)|$、$|f(2)|$、$|f(3)|$ 中至少有一个不小于 1.

11. 已知实数 a、b 满足 $a+b=1$,求证:$(a+2)^2 + (b+2)^2 \geqslant \dfrac{25}{2}$.

12. 已知直线 l 经过点 $P(3,1)$,且被两平行直线 $l_1: x+y+1=0$ 和 $l_2: x+y+6=0$ 截得的线段长为 5,求直线 l 的方程.

13. 设方程 $x^2+kx+2=0$ 的两实根为 p、q,若 $\left(\dfrac{p}{q}\right)^2 + \left(\dfrac{q}{p}\right)^2 \leqslant 7$ 成立,求实数 k 的取值范围.

14. 已知三个方程 $x^2+4ax-4a+3=0$,$x^2+(a-1)x+a^2=0$,$x^2+2ax-2a=0$ 中至少一个方程有实数解,求实数 a 的取值范围.

15. 有一个半径是 1 的圆,圆心在 x 轴上运动,抛物线方程是 $y^2=2x$,试问当这个圆运动到什么位置时,圆与抛物线在同一个交点处的两条切线相互垂直.

16. 求证:若 2^p-1 是质数,则 p 是质数.

17. 求证:面积等于 1 的三角形不能被面积小于 2 的平行四边形所覆盖.

18. $\triangle ABC$ 中,$BC=a$,$AC=b$,$AB=c$,c 为最大边,若 $ac\cos A + bc\cos B < 4S$(S 为 $\triangle ABC$ 的面积),求证:$\triangle ABC$ 为锐角三角形.

19. 设 AB 为过抛物线 $y^2=2px(p>0)$ 焦点的弦,试证抛物线上不存在关于直线 AB 对称的两点(不考虑 A、B 的自身对称).

20. 已知 a、b、c、d 均为正实数,且 $a+b+c+d=1$,$p = \sqrt[3]{7a+1} + \sqrt[3]{7b+1} + \sqrt[3]{7c+1} + \sqrt[3]{7d+1}$,求证:$p<6$.

21. 已知函数 $f(x) = \dfrac{1}{(1-x)^n} + \ln(x-1)$,其中 $n \in \mathbf{N}_+$.求证:对任意正整数 n,当 $x \geqslant 2$ 时,有 $f(x) \leqslant x-1$.

22. 已知 $a>b$,两个三角形的三边分别为 a、a、b,b、b、a,并且这两个三角形的最小内角都等于 α,求 α 和 $\dfrac{a}{b}$ 的值.

23. 在正项数列 $\{a_n\}$ 中,令 $S_n = \sum\limits_{i=1}^{n} \dfrac{1}{\sqrt{a_i}+\sqrt{a_{i+1}}}$.若 $S_n = \dfrac{np}{\sqrt{a_1}+\sqrt{a_{n+1}}}$($p$ 为正常数)对正整数 n 恒成立,求证 $\{a_n\}$ 为等差数列.

24. 已知 $n \in \mathbf{N}_+$,求证:$\dfrac{n+1-\sqrt{(n+1)^2+2}}{n-\sqrt{n^2+2}} < 1$.

25. 已知 $m_i \in \mathbf{R}_+ (i=1,2,\cdots,n)$,$p \geqslant 2$,$p \in \mathbf{N}_+$,且 $\dfrac{1}{1+m_1^p} + \dfrac{1}{1+m_2^p} + \cdots + \dfrac{1}{1+m_n^p} = 1$,求证:$m_1 m_2 \cdots m_n \geqslant (n-1)^{\frac{n}{p}}$.

26. 已知函数 $f(x) = e^x - x$(e 为自然对数的底数).

(1) 求 $f(x)$ 的最小值.

(2) 设 $n \in \mathbf{N}_+$, 探究 $\sum_{k=1}^{n} \left(\dfrac{k}{n}\right)^n$ 的整数部分的值, 并证明你的结论.

27. 各项均为正数的数列 $\{a_n\}$, $a_1 = a$, $a_2 = b$, 且对满足 $m+n=p+q$ 的正整数 m、n、p、q 都有 $\dfrac{a_m + a_n}{(1+a_m)(1+a_n)} = \dfrac{a_p + a_q}{(1+a_p)(1+a_q)}$. 证明: 对任意 a, 存在与 a 有关的常数 λ, 使得对于每个正整数 n, 都有 $\dfrac{1}{\lambda} \leqslant a_n \leqslant \lambda$.

28. 如图 8.10 所示, $\triangle ABC$ 中, $|AB| = |AC| = 1$, $\overrightarrow{AB} \cdot \overrightarrow{AC} = \dfrac{1}{2}$, P_1 为 AB 边上的一点, $BP_1 \neq \dfrac{2}{3} AB$, 从 P_1 向 BC 作垂线, 垂足是 Q_1; 从 Q_1 向 CA 作垂线, 垂足是 R_1; 从 R_1 向 AB 作垂线, 垂足是 P_2, 再由 P_2 开始重复上述作法, 依次得 Q_2, R_2, P_3; Q_3, R_3, P_4, ….

图 8.10

(1) 令 BP_n 为 x_n, 寻求 BP_n 与 BP_{n+1} (即 x_n 与 x_{n+1}) 之间的关系.

(2) 点列 P_1, P_2, P_3, P_4, …, P_n 是否一定趋向于某一个定点 P_0? 说明理由.

(3) 若 $|AB| = 1$, $|BP_1| = \dfrac{1}{3}$, 则是否存在正整数 m, 使点 P_0 与 P_m 之间的距离小于 0.001? 若存在, 求 m 的最小值.

简洁是智慧的灵魂,冗长是肤浅的藻饰.

——[英]莎士比亚(1564—1616)

数学中每一步真正的进展都与更有力的工具和更简单的方法的发现紧密联系着.

——[德]希尔伯特(1862—1943)

第九章　反思:解题的延伸

"反思"与"反刍"有相近词义.《现代汉语词典》里"反刍"的语义是:偶蹄类的某些动物把粗粗咀嚼后咽下去的食物再返回到嘴里细细咀嚼,然后再咽下;比喻对过去的事物反复地追忆、回味."反思"通常是指对过去的行为、决策或经历进行深入的思考,目的是从中学习、获得洞见或改进未来的行为.相比之下,反思可以是有意识的、理性的过程,旨在促进个人或组织的成长和发展.

数学解题需要回顾,更需要反思.如果解题只满足于就题论题,止步于答案获取、思路贯通,缺少必要的一题多解、错解分析及思路优化,那么往往会"入宝山而空返",不利于思维灵活性的发展和解题能力的提高.同时,人们对于解决问题的体验往往是有时效性的,如果不及时加以总结,解题过程中涌现的智慧火花或一些特别的感悟就会消退,就会丧失宝贵的提高机会,造成学习上最为可惜的一种浪费.

第一节　解题反思的意义

所谓解题反思,是指在解决问题后,对问题特征、解题思路、解题途径、解题错误、解题过程、问题拓展等方面进行进一步的深入思考.波利亚曾经说过:"如果没有了反思,他们就遗漏了解题中一个重要而且有效的阶段,通过回顾完整的解答,重新斟酌、审查结果及导致结果的途径,他们能够巩固知识,并培养他们的解题能力."这就是说,经常进行解题反思具有十分重要的意义.

首先,保持解题后的经常性反思,可以帮助我们练就缜密的解题思维.

解完一道题后,应进一步思考:题目中所有的条件都用过了吗?用全了吗?(含括号内的条件)题目所要求的问题解决了吗?解题中所引用的知识是否是书中已经证明过的结论?还有没有需要增加说明和剔除的部分等,对于进一步提升解题能力具有非常重要的意义.特别是对错解的反思尤为重要,事实上,我们经常会受到题目中某些信息的主导和干扰,不能够周密地考虑问题,使解题过程偏离方向,造成误解.

例 9.1 已知 $\tan(\alpha-\beta)=\dfrac{1}{2}$，$\tan\beta=-\dfrac{1}{7}$，且 α、$\beta\in(0,\pi)$，求 $2\alpha-\beta$ 的值.

错解
$$\tan 2(\alpha-\beta)=\dfrac{2\tan(\alpha-\beta)}{1-\tan^2(\alpha-\beta)}=\dfrac{2\times\dfrac{1}{2}}{1-\left(\dfrac{1}{2}\right)^2}=\dfrac{4}{3}.$$

$$\tan(2\alpha-\beta)=\tan[2(\alpha-\beta)+\beta]$$
$$=\dfrac{\tan 2(\alpha-\beta)+\tan\beta}{1-\tan 2(\alpha-\beta)\tan\beta}=\dfrac{\dfrac{4}{3}-\dfrac{1}{7}}{1+\dfrac{4}{3}\cdot\dfrac{1}{7}}=1.$$

由 α、$\beta\in(0,\pi)$ 得 $2\alpha-\beta\in(-\pi,2\pi)$，

所以 $2\alpha-\beta=-\dfrac{3\pi}{4}$，$\dfrac{\pi}{4}$，$\dfrac{3\pi}{4}$.

分析 这是一类典型的错误，主要原因是忽视了题目隐含条件的挖掘与使用.事实上，由 $\tan\beta=-\dfrac{1}{7}>-\dfrac{\sqrt{3}}{3}$，知 $\dfrac{5\pi}{6}<\beta<\pi$；由 $\tan\alpha=\tan[(\alpha-\beta)+\beta]=\dfrac{1}{3}<\dfrac{\sqrt{3}}{3}$，知 $0<\alpha<\dfrac{\pi}{6}$，故 $2\alpha-\beta\in\left(-\pi,-\dfrac{\pi}{2}\right)$，故 $2\alpha-\beta=-\dfrac{3\pi}{4}$.

例 9.2 过点 $P(1,-2)$ 作圆 $x^2+y^2=1$ 的切线，求切线方程.

错解 设过点 $P(1,-2)$ 的切线方程为 $y+2=k(x-1)$，则圆心 $(0,0)$ 到切线 $-kx+y+k+2=0$ 的距离等于半径 1，即

$$\dfrac{|k+2|}{\sqrt{k^2+1}}=1,$$

解之得 $k=-\dfrac{3}{4}$，则所求的切线方程为

$$3x+4y+5=0.$$

分析 从结果上来看，圆只有一条切线，但点 P 在圆外，应该有两条切线.究其犯错的原因，是还有一条斜率不存在的直线被忽略了.易知 $x=1$ 为圆的另一条切线方程，这条直线不适合用点斜式方程求解.

此外，解题反思能够帮助我们把单一的问题拓展到一类问题的深入思考，寻找出若干问题的共同解法，做到兼收并蓄，有利于提高学习效率；解题反思可以完善我们的数学学科认知结构，更充分地提升数学综合能力和全面理解能力，拓宽知识面，提高知识的系统性；解题反思还可以促进知识间迁移，有效提高从一个问题的解法联想到其他类型问题解法的能力，提高创造性思维能力.

一般来说，解题反思主要包括一题多解的寻找、解题错误的成因与规避、问题的比较与分析，以及问题的拓展与延伸四个方面.

其次，经常性进行解题反思有助于查找知识盲区，提高解题熟练度.事实上，不能成功解题的原因，有可能是对某个知识点认识有误，或者理解得不够深刻，相关知识的应用还不够

熟练等.

例 9.3 已知 $f(x)$ 是二次函数,不等式 $f(x)<0$ 的解集是 $(0,5)$,且 $f(x)$ 在区间 $[-1,4]$ 上的最大值是 12.

(1) 求 $f(x)$ 的解析式.

(2) 是否存在自然数 m,使得方程 $f(x)+\dfrac{37}{x}=0$ 在区间 $(m,m+1)$ 内有且只有两个不等的实根?若存在,求出 m 的取值范围;若不存在,说明理由.

分析 这是一份高考真题试卷中的倒数第 2 题.

(1)是求二次函数的解析式,因为二次函数与二次方程有着密切的关系,由题设条件可知 $f(x)=0$ 的两个根是 0 和 5,且根据不等式解的情况得到二次函数开口向上,因而可设 $f(x)=ax(x-5)(a>0)$,再根据二次函数对称轴为 $x=\dfrac{5}{2}$,可知 $f(-1)=12$,所以 $a=2$.

(2)是一个探索性问题,需要将方程 $f(x)+\dfrac{37}{x}=0$ 在区间 $(m,m+1)$ 内有且只有两个不等的实根的问题转化为函数 $h(x)=2x^3-10x^2+37$ 的零点的判断,这样就可以借助导数研究函数的单调性及零点所在的区间.计算得到 $h(x)=0$ 在区间 $\left(3,\dfrac{10}{3}\right)$、$\left(\dfrac{10}{3},4\right)$ 内分别有唯一实数根,而在区间 $(0,3)$、$(4,+\infty)$ 内没有实数根,故存在 $m=3$ 满足条件.

该题主要考查函数的单调性、极值等基本知识,考查运用导数研究函数性质的方法,考查函数与方程、数形结合等数学思想方法.在解题后对涉及的知识点、数学思想和方法适当提炼可以构建知识网络,深化理性认识,提高思维水平.

最后,经常反思还能让我们积累比较丰富的解题活动经验.

例 9.4 双曲线 C 与椭圆 $\dfrac{x^2}{8}+\dfrac{y^2}{4}=1$ 有相同的焦点,直线 $y=\sqrt{3}x$ 为 C 的一条渐近线.

(1) 求双曲线 C 的方程.

(2) 过点 $P(0,4)$ 的直线 l,交双曲线 C 于 A、B 两点,交 x 轴于 Q 点(Q 点与 C 的顶点不重合).当 $\overrightarrow{PQ}=\lambda_1\overrightarrow{QA}=\lambda_2\overrightarrow{QB}$,且 $\lambda_1+\lambda_2=-\dfrac{8}{3}$ 时,求 Q 点的坐标.

分析 问题(2)属常见直线与圆锥曲线的位置关系问题,解题方向应该是直线方程与双曲线方程联立,消元转化一元二次方程,利用韦达定理和判别式来解答.

根据该题的条件,解决问题的切入点也有不同,如图 9.1 所示,题设中条件 $\overrightarrow{PQ}=\lambda_1\overrightarrow{QA}=\lambda_2\overrightarrow{QB}$ 的切入方法可以是利用坐标方法,也可以是利用定比分点的有关知识,但二者都揭示了 $P(0,4)$、$Q\left(-\dfrac{4}{k},0\right)$、$A(x_1,y_1)$、$B(x_2,y_2)$ 四点之间的坐标关系:

图 9.1

$$x_1=-\dfrac{4}{k\lambda_1}-\dfrac{4}{k},\ y_1=-\dfrac{4}{\lambda_1}\text{ 及 }x_2=-\dfrac{4}{k\lambda_2}-\dfrac{4}{k},\ y_2=-\dfrac{4}{\lambda_2}.$$

对于条件 $\lambda_1+\lambda_2=-\dfrac{8}{3}$ 的切入方法,可以利用 A、B 两点的坐标适合双曲线方程,得到

$$(16-k^2)\lambda_1^2+32\lambda_1+16-\dfrac{16}{3}k^2=0,$$

$$(16-k^2)\lambda_2^2+32\lambda_2+16-\dfrac{16}{3}k^2=0.$$

利用 λ_1、λ_2 是方程 $(16-k^2)x^2+32x+16-\dfrac{16}{3}k^2=0$ 的两个根,得到 $\lambda_1+\lambda_2=\dfrac{32}{k^2-16}=-\dfrac{8}{3}$,进而求直线的方程,得到 Q 点的坐标.

也可以将 λ_1、λ_2 用 A、B 两点的横坐标表示出来,即 $\lambda_1=-\dfrac{4}{kx_1+4}$,$\lambda_2=-\dfrac{4}{kx_2+4}$,由 $y=kx+4, x^2-\dfrac{y^2}{3}=1$,消去 y,利用韦达定理求出 $k=\pm 2$,因而可得 $Q(\pm 2,0)$.

同样可以将 λ_1、λ_2 用 A、B 两点的纵坐标表示出来,即 $\lambda_1=-\dfrac{4}{y_1}$,$\lambda_2=-\dfrac{4}{y_2}$,由方程组消去 x,求得 k.

根据以上分析,可以确定解题的方向,探索最佳的解题方案.显然,用 A、B 两点的纵坐标表示 λ_1、λ_2 可以简化运算.

通过上述过程回顾与反思,我们可以总结本题或同类问题的具体解法.

(1) 从题目的条件中提取信息,从题目的求解中确定所需的信息.

(2) 从记忆系统储存的数学信息中提取有关的信息,作为解决本题的依据,推动(1)中信息的延伸.

(3) 将前两步获得的信息联系起来,进行加工、组合,主要通过分析和综合,一方面从已知到未知;另一方面从未知到已知寻找正反两个方面的知识衔接点——一个固有的或确定的数量关系.

(4) 整理(3)的思维过程,形成一个从条件到结论的解题方向及解题决策.

第二节 寻找问题的多种解法

许多人在解题时往往满足于做出题目,未能对解题方法进一步思考.事实上,通过对多条途径的反思,我们既可看到知识的内在联系、巧妙转化和灵活运用,又可梳理出一般方法和思路.这对开阔解题视野和培养解题思维的发散性、灵活性、创造性具有十分重要的意义.

一、反思一题多解的探索过程

数学解题中的一题多解,展示了解题者的思考及智慧.第一,通过对各种解法的差异分析,追根溯源,可以引发解题者不断地深入思考,加深对数学知识来龙去脉的认识和把握,并通过各种解法的比较和联系,更为广义地建构数学方法体系;第二,一题多解扮演着促进解题方法深化、广化的角色,是问题变式处理的体现;第三,一题多解也让解题者感受到数学解

题的乐趣,体验攻坚克难后的喜悦,进入创新的境界.

例 9.5[①] 证明:$\cos\dfrac{\pi}{7}-\cos\dfrac{2\pi}{7}+\cos\dfrac{3\pi}{7}=\dfrac{1}{2}$.

分析 由于题目字数较少,因此题意不难明了.直觉告诉我们,可以尝试用和差化积公式把等式左边化简,即利用和差化积公式,对等式左边一、三两项进行恒等变形,整理化简,得

$$\text{左边}=2\cos\dfrac{2\pi}{7}\cdot\cos\dfrac{\pi}{7}-\cos\dfrac{2\pi}{7}=\dfrac{\cos\dfrac{2\pi}{7}\cdot\sin\dfrac{2\pi}{7}}{\sin\dfrac{\pi}{7}}-\cos\dfrac{2\pi}{7}$$

$$=\dfrac{\sin\dfrac{4\pi}{7}-2\sin\dfrac{\pi}{7}\cdot\cos\dfrac{2\pi}{7}}{2\sin\dfrac{\pi}{7}}\xrightarrow{\text{积化和差}}\dfrac{\sin\dfrac{4\pi}{7}-\sin\dfrac{3\pi}{7}+\sin\dfrac{\pi}{7}}{2\sin\dfrac{\pi}{7}}=\dfrac{1}{2}=\text{右边}.$$

直觉延伸:开始阶段把等式左边分子分母同乘以 $\sin\dfrac{\pi}{7}$,也许可行.事实上,

$$\text{左边}=\dfrac{\sin\dfrac{\pi}{7}\cos\dfrac{\pi}{7}-\sin\dfrac{\pi}{7}\cos\dfrac{2\pi}{7}+\sin\dfrac{\pi}{7}\cos\dfrac{3\pi}{7}}{\sin\dfrac{\pi}{7}}$$

$$=\dfrac{\sin\dfrac{2\pi}{7}-\sin\dfrac{3\pi}{7}+\sin\dfrac{\pi}{7}+\sin\dfrac{4\pi}{7}-\sin\dfrac{2\pi}{7}}{2\sin\dfrac{\pi}{7}}=\dfrac{1}{2}.$$

虽然解决了问题,但过程比较复杂,特别是有关计算还是比较繁琐的.是否有更巧妙的方法呢? 三个角之间有关联,这里面有没有突破口呢? 基于数形结合思想,从角的特殊性引发思维,我们可以探索能否构造一个三角形,使其中有 $\dfrac{\pi}{7}$、$\dfrac{2\pi}{7}$、$\dfrac{3\pi}{7}$. 在不断地尝试过程中,我们可能会得到图 9.2.

图 9.2

在图 9.2 中,$OA=OB$,$OC=CD=DB=BA$,不妨将它们设为 1,则 $\cos\dfrac{\pi}{7}=\dfrac{1}{2}OD$,$\cos\dfrac{2\pi}{7}=\dfrac{1}{2}CB$,$\cos\dfrac{3\pi}{7}=\dfrac{1}{2}AD$.

$$\cos\dfrac{\pi}{7}-\cos\dfrac{2\pi}{7}+\cos\dfrac{3\pi}{7}=\dfrac{1}{2}(OD-CB+AD)=\dfrac{1}{2}(OA-CB)=\dfrac{1}{2}OC=\dfrac{1}{2}.$$

进一步延伸我们的直觉,可以思考怎样用向量表示 $\cos\dfrac{\pi}{7}$、$\cos\dfrac{2\pi}{7}$、$\cos\dfrac{3\pi}{7}$. 事实上,这样

---

① 段志贵.直觉起步,构造突破——一道国际数学竞赛题引发的思维跃进[J].福建中学数学,2014(6):47-49.

的思维延伸可能无功而返,不过,我们由向量可能会想到利用复数解题.这里涉及怎样构造复数的问题.

不妨构造复数 $\varepsilon = \cos\dfrac{\pi}{7} + i\sin\dfrac{\pi}{7}$,则

$$\varepsilon^2 = \cos\dfrac{2\pi}{7} + i\sin\dfrac{2\pi}{7}, \varepsilon^3 = \cos\dfrac{3\pi}{7} + i\sin\dfrac{3\pi}{7}, \cdots$$

然而,$\varepsilon - \varepsilon^2 + \varepsilon^3 = \varepsilon(1 - \varepsilon + \varepsilon^2) = \varepsilon\dfrac{(1-\varepsilon+\varepsilon^2)(1+\varepsilon)}{1+\varepsilon} = \dfrac{\varepsilon(1-\varepsilon^3)}{1+\varepsilon}$ 运算量大,找不到规律.可是,在运算过程中,很快发现 ε^5 与 ε^2 的实部互为相反数,由此我们思考能否计算 $\varepsilon + \varepsilon^3 + \varepsilon^5$ 呢? 事实上,

$$\varepsilon + \varepsilon^3 + \varepsilon^5 = \dfrac{\varepsilon(1+\varepsilon^2+\varepsilon^4)(1-\varepsilon^2)}{1-\varepsilon^2} = \dfrac{\varepsilon(1-\varepsilon^6)}{1-\varepsilon^2} = \dfrac{\varepsilon-\varepsilon^7}{1-\varepsilon^2} = \dfrac{1+\varepsilon}{1-\varepsilon^2} = \dfrac{1}{1-\varepsilon},$$

而 $\dfrac{1}{1-\varepsilon} = \dfrac{1}{1-\cos\dfrac{\pi}{7} - i\sin\dfrac{\pi}{7}} = \dfrac{1-\cos\dfrac{\pi}{7} + i\sin\dfrac{\pi}{7}}{2\left(1-\cos\dfrac{\pi}{7}\right)}.$

将其实部与 $\varepsilon + \varepsilon^3 + \varepsilon^5$ 的实部比较,有 $\cos\dfrac{\pi}{7} + \cos\dfrac{3\pi}{7} + \cos\dfrac{5\pi}{7} = \dfrac{1}{2}$,即

$$\cos\dfrac{\pi}{7} - \cos\dfrac{2\pi}{7} + \cos\dfrac{3\pi}{7} = \dfrac{1}{2}.$$

复数解法使用了 $\cos\dfrac{2\pi}{7} = -\cos\dfrac{5\pi}{7}$ 这一关系式,于是我们不难想到:

$$\cos\dfrac{2\pi}{7} = -\cos\dfrac{5\pi}{7}, \cos\dfrac{\pi}{7} = -\cos\dfrac{6\pi}{7}, \cos\dfrac{3\pi}{7} = -\cos\dfrac{4\pi}{7},$$

于是

$$\cos\dfrac{\pi}{7} - \cos\dfrac{2\pi}{7} + \cos\dfrac{3\pi}{7} = -\left(\cos\dfrac{2\pi}{7} + \cos\dfrac{4\pi}{7} + \cos\dfrac{6\pi}{7}\right).$$

既然正负量可以转换或抵消,那么构造向量去求解就有可能了.沿着这一思路,可以在单位圆上取分布均匀的 7 个点,构造 7 个方向不一却"合力平衡"的向量.不妨设为

$$\vec{a}_1 = \left(\cos\dfrac{2\pi}{7}, \sin\dfrac{2\pi}{7}\right), \vec{a}_2 = \left(\cos\dfrac{4\pi}{7}, \sin\dfrac{4\pi}{7}\right), \cdots, \vec{a}_7 = \left(\cos\dfrac{14\pi}{7}, \sin\dfrac{14\pi}{7}\right).$$

显然,有 $\vec{a}_1 + \vec{a}_2 + \cdots + \vec{a}_7 = \vec{0}$,则

$$\cos\dfrac{2\pi}{7} + \cos\dfrac{4\pi}{7} + \cos\dfrac{6\pi}{7} + \cos\dfrac{8\pi}{7} + \cos\dfrac{10\pi}{7} + \cos\dfrac{12\pi}{7} + \cos\dfrac{14\pi}{7} = 0.$$

易得 $\cos\dfrac{\pi}{7} - \cos\dfrac{2\pi}{7} + \cos\dfrac{3\pi}{7} = \dfrac{1}{2}.$

利用向量法,在单位圆上找出均匀分布的 7 个向量,则它们的横坐标之和为 0.由此,不难想到单位圆上有多个与上述性质一样的向量,也应当一样得到类似的结论.事实上,我们构造在单位圆上有 $2n+1$ 个分布均匀、"合力平衡"的向量,一样可以得到以下结论:

$$\cos\frac{2\pi}{2n+1}+\cos\frac{4\pi}{2n+1}+\cdots+\cos\frac{(4n+2)\pi}{2n+1}=0. \qquad ①$$

化简得

$$\cos\frac{\pi}{2n+1}-\cos\frac{2\pi}{2n+1}+\cos\frac{3\pi}{2n+1}+\cdots+(-1)^{n+1}\cos\frac{n\pi}{2n+1}=\frac{1}{2}. \qquad ②$$

对于这一结论,我们同样可以利用上述一题多解的方法进行探索并加以证明.

二、厘清一题多解的不同思路

探索一题多解,对于多角度地串联知识,系统化地使用方法,开阔解题视野,培养解题思维广阔性、发散性、灵活性等都具有十分重要的意义.

例 9.6 在平面直角坐标系中,O 为坐标原点,$A(-1,0)$,$B(0,3)$,$C(3,0)$,动点 D 满足 $|\overrightarrow{CD}|=1$,求 $|\overrightarrow{OA}+\overrightarrow{OB}+\overrightarrow{OD}|$ 的最大值.

分析 本题题意理解起来并不困难.问题涉及平面向量、不等式、三角函数、直线和圆等多个模块知识.如果能够将相关条件进行合理表征,通过适当转换就可以获得问题的多个求解思路.

思路 1 添加参数,利用三角函数求最值.

因为点 $D(x,y)$ 在以 $C(3,0)$ 为圆心、半径为 1 的圆上,不妨把点 D 的坐标用参数表示,即 $x-3=\cos\theta$,$y=\sin\theta$,所以 $D(3+\cos\theta,\sin\theta)$ $(0\leqslant\theta<2\pi)$.于是 $\overrightarrow{OA}+\overrightarrow{OB}+\overrightarrow{OD}=(2+\cos\theta,\sqrt{3}\sin\theta)$,从而 $|\overrightarrow{OA}+\overrightarrow{OB}+\overrightarrow{OD}|^2=(2+\cos\theta)^2+(3+\sin\theta)^2=8+4\cos\theta+2\sqrt{3}\sin\theta=8+2\sqrt{7}\sin(\theta+\varphi)$.

又由 $\sin(\theta+\varphi)\leqslant 1$,可得 $|\overrightarrow{OA}+\overrightarrow{OB}+\overrightarrow{OD}|_{\max}=\sqrt{8+2\sqrt{7}}=\sqrt{7}+1$.

思路 2 巧妙组合,借力三角不等式求最值.

平面向量的不等式 $||\vec{a}|-|\vec{b}||\leqslant|\vec{a}\pm\vec{b}|\leqslant|\vec{a}|+|\vec{b}|$(当 $\vec{a}$ 与 $\vec{b}$ 反向时取得左边等号,同向时取得右边等号)是比较大小的有力工具,而满足不等式中等号成立的条件,则是取得最值的条件.为了求 $|\overrightarrow{OA}+\overrightarrow{OB}+\overrightarrow{OD}|$ 的最大值,将其中 3 个向量组合成两项即可实现.

由题设知,$A(-1,0)$,$B(0,3)$,$C(3,0)$,得 $\overrightarrow{OA}+\overrightarrow{OB}+\overrightarrow{OC}=(2,3)$,故 $|\overrightarrow{OA}+\overrightarrow{OB}+\overrightarrow{OD}|=|\overrightarrow{OA}+\overrightarrow{OB}+\overrightarrow{OC}+\overrightarrow{CD}|\leqslant|\overrightarrow{OA}+\overrightarrow{OB}+\overrightarrow{OC}|+|\overrightarrow{CD}|=\sqrt{7}+1$,当且仅当 $\overrightarrow{OA}+\overrightarrow{OB}+\overrightarrow{OC}$ 与 $\overrightarrow{CD}$ 同向时取等号.故所求最大值是 $\sqrt{7}+1$.

思路 3 数形结合,利用距离公式求最值.

从向量的模长为一个非负数思考问题,圆的半径、轨迹方程,两点之间的距离公式等几何元素或许都会进入视野.本题中,容易分析得到 $\overrightarrow{OA}+\overrightarrow{OB}=\overrightarrow{OP}$,而 $\overrightarrow{OQ}=-\overrightarrow{OP}$,如图 9.3 所示.

不难想到,可以把 $\overrightarrow{OA}+\overrightarrow{OB}+\overrightarrow{OD}$ 进行转换,使 $\overrightarrow{OA}+\overrightarrow{OB}+\overrightarrow{OD}=$

图 9.3

$\vec{OD}-\vec{OQ}=\vec{DQ}$.于是可以把求$|\vec{OA}+\vec{OB}+\vec{OD}|$的最大值转化为圆心$C(3,0)$到点$Q(1,-3)$的距离加上半径,即$|\vec{OA}+\vec{OB}+\vec{OD}|_{\max}=|\vec{CQ}|+r=\sqrt{(3-1)^2+(0+\sqrt{3})^2}+1=\sqrt{7}+1$.

思路4 构造函数,转化为直线与圆相切求最值.

根据思路3可知,$\vec{OA}+\vec{OB}+\vec{OD}=\vec{OD}-\vec{OQ}=\vec{DQ},\vec{OA}+\vec{OB}=\vec{OP},P(-1,\sqrt{3})$,所以$|\vec{OA}+\vec{OB}+\vec{OD}|=\sqrt{(x-1)^2+(y+\sqrt{3})^2}$.

又$\sqrt{(x-3)^2+(y-0)^2}=1$,所以$|\vec{OA}+\vec{OB}+\vec{OD}|=\sqrt{4x+2\sqrt{3}y-4}$.为求得$|\vec{OA}+\vec{OB}+\vec{OD}|$的最大值,即要探究$4x+2\sqrt{3}y$的最大值.

不妨设$z=4x+2\sqrt{3}y$,则$y=-\dfrac{2\sqrt{3}}{3}x+\dfrac{\sqrt{3}}{6}z$.当直线$y=-\dfrac{2\sqrt{3}}{3}x+\dfrac{\sqrt{3}}{6}z$与圆$(x-3)^2+y^2=1$相切时取到最大值,如图9.4所示.

于是$d=\dfrac{\left|2\sqrt{3}-\dfrac{\sqrt{3}}{6}z\right|}{\sqrt{\left(\dfrac{2\sqrt{3}}{3}\right)^2+1}}=1$,解之得$z=12\pm 2\sqrt{7}$(负舍).故$|\vec{OA}+\vec{OB}+\vec{OD}|_{\max}=\sqrt{12+2\sqrt{7}-4}=\sqrt{7}+1$.

图 9.4

思路5 观察构造,巧借柯西不等式求最值.

在上述思路4中,涉及求$z=4x+2\sqrt{3}y$的最值.由于$(x-3)^2+(y-0)^2=1$,则可以通过柯西不等式进行求解.

事实上,$[(x-3)^2+y^2][4^2+(2\sqrt{3})^2]\geqslant [4(x-3)+2\sqrt{3}y]^2$,得$4x+2\sqrt{3}y\leqslant 12+2\sqrt{7}$,等式当且仅当$(x-3)(2\sqrt{3}y)=4y$,即$x=3+\dfrac{2\sqrt{3}}{3}$时成立.所以$|\vec{OA}+\vec{OB}+\vec{OD}|^2\leqslant 8+2\sqrt{7}$,可得解.

三、一题多解解法优劣的评判

数学解题需要一题多解,但也不能一味地追求一题多解,最重要的是从一题多解中反思各种方法的优劣,通过对比、鉴别,筛选出最优化的解法,以利于活学活用相关数学思想,为不断提高解题能力奠定基础.一般来说,好的解法应具备自然、快捷、优美等特征.

1. 从自然与否的角度评判

好的解法应当力求简单自然、通俗易懂,最好能单刀直入,直接剖析问题的核心,不兜圈子、绕弯子,能一招解决就绝不用两招,尽量减少废招.不自然的解法,不仅难看,也很难想到.有些解题看上去很漂亮,构思巧妙、手法奇特,但实质上可能只是少数人苦思冥想拼凑出来的个人"专利",或者是解题者灵感闪现的产物,虽然有一定的创新性,但是难以复制.

例9.7 已知各项都为正数的数列$\{a_n\}$满足$a_{n+2}=2a_{n+1}+3a_n$.若$a_1=\dfrac{1}{2},a_2=\dfrac{3}{2}$,求$\{a_n\}$的通项公式.

分析 本题有多种求解方法,这里列举三种常用解法加以剖析.

解法 1 因为 $a_{n+2}=2a_{n+1}+3a_n$,所以 $a_{n+2}-3a_{n+1}=-(a_{n+1}-3a_n)$.因为 $a_1=\frac{1}{2}$, $a_2=\frac{3}{2}$,所以 $a_2-3a_1=0$,从而 $a_{n+1}-3a_n=0$,即 $a_{n+1}=3a_n$.故 $\{a_n\}$ 是以 $\frac{1}{2}$ 为首项,以 3 为公比的等比数列.因此,$\{a_n\}$ 的通项公式为 $a_n=\frac{3^{n-1}}{2}$.

解法 2 因为数列 $\{a_n\}$ 满足 $a_{n+2}=2a_{n+1}+3a_n$,所以其特征方程为 $x^2=2x+3$,解得 $x_1=-1, x_2=3$,因此 $a_n=A\cdot(-1)^n+B\cdot 3^n$.又因为 $a_1=\frac{1}{2}, a_2=\frac{3}{2}$,所以

$$\begin{cases}-A+3B=\frac{1}{2},\\A+9B=\frac{3}{2}.\end{cases}\text{解得}\begin{cases}A=0,\\B=\frac{1}{6}.\end{cases}\text{因此},\{a_n\}\text{的通项公式为 }a_n=\frac{3^{n-1}}{2}.$$

上述两种方法看上去充分利用递推关系 $a_{n+2}=2a_{n+1}+3a_n$ 的特征,漂亮、优越、简捷、有效.其实它们都算不上自然的想法.解法 1 由 $a_{n+2}=2a_{n+1}+3a_n$ 变换出 $a_{n+2}-3a_{n+1}=-(a_{n+1}-3a_n)$ 相当不易,颇具技巧性和经验性,并不能自然得出;解法 2 使用特征方程,需要具备许多拓展性知识,很难想到.

解法 3 因为 $a_{n+2}=2a_{n+1}+3a_n, a_1=\frac{1}{2}, a_2=\frac{3}{2}$,所以 $a_3=\frac{9}{2}, a_4=\frac{27}{2}, \cdots$,归纳猜测 $a_n=\frac{3^{n-1}}{2}$.接下来用数学归纳法证明:①当 $n=1$ 时,$a_1=\frac{3^{1-1}}{2}$,成立;②假设当 $n\leqslant k$ 时,$a_n=\frac{3^{n-1}}{2}$,则当 $n=k+1$ 时,$a_{k+1}=2a_k+3a_{k-1}=2\cdot\frac{3^{k-1}}{2}+3\cdot\frac{3^{k-2}}{2}=\frac{3^{k+1-1}}{2}$,即 $a_n=\frac{3^{n-1}}{2}$ 也成立.因此,$a_n=\frac{3^{n-1}}{2}$.

这一方法着眼于从特殊到一般的归纳猜想,再用数学归纳法证明,简单自然,很容易想到,符合人们的思维习惯.解法 1 和解法 2 等技巧性太强的解题方法,可能只是少数人的妙解、奇想.对于大多数解题者而言,解法 3 这样简单自然的解题方法才应该是被广泛接受和推崇的.

2.从快捷与否的角度评判

解题需要拓展思维,也需要讲究效率.方法虽然可行,但效率低下,则不能称为好方法.尤其在各类考试中,一般都有时间限制,题目不仅要做得对,还要做得快,讲究解题的效率.

例 9.8 记 $\triangle ABC$ 的内角 A、B、C 的对边长分别为 a、b、c,已知 $\frac{\cos A}{1+\sin A}=\frac{\sin 2B}{1+\cos 2B}$.若 $C=\frac{2\pi}{3}$,求 B.

分析 本题求解有多种解法,以下列出 3 种进行分析.最自然有效的解法应该是,将等式 $\frac{\cos A}{1+\sin A}=\frac{\sin 2B}{1+\cos 2B}$ 右边关于 $2B$ 的三角函数化为关于 B 的三角函数,这样与等式左边对应起来,问题迎刃而解.

解法 1 由题设得 $\dfrac{\cos A}{1+\sin A}=\dfrac{2\sin B\cos B}{2\cos^2 B}=\dfrac{\sin B}{\cos B}$，于是 $\cos A\cos B=\sin B+\sin B\sin A$，所以 $\cos(A+B)=\sin B$.

又因为 $A+B+C=\pi, C=\dfrac{2\pi}{3}$，所以 $\sin B=\cos(\pi-C)=\dfrac{1}{2}$，因此 $B=\dfrac{\pi}{6}$.

这一解法自然引发,将等式 $\dfrac{\cos A}{1+\sin A}=\dfrac{\sin 2B}{1+\cos 2B}$ 右边关于 $2B$ 的三角函数化为关于 B 的三角函数，这样与等式左边对应起来，使问题迎刃而解.

解法 2 由 $\dfrac{\cos A}{1+\sin A}=\dfrac{\sin 2B}{1+\cos 2B}$，得 $\cos A(1+\cos 2B)=\sin 2B(1+\sin A)$，得 $\cos A\cos 2B-\sin A\sin 2B=\sin 2B-\cos A$，从而 $\cos(A+2B)=\sin 2B-\cos A$.

又因为 $C=\dfrac{2\pi}{3}$，所以 $A+B=\dfrac{\pi}{3}, A=\dfrac{\pi}{3}-B$，因此 $\cos\left(\dfrac{\pi}{3}+B\right)+\cos\left(\dfrac{\pi}{3}-B\right)=\sin 2B$，从而 $\cos\dfrac{\pi}{3}\cos B-\sin\dfrac{\pi}{3}\sin B+\cos\dfrac{\pi}{3}\cos B+\sin\dfrac{\pi}{3}\sin B=\sin 2B$，所以 $\cos B=2\sin B\cos B$. 又因为 $B\in\left(0,\dfrac{\pi}{3}\right)$，所以 $\sin B=\dfrac{1}{2}, B=\dfrac{\pi}{6}$.

该方法直接"交叉相乘"，将本来角的倍数关系"淹没"在等式中，使后续三角关系的寻找、等式的变换、角的替换等运算要求增加很多，也使解答的难度明显上升，解题效率大幅降低.

解法 3 由二倍角公式得，$\dfrac{\cos A}{1+\sin A}=\dfrac{\cos^2\dfrac{A}{2}-\sin^2\dfrac{A}{2}}{\cos^2\dfrac{A}{2}+\sin^2\dfrac{A}{2}+2\sin\dfrac{A}{2}\cos\dfrac{A}{2}}$，再通过"弦化切"得，

$\dfrac{1-\tan^2\dfrac{A}{2}}{1+\tan^2\dfrac{A}{2}+2\tan\dfrac{A}{2}}=\dfrac{\tan\dfrac{\pi}{4}-\tan\dfrac{A}{2}}{1+\tan\dfrac{\pi}{4}\tan\dfrac{A}{2}}=\tan\left(\dfrac{\pi}{4}-\dfrac{A}{2}\right)$，$\dfrac{\sin 2B}{1+\cos 2B}=\dfrac{2\sin B\cos B}{2\cos^2 B}=\dfrac{\sin B}{\cos B}=\tan B$.

由条件式得 $\tan\left(\dfrac{\pi}{4}-\dfrac{A}{2}\right)=\tan B$. 又因为 $C=\dfrac{2\pi}{3}$，所以 $A+B=\dfrac{\pi}{3}$，因此 $A、B\in\left(0,\dfrac{\pi}{3}\right)$，进而 $\dfrac{\pi}{3}-\dfrac{A}{2}\in\left(\dfrac{\pi}{12},\dfrac{\pi}{4}\right)$，所以 $\dfrac{\pi}{4}-\dfrac{A}{2}=B$，从而 $B=\dfrac{\pi}{6}$.

该方法对等式两边分别使用二倍角公式，化成 $\tan\left(\dfrac{\pi}{4}-\dfrac{A}{2}\right)$ 与 $\tan B$ 两个正切函数，应当说达到了目的，也能看出解题者的良苦用心，但是变换出 $\tan\left(\dfrac{\pi}{4}-\dfrac{A}{2}\right)$ 的过程需要的信息量、运算量实在太大.这样粗浅"蛮干"的方法不应鼓励.

3. 从优美与否的角度评判

在解题时注重呼应数学的结构美，往往能使问题完美解决.本题的求解，如果注意到条件式的结构特点，则可以利用"同构函数"思想，得到下述优美解法.

解法 4 由 $\dfrac{\cos A}{1+\sin A}=\dfrac{\sin 2B}{1+\cos 2B}$,可得 $\dfrac{\sin\left(\dfrac{\pi}{2}-A\right)}{1+\cos\left(\dfrac{\pi}{2}-A\right)}=\dfrac{\sin 2B}{1+\cos 2B}$.

令 $f(t)=\dfrac{\sin t}{1+\cos t},t\in(0,\pi)$,则 $f\left(\dfrac{\pi}{2}-A\right)=f(2B)$.

而 $f(t)=\dfrac{2\sin\dfrac{t}{2}\cos\dfrac{t}{2}}{2\cos^2\dfrac{t}{2}}=\tan\dfrac{t}{2}$ 在 $(0,\pi)$ 上单调递增. 又因为 $C=\dfrac{2\pi}{3}$,所以 $A+B=\dfrac{\pi}{3}$,因此 A、$B\in\left(0,\dfrac{\pi}{3}\right)$,进而 $\dfrac{\pi}{2}-\dfrac{A}{2}\in\left(\dfrac{\pi}{6},\dfrac{\pi}{2}\right)$,$2B\in\left(0,\dfrac{2\pi}{3}\right)$,从而 $\dfrac{\pi}{2}-A=2B$,所以 $B=\dfrac{\pi}{6}$.

该方法利用"同构函数"的思路,有一定的灵活性和创新性,也能看出解题者利用所学知识解决问题的意识与能力,是比较智慧的一种解法.数学中的基本结构类似那种成批制造产品的机器,短时间内能够制造出许多件,并且每一件都造得相当完美.数学解题也是这样,要充分把握并利用某类数学问题的基本结构特点,寻找漂亮、有效的解题方法.应当说,利用题目本身所具备的结构美构思解法,在数学解题中比比皆是,应当成为数学解题的一种基本思想,也是判断解法是否优越、寻求"最优解"的一个重要标准.

第三节 常见解题错误及其规避策略

解题错误屡见不鲜,我们不能因此就放弃对解题错误的总结和反思.解题出错意味着存在知识的盲区或方法上的漏洞,对解题错误的追问与反思,就是要发现和分析错误,寻找产生错误的根源,从而修正认知缺陷,查漏补缺,重构知识体系,学会灵活多变的解题方法,促进解题能力的不断提高[①].

一、数学解题常见的几种错误

数学解题中的计算错误最容易发生,如看错正负号、用错公式以及混淆计算顺序等,限于篇幅,也因为常见,所以这里不再举例阐释了.除了计算错误,典型的还有审题出错、表征错误以及推理犯错等.

1. 审题出错

解题从审题开始.误解题意就是对题意理解不清,以致用错定理、忽略使用范围等,核心是对问题所涉及的内容是否符合数学事实理解不透.

例 9.9 已知关于 x 的不等式 $(m^2-4)x^2+(m+2)x-1>0$ 的解集为空集,求实数 m 的取值范围.

错解 关于 x 的不等式 $(m^2-4)x^2+(m+2)x-1>0$ 的解集为空集,说明函数 $y=(m^2-4)x^2+(m+2)x-1$ 的函数值都要等于或小于 0,则需满足

---

① 段志贵,钱嘉慧.数学解题常见错误及其规避[J].中学数学研究,2024(7):4-6.

$$\begin{cases} m^2-4<0, \\ \Delta=(m+2)^2-4(m^2-4)\times(-1)\leqslant 0, \end{cases} \Rightarrow \begin{cases} -2<m<2, \\ -2\leqslant m\leqslant \dfrac{6}{5}, \end{cases} 解得-2\leqslant m\leqslant \dfrac{6}{5}.$$

分析 本题看似答案正确,实质上存在谬误.题中不等式的二次项系数 m^2-4 有可能等于 0 被疏漏了.当 $m=-2$ 时,原不等式转化为 $-1>0$,此时不等式的解集为空集,满足题意;当 $m=2$ 时,原不等式转化为 $4x-1>0$,此时不等式的解集为 $\left\{x\bigg|x>\dfrac{1}{4}\right\}$,不是空集,不满足题意.因此,本题实数 m 的取值范围应该为 $-2\leqslant m\leqslant \dfrac{6}{5}$.

2. 表征错误

所谓表征,是指通过对题目的理解与分析,唤醒原有知识经验,将题目中已知条件转化为自己熟悉的信息,进而形成问题空间.数学问题表征主要包括符号表征、图表表征、语言表征、模型表征等.表征出错是指对题目已知条件或结论在重新表征过程中出现的错误.

例 9.10 已知数列 $\{a_n\}$ 和 $\{b_n\}$ 都是等差数列,S_n 和 T_n 分别是它们的前 n 项的和,若 $\dfrac{S_n}{T_n}=\dfrac{2n+3}{3n-1}$,求 $\dfrac{a_9}{b_9}$.

错解 (设比例系数):设 $S_n=k(2n+3)$,$T_n=k(3n-1)$,则 $a_9=S_9-S_8=2k$,$b_9=T_9-T_8=3k$,于是 $\dfrac{a_9}{b_9}=\dfrac{2}{3}$.因为 S_n 与 a_n 之间有关系:$a_n=S_n-S_{n-1}(n\geqslant 2)$,于是,只要求出两数列的前 n 项和 S_n,将 a_9,b_9 分别转化为 S_9-S_8,T_9-T_8,问题就可以得解.根据"比例"知识,设一比例系数 k 便可求出 S_n 和 T_n 的关系式.

分析 第四章第二节研究过同类题型.这里着重揭示错解及其缘由.在本题中,若等差数列不是常数列,则它的前 n 项和 S_n 是一个形如 an^2+bn 的二次式.因此应该设 $S_n=kn(2n+3)$,$T_n=kn(3n-1)$.正确的解法当然不止一种,比较简捷易懂的方法是转化为和的形式

$$\dfrac{a_9}{b_9}=\dfrac{2a_9}{2b_9}=\dfrac{a_1+a_{17}}{b_1+b_{17}}=\dfrac{17\cdot\dfrac{a_1+a_{17}}{2}}{17\cdot\dfrac{b_1+b_{17}}{2}}=\dfrac{S_{17}}{T_{17}}=\dfrac{2\times17+3}{3\times17-1}=\dfrac{17}{50}.$$

3. 推理犯错

推理出错经常发生,主要表现在还没经过讨论或论证,就认为某些结论是正确的、必然的;有些证明过程犯了"循环论证"的错误;还有一些推理错误表现为"按图索骥"、分类不当以及混淆等价与非等价关系或者充分必要条件,等等.

例 9.11 试证明函数 $f(x)=2^x$ 的单调性.

错证 假设对任意的 $x_1,x_2\in \mathbf{R}$,$x_1<x_2$,记 $c=x_2-x_1>0$,则 $\dfrac{f(x_2)}{f(x_1)}=2^{x_2-x_1}=2^c$,因为 $c>0$,所以,$2^c<2^0=1$,故 $\dfrac{f(x_2)}{f(x_1)}>1$,即 $f(x_1)<f(x_2)$.

分析 上述证明犯了"循环论证"的错误.事实上,题目的目标是"证明函数 $f(x)=2^x$ 的单调性",但证明过程中使用的"$1=2^0<2^c$"默认了函数 $f(x)=2^x$ 的单调性,用单调性证明

单调性,显然犯了循环论证的错误.

例 9.12 如图 9.5 所示,在三棱锥 $S-ABC$ 中,$AC=BC=a$,$SC=b$,$\angle ACB=120°$,$\angle ACS=\angle BCS=90°$,求二面角 $S-AB-C$ 的正切值.

错解 过 S 作 AB 的垂线,连结 CD.因为 $SC \perp BC$,由三垂线定理知 $CD \perp AB$,$\angle SDC$ 即为二面角 $S-AB-C$.又在 $\triangle BCD$ 中,$\angle CBD=30°$,所以 $CD=\dfrac{a}{2}$.故在 $\triangle SCD$ 中,$\tan\angle SDC=\dfrac{a}{2b}$.

图 9.5

分析 上述解法虽然得出了正确答案,但推理过程很不严谨,主要问题表现在:一是垂足没有指明;二是未能先证得 $SC \perp$ 平面 ABC;三是二面角与平面角的关系指代不清;四是 $\angle CBD=30°$ 成立的理由没有交代清楚;五是未能在求 $\tan\angle SDC=\dfrac{a}{2b}$ 之前证明 $\triangle SCD$ 是直角三角形.所有这些问题都可能影响解题的严谨性以及顺畅表达.

二、数学解题错误的主要成因

1. 审题不周密

认真审题、厘清题意、挖掘隐含条件是正确解题的关键,但是许多解题者在拿到题目后急于下笔,仅根据一些熟悉的条件就列出方程或进行推演,这样匆忙做题不但可能看错已知条件,导致解题繁琐,更可能造成信息误解、疏漏隐含条件等问题.

例 9.13 二次方程 $x^2-ax+b=0$ 的两个根为 $\sin\theta$ 和 $\cos\theta$,求点 $P(a,b)$ 的轨迹方程.

错解 由韦达定理知道 $\begin{cases} a=\sin\theta+\cos\theta, \\ b=\sin\theta \cdot \cos\theta, \end{cases}$ 消去 θ 得点 $P(a,b)$ 的轨迹方程为 $a^2-2b=1$.

分析 此题解答未能对 a、b 的取值范围进行限制.出现这一错误的原因是在审题时忽略了 $\sin\theta$ 和 $\cos\theta$ 的有界性这一隐含条件.其正确的解法应如下.

由题意知,$\Delta=a^2-4b=(\sin\theta+\cos\theta)^2-4\sin\theta\cos\theta=(\sin\theta-\cos\theta)^2\geqslant 0$,且 $a=\sqrt{2}\sin\left(\theta+\dfrac{\pi}{4}\right)$,$b=\dfrac{1}{2}\sin 2\theta$,则 $|a|\leqslant\sqrt{2}$,$|b|\leqslant\dfrac{1}{2}$,所以,$P(a,b)$ 的轨迹方程为 $a^2-2b=1(|a|\leqslant\sqrt{2})$.

2. 知识不全面

基础知识储备不足,相关概念、定理、公式、法则就不能串联起来综合分析和使用,相关问题中的条件或结论自然得不到有效转换,如此解题必然困难重重.事实上,许多解题错误本质上就是数学知识储备不足.正因为知识技能上存在缺陷,所以对问题的理解有误,从而造成解题错误.

例 9.14 设复数 z_1,z_2 满足 $|z_1|=|z_2|=2$,$z_1+z_2=\sqrt{3}+i$,求 $|z_1-z_2|$.

错解 $|z_1-z_2|=\sqrt{(z_1-z_2)^2}=\sqrt{z_1^2+z_2^2-2z_1z_2}=\sqrt{(z_1+z_2)^2-4z_1z_2}$,因为 $z_1+z_2=\sqrt{3}+i$,所以 $(z_1+z_2)^2=2+2\sqrt{3}i$,即 $z_1^2+z_2^2+2z_1z_2=2+2\sqrt{3}i$.又 $|z_1|=|z_2|=2$,所以 $z_1^2=z_2^2=4$,$2z_1z_2=-6+2\sqrt{3}i$,$|z_1-z_2|=\sqrt{2+2\sqrt{3}i-2(-6+2\sqrt{3}i)}=\sqrt{14-2\sqrt{3}i}$,此

时无法继续下去,只能止步于此.

分析 上述解法错误地认为"对于复数 z,有 $z^2=|z^2|$",这与实数、向量的相关结论矛盾.事实上,对于复数 z,当 z 不是实数而是虚数时,有 $|z^2|\neq z^2$, $|z|\neq\sqrt{z^2}$, $z\cdot\bar{z}=|z|^2$, $|z|=\sqrt{z\cdot\bar{z}}$.在本题中,不妨设 $z_1=a+bi(a\in\mathbf{R},b\in\mathbf{R})$, $z_2=c+di(a\in\mathbf{R},b\in\mathbf{R})$,所以 $z_1+z_2=a+c+(b+d)i=\sqrt{3}+i$,故 $\begin{cases}a+c=\sqrt{3},\\b+d=1.\end{cases}$ 又由 $|z_1|=|z_2|=2$,所以 $a^2+b^2=4$, $c^2+d^2=4$,易求得 $ac+bd=-2$.所以 $|z_1-z_2|=|(a-c)+(b-d)i|=\sqrt{(a-c)^2+(b-d)^2}=\sqrt{8-2(ac+bd)}=2\sqrt{3}$.

3. 理路不清晰

理路不清与解题尝试是两码事.尝试一般是在解题早期,虽然未能明确方向,但尝试本身也有思想,所谓"转化""变更"等都是尝试的有效方式方法.这里所说的数学解题理路不清晰,是说在解题过程的实施阶段对问题所给条件或结论不能全面地认识和理解,错误地实施了条件转化或目标变换.因为理路不清,即便有时获得正确答案,也只是"上错花轿",碰巧获得,甚至被判为错还茫然无知.

例 9.15 已知集合 $A=\{a,a+b,a+2b\}$, $B=\{a,ac,ac^2\}$.若 $A=B$,求 c 的值.

错解 由题意知, $a+b=ac$ 且 $a+2b=ac^2$,消去 b 得: $a+ac^2-2ac=0$.因为 $a\neq 0$,于是 $c^2-2c+1=0$,所以 $c=1$.

分析 上述解答犯了两个错误:一是没有考虑到集合的互异性,错解过程中得到 $c^2-2c+1=0$,即 $c=1$.但 $c=1$ 时, B 中的三元素都相同,实质上无解;二是忽视了集合的无序性,集合 A 中的第二项也可以与集合 B 中的第三项对应相等.事实上,如果 $a+b=ac$ 并且 $a+2b=ac^2$,那么 $2ac^2-ac-a=0$,于是 $2c^2-c-1=0$,又 $c\neq 1$,此时 $c=-\dfrac{1}{2}$ 也是原题的一个解.

4. 心理原因

有时解题者虽然具备了解决问题的必要知识和技能,但可能某些心理原因导致解题错误.诸如看错题、抄错题,丢三落四、答非所问;急于求成,欲速则不达;时间安排失当,有些题反复验证,以致做题速度太慢,后面的题目来不及思考.也有些解题者过于自信,以为一些题目是熟悉的类型而套用原有模型,殊不知有些问题"形"同"质"异,解题者正好跳进了命题者挖好的"坑"里.

例 9.16 如图 9.6 所示,将曲线 $\log_2 x+\log_2 y=2$ 沿 x 轴向右平移两个单位,沿 y 轴向上平移一个单位,此时与直线 $x+y=a$ 相切,求 a 的值.

错解 由题意知,平移后的曲线方程为 $\log_2(x-2)+\log_2(y-1)=2$,即 $(x-2)(y-1)=4(x>2,y>1)$.这时曲线与直线 $x+y=a$ 相切,于是有 $(x-2)(a-x-1)=4$,即 $x^2-(a+1)x+2a+2=0$, $\Delta=(a+1)^2-8(a+1)=0$,解得 $a=-1$ 或 $a=7$.

图 9.6

分析 本题在初步得出答案后忘记检验,以为解题已是大功告成.事实上,在上述解题过程中,当 $a=-1$ 时, $x=0$ 不合题意,即 $a=-1$ 为增解.

三、数学解题错误的综合分析

例 9.17 实数 a 为何值时,圆 $x^2+y^2-2ax+a^2-1=0$ 与抛物线 $y^2=\dfrac{1}{2}x$ 有两个公共点?[①]

分析 本题具有一定的综合性.它不仅需要熟练掌握圆的方程、抛物线方程及其表示的曲线特征,而且需要对所给抛物线与 x 轴交点的个数分布与曲线性质有充分的了解,将交点问题转换为方程零点的分布问题,并利用图象辅助解题,即将数量关系与图形结合起来进行分析和研究,使抽象复杂的数量关系通过图象直观地表现出来.因此,本题的求解一方面要加强数形结合思想方法的灵活运用,另一方面应注重解题策略的选择,深刻认识两条曲线相交的公共点与所构造的方程零点的内在区别与外在联系,以避免解题的盲目性.

错解 1 将动圆方程与抛物线方程联立,消去 y^2,得 $x^2+\left(\dfrac{1}{2}-2a\right)x+a^2-1=0(x\geqslant 0)$.因为动圆与抛物线有两个公共点,故方程 $x^2+\left(\dfrac{1}{2}-2a\right)x+a^2-1=0$ 有两解,即 $\Delta>0$,解得:$a<\dfrac{17}{8}$.

又抛物线 $y^2=\dfrac{1}{2}x$ 开口向右,在 x 轴正半轴,要使动圆与抛物线有两个交点,圆心 $(a,0)$ 应该在点 $(-1,0)$ 的右侧,即必须满足 $a>-1$.

所以,当 $-1<a<\dfrac{17}{8}$ 时,圆 $x^2+y^2-2ax+a^2-1=0$ 与抛物线 $y^2=\dfrac{1}{2}x$ 有两个公共点.

分析 结合抛物线 $y^2=\dfrac{1}{2}x$ 的图象特点可知,如图 9.7 所示,若两曲线有公共点,则必成对出现,即若存在一个 $x(x>0)$ 则一定有两个 y 值与之对应,所以如果方程 $x^2+\left(\dfrac{1}{2}-2a\right)x+a^2-1=0$ 有两个不相等实根,则动圆与抛物线 $y^2=\dfrac{1}{2}x$ 应有四个公共点,即点 C、D、E、F,如图 9.8 所示,显然不符合题意.

这一错解受限于将交点问题转换为零点问题的常规解答模式,盲目地构造方程求零点,将"两曲线有两个公共点"与"方程有两个实根"这两个概念混为一谈,没有结合 $y^2=\dfrac{1}{2}x$ 的图象特点进行正确分析.这里对数学概念的学习只知其表而不知其里,无法把握两个概念之间的本质区别,只知其然,而不知其所以然,只知道将交点问题转换为方程零点的问题,却不知道所求零点的意义何在,所求零点作为条件该如何正确使用,以及如何联系题目进行正确的分析判断.上述"交点即零点"这一错误观念就是对概念认知存在严重偏差的典型体现.在日常解题训练中过度依赖"经验"的现象经常会发生.这种只知解题方法,而不知其中原理,

---

[①] 段志贵,邹翔如,王政.数学解题不要被经验束缚——含参交点问题的错解分析与思考[J].数学通讯,2021(9):31-34,37.

在思维定式的作用下,"按部就班"地复刻自己已有的思维轨迹,封闭了发散性思考这一动作发生的路径,解题思维参与度低,导致无法对概念产生更深层次的思考与理解,大大削弱了解题者主动思考与探究的能力.

错解 2 将动圆方程与抛物线方程联立,得方程:$x^2+\left(\dfrac{1}{2}-2a\right)x+a^2-1=0(x\geqslant 0)$.

因为动圆与抛物线有两个公共点,结合 $y^2=\dfrac{1}{2}x$ 的图象分析知在 x 轴正半轴,任取一 $x(x>0)$ 都有两个 y 值与之对应,所以方程 $x^2+\left(\dfrac{1}{2}-2a\right)x+a^2-1=0(x\geqslant 0)$ 应有两个相等的正根,得 $2a-\dfrac{1}{2}>0$ 且 $\Delta=0$,解之得 $a=\dfrac{17}{8}$.

故 $a=\dfrac{17}{8}$ 时,圆 $x^2+y^2-2ax+a^2-1=0$ 与抛物线 $y^2=\dfrac{1}{2}x$ 有两个公共点.

分析 上述错解由于解题思维定式阻碍了对题目进行发散性思考这一动作的发生,直接进入到 $a=\dfrac{17}{8}$ 的分析阶段,从而忽视了其他几种情况.如图 9.9 所示,易知,当 $a=0$ 时,动圆与抛物线有两个公共点,所以很明显得到的答案有遗漏.

图 9.7

图 9.8

图 9.9

在这一解题过程中,结合 $y^2=\dfrac{1}{2}x$ 图象特征进行分析,考虑到一个 x 对应两个 y 值这一特点,推断出当 $x\geqslant 0$ 时,方程 $x^2+\left(\dfrac{1}{2}-2a\right)x+a^2-1=0$ 应有两个相等的实数根,此时 $\Delta=0$.但是忽视了第二种情况,即当方程 $x^2+\left(\dfrac{1}{2}-2a\right)x+a^2-1=0$ 有两个不相等的实数根,其中一个为正根,一个为负根(根据 x 取值范围,负根舍去)时,也满足两曲线相交有两个公共点,此时 $\Delta>0$.

这一解题过程运用了数形结合思想,整体思路是对的,但显然分析得并不透彻,缺乏条理与思维严密性,泛化了方程零点位置分布的非本质属性,片面认为"求得一个 x 值即等同于 $\Delta=0$",殊不知这一表述忽视了在一定题设条件下 x 范围的取舍问题,只考虑其中一种情况而忽视了另一种情况,于是出现了会而不对、对而不全的现象.

综上所述,前一种错解运用固化的解题"经验"生搬硬套,认为构造的抛物线与 x 轴的交点个数对应题目中两条曲线的交点个数,没有就题论题,深入思考;后一类错解对方程零点的位置分布问题分析不全面,只针对一种情形进行分析,忽略了其他情况,思维不够严密,逻辑不清晰,造成丢解或漏解.事实上,本题中圆的方程为$(x-a)^2+y^2=1$,圆心为$(a,0)$,半径为1.圆心决定圆的位置,半径r决定圆的大小,本题中r是确定的,即$r=1$,也就是让我们考察在圆的大小不变的情况下,圆心沿着x轴平移,在不同位置的圆与大小和位置固定不变的抛物线的交点变化情况.

当$a<-1$时,圆与抛物线没有公共点;当$a=-1$时,圆与抛物线只有1个公共点;当$-1<a<1$时,圆与抛物线有2个公共点;当$a=1$时,圆与抛物线有3个公共点;当$1<a<\frac{17}{8}$时,圆与抛物线有4个公共点;当$a=\frac{17}{8}$时,圆与抛物线相切有2个公共点;当$a>\frac{17}{8}$时,圆与抛物线没有公共点.故本题当$-1<a<1$或$a=\frac{17}{8}$时,圆$x^2+y^2-2ax+a^2-1=0$与抛物线$y^2=\frac{1}{2}x$有2个公共点.

上述两类错解在初始阶段的解题方向是对的,都能将两条曲线的交点问题转化为两条曲线方程联立后构造的抛物线与x轴的交点问题,但是解题中的细节并没有被很好地处理,以致产生了错误.这些解题教训都需要经常性总结和反思,以此渐次生长和丰富解题思维的层次性、逻辑性和灵活性.

四、数学解题错误的规避策略

1. 注重具体问题具体分析

人们面临的现实世界丰富多彩,数学试题的情境创设和问题命制一样可以变化多端.有些问题"形同质异",有些问题则"形异质同",这就要求我们审题一定要细心周密,根据不同问题进行具体分析.有些学生信奉"刷题千万道,总会增长见识",但是如果不善于总结和分析,感悟其内在的规律,到头来肯定两手空空.数学解题不存在万能的通用公式,操练过多的同类题型,有可能形成思维定式,采用一些固定模式思维,无形之中削弱了自我主动思考的习惯和深入分析的能力.殊不知,有些解题错误正是思维定式埋下的"坑".因此在日常解题训练过程中应学会具体问题具体分析,摆脱模式化解题观念的束缚,带着问题深入思考、探究,学会质疑、辨析,不断丰富自我解题经验,扩大解题思维开放度.

2. 提高解题的元认知能力

元认知是对认知的认知和对思维的监测与控制.在问题解决过程中,人们通过元认知理解和分析问题,检验和回顾解题方法,调控解题策略,以最终实现问题解决的目标.数学解题不同于一般意义上的数学学习,它需要调动自我平时对相关概念、公式或定理等方面的知识技能,读懂题意,并善于挖掘隐含条件,提取相关有用信息;还要基于自我对问题的认识和理解,分析问题之中蕴含的思想方法,探寻有效解题路径.解题出错实属正常,因此,从问题的审题开始,就要集中注意力,避"坑"前行,搜集自我脑海中的相关知识技能模块与已知条件或结论进行比照和分析,以发现有用线索.在这一过程中,要注意有所取舍,不断整合和优化,并通过观察、尝试、比较、类比,对相关条件或结论进行重新表征,灵活运用数形结合、正难则反等策略,使问题逐步明朗,解题思路渐次清晰.对于出现的解题错误,要学会及时"止损",调整思考方向,开拓新的解题通道.

3. 经常性总结反思错解成因

规避错误最重要的是提高"免错力",为此平时要经常亮错、查错、纠错和用错[①].通过定期清理错题,了解自己的错误主要集中在哪些知识模块或基本技能上.通过深入反思,寻找错误原因,定期"歼灭",并及时弥补盲区,不断生长自身解题经验的宽度与厚度.要对犯同样错误设立"警戒线",后续遇到类似问题,及时亮起红灯,提醒自己注意防范.日常解题还要锤炼过硬心理素质,既要敢于攻坚克难,又不能盲目自信;要学会经常总结成功解题的经验以及解题失败的教训,解题后多问问题.诸如问题如何归类?怎么切入?为什么这么切入?可能存在什么问题?有没有其他方法?还能怎么办?不同方法之间有什么共性之处?又有什么差异?为提高解题正确率,平时一定要加强计算能力培养,对于容易出错的算理问题或知识点障碍要进行有针对性的强化训练.这不仅有利于规避解题错误,也符合提高解题正确率和培养数学核心素养的需要.

第四节 "形"与"质"的比较与分析

顾名思义,"形"是指问题的形式,"质"是指问题的本质.日积月累,当我们把许多数学问题解决以后,会发现一些问题总是在形式上有差异,但所运用的方法或原理相同;而有些问题虽然看上去形式相似,但是本质上有很大不同.对于形异质同和形同质异问题的反思,有助于我们更好地理解数学问题的本质,提高观察、分析和解决问题的能力.

一、形异质同

"形异质同"意即若干问题间看似没有什么关联或相似性,但究其本质却是相同的.

例 9.18 3个班分别从5个风景点中选择1处游览,不同选法的种数有多少?

分析 3个班分别从5个风景点中选择1处游览的不同选法等价于从集合 $A=\{1,2,3\}$ 到集合 $B=\{a,b,c,d,e\}$ 的映射的个数.可分为三类:第一类 3 对 1,共有 C_5^1 种可能情况;第二类 2 对 1 和 1 对 1,共有 $C_3^2 A_5^2$ 种可能情况;第三类 3 对 3,共有 A_5^3 种可能情况.根据加法原理,共有 $C_5^1+C_3^2 A_5^2+A_5^3=125$(种)不同的选法.

也可以从乘法原理的角度进行理解,第一个班级有 5 种选法,其他两个班级也是这样,共有选法就是 $5×5×5=125$(种).

让我们再看下面几道题.

(1) 一辆公交车有 5 个下客站,则车上 3 名乘客不同的下车方式种数是多少?

(2) 3 名工人分别要在 5 天中选择 1 天休息,则不同选择方法的种数是多少?

(3) 将 3 封信投入 5 个邮筒,则不同的投法种数是多少?

(4) 3 名同学去听同时进行的 5 个课外知识讲座,每名同学可自由选择听其中的 1 个讲座,则不同的选法种数是多少?

---

① 崔恒刘,段志贵.化错——别让"等可能"游离出古典概型——一道中考概率题引发的思考[J].中学数学,2021(14):30-31.

(5) 3 名学生分别编入 5 个班级,则不同的编排方法种数是多少?

以上几道题的形式各不相同,但解题的思维本质完全相同,都是求从集合 $A=\{a_1,a_2,a_3\}$ 到集合 $B=\{b_1,b_2,b_3,b_4,b_5\}$ 的不同映射的个数,答案都是 5^3.

例 9.19 请分别计算以下各题.

(1) 将 10 个相同的小球分装到 3 个不同的盒子中,每一种分法中的盒子可以为空,共有多少种不同的分法?

(2) 三项式 $(a+b+c)^{10}$ 的展开式中一共有多少项?

分析 在本例(2)中,三项式 $(a+b+c)^{10}$ 的展开式各项的基本形式都是 $a^ib^jc^k$,且 $i+j+k=10$,本质上与(1)相同,也可以看成将 10 个相同的元素分配到 3 个盒子中,且可以出现空盒的情形.这个问题的解决方法是插板法,可以把求非负整数解转化为求正整数解,即求 $I+J+K=13$(其中 $I=i+1, J=j+1, K=k+1$).答案都是 $C_{12}^2=66$(种).

例 9.20 已知关于 x 的方程 $\sin^2 x+a\cos x-2a=0$ 有实数解,求实数 a 的取值范围.

分析 原题等价于"求函数 $a=\dfrac{\sin^2 x}{2-\cos x}$ 的值域",易知

$$a=\dfrac{1-\cos^2 x}{2-\cos x}=\dfrac{4-\cos^2 x-3}{2-\cos x}=2+\cos x-\dfrac{3}{2-\cos x}$$
$$=-\left(2-\cos x+\dfrac{3}{2-\cos x}\right)+4\leqslant 4-2\sqrt{3}.$$

又 $2-\cos x\in[1,3]$,故 $0\leqslant a\leqslant 4-2\sqrt{3}$.

再看以下三题,看似与例 9.20 不同,但本质上是一样的.

(1) 若方程 $x^2-ax+2a-1=0$ 在 $x\in[-1,1]$ 上有实数解,求 a 的取值范围.

(2) 求函数 $y=\dfrac{1-x^2}{2-x}(|x|\leqslant 1)$ 的值域.

(3) 实数 a 为何值时,圆 $(x+2)^2+y^2=1$ 与抛物线 $y^2=-ax$ 有交点?(设 $x+2=\cos\theta$,$y=\sin\theta$.)

上述三题都是围绕求 $\dfrac{\sin^2 x}{2-\cos x}$ 的值域这一核心问题进行变化和延伸的,核心问题解决了,各个问题也就不攻自破了.

接下来我们比较例 9.21 和例 9.22 两道例题.

例 9.21 如图 9.10 所示,已知离心率为 $\dfrac{\sqrt{3}}{2}$ 的椭圆 $C:\dfrac{x^2}{a^2}+\dfrac{y^2}{b^2}=1$ $(a>b>0)$ 过点 $M(2,1)$,O 为坐标原点,平行于 OM 的直线 l 交椭圆 C 于不同的两点 A、B.

(1) 求椭圆的方程.

(2) 证明:直线 MD、MB 与 x 轴围成一个等腰三角形.

分析

(1) 设椭圆 C 的方程为 $\dfrac{x^2}{a^2}+\dfrac{y^2}{b^2}=1(a>b>0)$.由题意得

图 9.10

$$\begin{cases} \dfrac{c}{a}=\dfrac{\sqrt{3}}{2}, \\ a^2=b^2+c^2, \\ \dfrac{4}{a^2}+\dfrac{1}{b^2}=1, \end{cases} \Rightarrow \begin{cases} a^2=8, \\ b^2=2. \end{cases}$$

所以,椭圆方程为

$$\dfrac{x^2}{8}+\dfrac{y^2}{2}=1.$$

(2) 由直线 $l /\!/ OM$,可设 $l: y=\dfrac{1}{2}x+m$,将其代入椭圆 C 得 $x^2+2mx+2m^2-4=0$.
设 $A(x_1, y_1), B(x_2, y_2)$,则 $x_1+x_2=-2m, x_1 x_2=2m^2-4$.
设直线 MA、MB 的斜率分别为 k_1、k_2,则

$$k_1+k_2=\dfrac{\dfrac{1}{2}x_1+m-1}{x_1-2}+\dfrac{\dfrac{1}{2}x_2+m-1}{x_2-2}=1+m\left(\dfrac{1}{x_1-2}+\dfrac{1}{x_2-2}\right)$$

$$=1+m\times\dfrac{x_1+x_2-4}{x_1 x_2-2(x_1+x_2)+4}=1+m\times\dfrac{-2m-4}{2m^2-4-2(-2m)+4}=0.$$

所以,$\angle MBD=\angle MDB$.故直线 MD、MB 与 x 轴围成一个等腰三角形.

例 9.22 如图 9.11 所示,圆 C 与 y 轴相切于点 $T(0,2)$,与 x 轴正半轴相交于两点 M、N(点 M 在点 N 的左侧),且 $|MN|=3$.

(1) 求圆 C 的方程.

(2) 过点 M 任作一条直线与椭圆 $\Gamma: \dfrac{x^2}{4}+\dfrac{y^2}{8}=1$ 相交于两点 A、B,连结 AN、BN,判断 $\angle ANM$ 与 $\angle BNM$ 是否相等,若相等请给出证明,若不相等请说明理由.

图 9.11

分析 在(1)中,设圆 C 的半径为 $r(r>0)$,依题意,圆心坐标为 $(r,2)$.

由 $|MN|=3$,知 $r^2=\left(\dfrac{3}{2}\right)^2+2^2$,解得 $r^2=\dfrac{25}{4}$.

所以,圆 C 的方程为

$$\left(x-\dfrac{5}{2}\right)^2+(y-2)^2=\dfrac{25}{4}.$$

在(2)中,$\angle ANM=\angle BNM$,理由如下.

① 当 $AB \perp x$ 轴时,由椭圆对称性可知 $\angle ANM=\angle BNM$.

② 当 AB 与 x 轴不垂直时,把 $y=0$ 带入方程 $\left(x-\dfrac{5}{2}\right)^2+(y-2)^2=\dfrac{25}{4}$,解得 $x=1$ 或 $x=4$,即点 $M(1,0)$、$N(4,0)$,设直线 AB 的方程为 $y=k(x-1)$.

联立方程组 $\begin{cases} y = k(x-1), \\ 2x^2 + y^2 = 8, \end{cases}$ 消去 y 得 $(k^2+2)x^2 - 2k^2x + k^2 - 8 = 0$.

设直线 AB 交椭圆 Γ 于 $A(x_1, y_1)$、$B(x_2, y_2)$ 两点，则 $x_1 + x_2 = \dfrac{2k^2}{k^2+2}$，$x_1 \cdot x_2 = \dfrac{k^2-8}{k^2+2}$.

$$k_{AN} + k_{BN} = \dfrac{y_1}{x_1-4} + \dfrac{y_2}{x_2-4} = \dfrac{k(x_1-1)}{x_1-4} + \dfrac{k(x_2-1)}{x_2-4}$$
$$= \dfrac{2(k^2-8)}{k^2+2} - \dfrac{10k^2}{k^2+2} + 8 = 0,$$

所以，$\angle ANM = \angle BNM$.

以上两题的第(2)问都是抓住了两个角所对应直线的倾斜角互补这一本质，进而再把证明两个角的相等问题转化为证明两个角所对应直线的斜率互为相反数问题，从而使问题迅速得到解决.

二、形同质异

所谓"形同质异"，是指两个题目的主干表述基本相同，究其本质却是差异很大，具体解法也大不相同.如果概念不清，见识不广，很容易混淆，错误地将"形同质异"问题看成同一种类型.所以，对于"形同质异"的相关问题，一定要小心谨慎，尤其是要注意辨别一些似是而非的表述，努力避免错解发生.

例 9.23 请判断以下各题.

(1) 已知 p：实数 x 满足 $|5x-2|>3$；q：实数 x 满足 $(x-3)(5x+1) \geqslant 0$. 试判断 $\neg p$ 是 $\neg q$ 的什么条件？

(2) 已知 p：实数 x 满足 $|5x-2|>3$；q：实数 x 满足 $\dfrac{x-3}{5x+1} \geqslant 0$. 试判断 $\neg p$ 是 $\neg q$ 的什么条件？

分析 两题中 $\neg p$ 集合的解集都是 $\left[-\dfrac{1}{5}, 1\right]$，第(1)题 q 的解集中含有 $-\dfrac{1}{5}$，第(2)题 q 的解集中不含 $-\dfrac{1}{5}$，由此两题中的 $\neg q$ 解集不相同，因而(1)的答案是不充分不必要条件，(2)的答案是充分但不必要条件.

例 9.24 设函数 $f(x) = \sqrt{1 + 5^x + a \cdot 25^x}$.

(1) $f(x)$ 在 $x \in (-\infty, 1]$ 有意义，求 a 的取值范围.

(2) $f(x)$ 的定义域为 $(-\infty, 1]$，求 a 的值.

分析 从语意上看，两小题的差异非常显著.函数在 A 上有意义指的是 $1 + 5^x + a \cdot 25^x \geqslant 0$ 在 A 上恒成立，属于不等式恒成立问题；函数定义域为 A 指的是不等式 $1 + 5^x + a \cdot 25^x \geqslant 0$ 的解集为 A，属于解不等式成立问题.

(1) 由 $1 + 5^x + a \cdot 25^x \geqslant 0$ 恒成立，得 $a \geqslant -\left[\left(\dfrac{1}{5}\right)^{2x} + \left(\dfrac{1}{5}\right)^x\right]$，显然 $y = -\left[\left(\dfrac{1}{5}\right)^{2x} + \right.$

$\left(\frac{1}{5}\right)^x$] 在 $(-\infty,1]$ 上为增函数,当 $x=1$ 时,$y_{\max}=-\frac{6}{25}$,故 $a\in\left[-\frac{6}{25},+\infty\right)$.

(2) 由 $1+5^x+a\cdot 25^x\geqslant 0$ 得 $\left[\left(\frac{1}{5}\right)^x\right]^2+\left(\frac{1}{5}\right)^x+a\geqslant 0$,解得 $\left(\frac{1}{5}\right)^x\geqslant\frac{-1+\sqrt{1-4a}}{2}$ 或 $\left(\frac{1}{5}\right)^x\leqslant\frac{-1-\sqrt{1-4a}}{2}$(舍去).

由 $\left(\frac{1}{5}\right)^x\geqslant\frac{-1+\sqrt{1-4a}}{2}$,得 $x\leqslant\log_{\frac{1}{5}}\frac{-1+\sqrt{1-4a}}{2}$,又因为 $f(x)$ 的定义域为 $(-\infty,1]$,所以 $\log_{\frac{1}{5}}\frac{-1+\sqrt{1-4a}}{2}=1$,得 $a=-\frac{6}{25}$.

例 9.25 (1) 若函数 $f(x)=x^2+kx-3$ 是 $[1,+\infty)$ 上的单调递增函数,求实数 k 的取值范围.

(2) 设 $b_n=n^2+kn-3$,若 $\{b_n\}$ 是单调递增数列,求实数 k 的取值范围.

分析 第(1)题利用二次函数的单调性,只需对称轴 $-\frac{k}{2}\leqslant 1$. 而第(2)题当 $-\frac{k}{2}\leqslant 1$ 时,能得到数列 $\{b_n\}$ 是单调递增数列,但非充要条件,数列的图象是离散的点. b_1 的对应点可以在对称轴的左侧,其余的点在右侧,只需满足 b_1 的对应点的位置最低. 所以正确的做法是将两种情形全部考虑进去,列式应为 $-\frac{k}{2}-\frac{1}{2}\leqslant 1$[也可以直接由 $b_{n+1}-b_n>0(n\in\mathbf{N}_+)$ 恒成立得到],这也是容易出错的地方.

例 9.26 对不等式 $x+(a+1)\sqrt{x}+a<0$,分别求出满足下列条件的实数 a 的取值范围.

(1) 不等式的解集为 $[0,3)$.

(2) 不等式在 $[0,3)$ 上有解.

(3) 不等式在 $[0,3)$ 上恒成立.

(4) 不等式的解集是 $[0,3)$ 的子集.

分析 由 $x+(a+1)\sqrt{x}+a<0\Leftrightarrow(\sqrt{x}+1)(\sqrt{x}+a)<0\Leftrightarrow\sqrt{x}+a<0$.

当 $a\geqslant 0$ 时,$\sqrt{x}+a<0$ 无解,原不等式解集为空集;当 $a<0$ 时,原不等式解集为 $[0,a^2)$. 则

(1) 必须且只需 $a<0$ 时,$[0,3)=[0,a^2)\Leftrightarrow a^2=3$ 且 $a<0$,故 $a=-\sqrt{3}$.

(2) 必须且只需 $[0,3)\cap[0,a^2)\neq\varnothing$,且 $a<0$ 时均适合,即 $a\in(-\infty,0)$.

(3) 必须且只需 $[0,3)\subseteq[0,a^2)$,且 $a<0\Leftrightarrow a^2\geqslant 3$ 且 $a<0$,则 $a\leqslant-\sqrt{3}$,即 $a\in(-\infty,-\sqrt{3}]$.

(4) 应有 $a<0$ 时,$[0,a^2)\subseteq[0,3)$,此时 $a\in[-\sqrt{3},0)$ 或为空集($a\geqslant 0$ 时),故 $a\in[-\sqrt{3},+\infty)$.

上述四个小题常容易混淆,通过反思各种解决方法的不同,能够帮助弄清四个不同的概念及相应的解题方法.

例 9.27 设 $M=\{a,b,c,d\}$,$N=\{-1,0,1\}$,取适当的对应法则 f.

(1) 求从 M 到 N 建立不同映射的个数.

(2) 以 M 为定义域,N 为值域的函数有多少个?

分析 函数是特殊的映射.M 到 N 的映射允许 M 到 N 的多对一、允许 N 中存在元素没有原像,而以 M 为定义域,N 为值域的函数要求 N 中的每一个元素在 M 中都有元素与它对应.事实上,本题中第(1)题,从 M 到 N 建立不同映射的个数为 3^4;第(2)题,以 M 为定义域,N 为值域的函数有 36 个.可以在(1)中去掉 M 中所有元素对应 N 中一个元素和 M 中所有元素对应 N 中两个元素的情形,这样算会比较麻烦.也可以换一个角度去思考,从 M 中选两个元素捆绑有 $C_4^2=6$(种),然后相当于两个三元素集合之间的一一对应有 6 种,再运用乘法原理得出 $6\times 6=36$(种).

例 9.28 (1) 已知 $f(x)=\begin{cases}(3-a)x & (x\leqslant 3),\\ a^{x-2} & (x>3)\end{cases}$,若对 $\forall x,y\in \mathbf{R}(x\neq y)$ 都有 $\dfrac{f(x)-f(y)}{x-y}>0$,求 a 的取值范围;

(2) 已知数列 $\{a_n\}$ 满足 $a_n=\begin{cases}(3-a)n & (n\leqslant 3)\\ a^{n-2} & (n>3)\end{cases}(n\in \mathbf{N}_+)$,且对 $\forall m、n\in \mathbf{N}_+(m\neq n)$ 都有 $\dfrac{a_n-a_m}{n-m}>0$,求 a 的取值范围.

分析 数列可以看作特殊的函数,定义域为正整数集,图象为一些孤立的散点.数列的独特性使得数列的单调性和函数单调性有较大差异,表现在分段函数与分段数列的区别上.分段函数为增函数需要满足:①左支、右支均为增函数;②左支的最大值小于或等于右支的最小值.而分段数列为递增数列需要满足:①左支、右支均为递增数列;②左支的最大项小于右支的最小项.

(1) 由题意 $f(x)$ 为递增函数知

$\begin{cases}(3-a)>0,\\ a>1,\\ 3(3-a)\leqslant a^{3-2},\end{cases}$ 解得 $a\in \left[\dfrac{9}{4},3\right)$;

(2) 由题意数列 $\{a_n\}$ 为递增数列知

$\begin{cases}(3-a)>0,\\ a>1,\\ a_3<a_4,\end{cases}$ 即 $\begin{cases}(3-a)>0,\\ a>1,\\ 3(3-a)<a^{4-2},\end{cases}$ 解得 $a\in \left(1,\dfrac{-3+3\sqrt{5}}{2}\right)$.

例 9.29 已知常数 $p>0$,若函数 $f(x)$ 满足:

(1) $f(x)=f\left(x-\dfrac{p}{2}\right)(x\in \mathbf{R})$,求 $f(x)$ 的一个正周期.

(2) $f(px)=f\left(px-\dfrac{p}{2}\right)(x\in \mathbf{R})$,求 $f(px)$ 的一个正周期.

分析 周期函数的定义:若 $f(x)$ 为定义在 D 上的函数,如果存在常数 $T\neq 0$,对任何 $x\in D$ 都有 $x\pm T\in D$,且 $f(x+T)=f(x)$ 成立,则称 $f(x)$ 为周期函数,常数 T 叫作 $f(x)$ 的一个周期.对于 $f(x)=f\left(x-\dfrac{p}{2}\right)(x\in \mathbf{R})$,很明显 $\dfrac{p}{2}$ 为 $f(x)$ 的一个正周期.

而复合函数的周期不能简单套用周期函数定义,否则会得到错误答案.事实上,令 $F(x)=f(px)$,则 $F\left(x-\dfrac{1}{2}\right)=f\left[p\left(x-\dfrac{1}{2}\right)\right]$,由题意 $F(x)=F\left(x-\dfrac{1}{2}\right)$,易知 $F(x)$ 的一个正周期为 $\dfrac{1}{2}$,即 $f(px)$ 的一个正周期为 $\dfrac{1}{2}$.

特别地,函数 $f(x)$ 为定义在 D 上的周期函数,最小正周期为 T,则函数 $y=f(ax+b)$ ($a\neq 0, ax+b\in D$) 是以 $\dfrac{T}{|a|}$ 为最小正周期的周期函数.

例 9.30 已知函数 $f(x)=2x^3+4x^2-40x, g(x)=7x^2-28x-t$.

(1) $\forall x_1\in[-3,3], \forall x_2\in[-3,3]$,都有 $f(x_1)\geqslant g(x_2)$ 成立,求 t 的取值范围.

(2) $\forall x_1\in[-3,3], \exists x_2\in[-3,3]$,使 $f(x_1)\geqslant g(x_2)$ 成立,求 t 的取值范围.

(3) $\exists x_1\in[-3,3], \forall x_2\in[-3,3]$,使 $f(x_1)\geqslant g(x_2)$ 成立,求 t 的取值范围.

(4) $\exists x_1\in[-3,3], \exists x_2\in[-3,3]$,使 $f(x_1)\geqslant g(x_2)$ 成立,求 t 的取值范围.

分析 本题主要涉及全称命题和特称命题相关的函数问题,容易引起混淆.

(1) $\forall x_1\in D_1, \forall x_2\in D_2, f(x_1)\geqslant g(x_2)$ 恒成立 $\Rightarrow f(x)_{\min}\geqslant g(x)_{\max}$.

(2) $\forall x_1\in D_1, \exists x_2\in D_2, f(x_1)\geqslant g(x_2)$ 成立 $\Rightarrow f(x)_{\min}\geqslant g(x)_{\min}$.

(3) $\exists x_1\in D_1, \forall x_2\in D_2, f(x_1)\geqslant g(x_2)$ 成立 $\Rightarrow f(x)_{\max}\geqslant g(x)_{\max}$.

(4) $\exists x_1\in D_1, \exists x_2\in D_2, f(x_1)\geqslant g(x_2)$ 成立 $\Rightarrow f(x)_{\max}\geqslant g(x)_{\min}$.

$$f'(x)=6x^2+8x-40=2(3x^2+4x-20)=3(3x+10)(x-2).$$

令 $f'(x)=0$,得 $x_1=2, x_2=-\dfrac{10}{3}$,且 $f(2)=-48, f(3)=-30, f(-3)=102$.所以 $f(x)$ 在 $[-3,3]$ 上有 $f(x)_{\max}=102, f(x)_{\min}=-48$. $g'(x)=14x-28$,令 $g'(x)=0$,得 $x_0=2$,且 $g(-3)=147-t, g(2)=-28-t, g(3)=-21-t$.

所以 $g(x)$ 在 $[-3,3]$ 上有 $g(x)_{\max}=147-t, g(x)_{\min}=-28-t$.

(1) 由 $f(x)_{\min}\geqslant g(x)_{\max}$,得 $-48\geqslant 147-t$,故 $t\geqslant 195$.

(2) 由 $f(x)_{\min}\geqslant g(x)_{\min}$,得 $-48\geqslant -28-t$,故 $t\geqslant 20$.

(3) 由 $f(x)_{\max}\geqslant g(x)_{\max}$,得 $102\geqslant 147-t$,故 $t\geqslant 45$.

(4) 由 $f(x)_{\max}\geqslant g(x)_{\min}$,得 $102\geqslant -28-t$,故 $t\geqslant -130$.

例 9.31 如图 9.12 所示,(1) 在等腰直角 $\triangle ABC$ 中,在斜边 AB 上任取一点 M,求 AM 小于 AC 的概率.

(2) 在等腰直角 $\triangle ABC$ 中,过直角顶点 C 在 $\triangle ABC$ 的内部任作一条射线 CM,与线段 AB 交于点 M,求 AM 小于 AC 的概率.

分析 这两题的区别在于等可能基本事件不同,"在斜边 AB 上任取一点 M"与"在 $\triangle ABC$ 的内部任作一条射线 CM",前者着眼于取点,点对应线段,所以应考虑线段之比;后者对应于作线,射线对应角,所以应考虑角度之比.

图 9.12

(1) 记"AM 小于 AC"为事件 A,在线段 AB 上截取 $AC'=AC$.当点 M 落在线段 AC' 上时,事件 A 发生,则 $P(A)=\dfrac{AC'}{AB}=\dfrac{AC}{AB}=\dfrac{\sqrt{2}}{2}$.

(2) 如图 9.12 所示,连结 CC',则 $\angle ACC'=67.5°$,记"AM 小于 AC"为事件 B,当 $\angle ACM < \angle ACC'$,事件 B 发生,则 $P(B)=\dfrac{67.5°}{90°}=\dfrac{3}{4}$.

对此类背景相似的问题,一定要弄清楚等可能基本事件是什么(即样本空间是什么),事件 A 发生到底与哪些点对应,只有从正确的角度切入,才能得到正确的答案.

例 9.32 (1) 设有一个正方形网格,其中每个最小正方形的边长都等于 6cm,现用直径等于 2cm 的硬币投掷到此网格上,求硬币落下后与格线有公共点的概率.

(2) 设有一个正方形,其边长等于 6cm,现用直径等于 2cm 的硬币投掷到正方形上,不考虑硬币完全落在正方形外的情况,求硬币落入正方形的概率.

分析 这两个问题看起来非常相似,但仔细审题不难发现,前者是"正方形网格",后者只有"一个正方形",正是这个差异导致了几何区域 D(即样本空间的 Ω)不同.

(1) 在正方形网格中取一个单位格(见图 9.13),考虑硬币中心 O 的位置,把正方形各边向内缩 1cm,得到一个边长为 4cm 的小正方形,当点 O 落在小正方形内,才能保证硬币落下后与格线无公共点.记"硬币落下后与格线有公共点"为事件 A,则 $P(A)=\dfrac{6^2-4^2}{6^2}=\dfrac{5}{9}$.

(2) 本题要考虑硬币部分落在正方形外的情况.考察硬币中心 O 的位置,几何区域应当是一个圆角矩形(见图 9.14),当点 O 落在小正方形 $A_1B_1C_1D_1$ 中时,才算硬币完全落入正方形内,记"硬币落入正方形内"为事件 B,则 $P(B)=\dfrac{S_{\text{小正方形}}}{S_{\text{圆角矩形}}}=\dfrac{S_{A_1B_1C_1D_1}}{S_{ABCD}+4S_{ABEF}+S_{\text{单位圆}}}=\dfrac{16}{60+\pi}$.

图 9.13   图 9.14

第五节 问题的拓展与延伸

数学问题的拓展与延伸有许多方法,诸如改变问题的提问方式,革新问题的相关背景,类比问题的形式结构,推广问题的应用范围等都是行之有效的途径[①].

一、改变问题的提问方式

一题多变,举一反三,从点到面形成知识网络,可以深化数学理性思维的发展.在对问题的拓展与延伸中,首先是改变问题的提问方式.例如,把证明题改为探索题,将结论隐蔽起来,这样便增加了难度;可以增加中间的设问,把单问改成分步设问,这样就降低了难度.其

---

① 段志贵,周延吉,卫久钰.拓展延伸:在解题反思中发展数学思维[J].中国数学教育,2020(8):60-64.

次可以改变题设条件,例如,适当增删已知条件,隐蔽条件明朗化,明显条件隐蔽化,直接条件间接化,抽象条件具体化,具体条件抽象化,也可以将问题类比、延伸、拓广等.

例 9.33 将 4 个不同的小球放入 3 个不同的盒子中,有多少种不同的放法?本题可以作如下变式.

变式 1 将 4 个不同的小球放入 4 个不同的盒子中,恰有 1 个空盒的放法有多少种?变式 1 和原问题相比,只是多了 1 个盒子,实质上还是 4 个不同的小球放入 3 个不同的盒子,但比原问题难度增大.原问题的解答是先从 4 个不同的小球中任选 2 个组合,然后相当于 3 个球的全排列,即 $C_4^2 A_3^3$.而变式 1 的解答是先选出要放入球的盒子为 C_4^3,再就是类似原问题 $C_4^2 A_3^3$,因而结果为 $C_4^3 C_4^2 A_3^3$.

变式 2 将编号为 1、2、3、4 的 4 个球放入编号为 1、2、3、4 的 4 个盒子中,每盒恰有 1 个球,且球与盒子的编号不相同的放法有多少种?

变式 2 和变式 1 相比,将球与盒子分别编号,而且要求球的号码和放入的盒子的号码不能相同,难度进一步增大,需要考虑的情况更为复杂,当然解法也有多种,一是可以利用间接做法,但需要排除的情形太多,结果是 $A_4^4 - (C_4^1 C_2^1 + C_4^2 + 1) = 9$(种).这里提供一种较为简捷的方法——树图法(见图 9.15).

图 9.15

将编号的盒子放好,然后 1 号盒子中先放入 2 号球,这样共有 3 种不同的放法,类似地,若 1 号盒子中放入 3 号或 4 号球,同样也各有 3 种不同的放法,因此,共有 9 种不同的放法.通过问题情境条件的变换,解决问题的方法也相应改变,涉及的知识点和方法也就更多了,对问题的认识就会更全面,更便于我们形成和梳理知识网络,做到举一反三,触类旁通.

二、革新问题的相关背景

许多数学问题在得到具体的解答后,如果能够进一步拓展思维空间,革新问题背景,对相关知识进行重组或再加工,就可能获得一类问题的解答.这对盘活数学知识覆盖面、激活思维张力具有十分重要的意义.

例 9.34 已知 $x>0, y>0, 2x+y=2$,求 $\dfrac{1}{x}+\dfrac{4}{y}$ 的最小值.

分析 基于数学不同模块可以对原问题进行以下六个方面的推广.

(1) 在原有知识领域将条件和结论对调.

变式 1 已知 $x>0, y>0, \dfrac{1}{x}+\dfrac{4}{y}=2$,求 $2x+y$ 的最小值.

(2) 结合对数函数创新设计.

变式 2 已知函数 $y=-2\log_a(x-1)+1(a>0$,且 $a\neq 1)$ 的图象恒过定点 A,且点 A 在直线 $mx+ny-4=0$ 上,其中 $mn>0$,求 $\dfrac{2}{m}+\dfrac{1}{n}$ 的最小值.

由题意可知,点 A 的坐标为 $(2,1)$.代入直线方程,得 $2m+n=4$.本题就转化为:若 $2m+n=4$,且 $mn>0$,求 $\dfrac{2}{m}+\dfrac{1}{n}$ 的最小值.

(3) 结合直线方程更新命题方式.

变式 3 已知平面内直线 l 过点 $P(2,1)$,且与 x 轴、y 轴的正半轴分别交于点 A、B.求直线 l 在两坐标轴上截距之和的最小值.

这一变式难度不大.事实上,可设所求直线的方程为 $\dfrac{x}{a}+\dfrac{y}{b}=1(a>0,b>0)$,由于过点 $P(2,1)$,可得 $\dfrac{2}{a}+\dfrac{1}{b}=1$.所以,上述问题转化为:已知 $\dfrac{2}{a}+\dfrac{1}{b}=1(a>0,b>0)$,求 $a+b$ 的最小值.

(4) 结合直线与圆的位置关系进行改编.

变式 4 若直线 $2ax-by+2=0(a>0,b>0)$ 始终平分圆 $x^2+y^2+2x-4y+1=0$ 的周长,求 $\dfrac{1}{a}+\dfrac{1}{b}$ 的最小值.

该题意即若直线平分圆的周长,则此直线必过圆心 $(-1,2)$,整理得 $a+b=1$.上述问题转化为:若 $a+b=1$,且 $a>0,b>0$,求 $\dfrac{1}{a}+\dfrac{1}{b}$ 的最小值.

(5) 结合算术运算对问题进行加工.

变式 5 在算式 $9\times\triangle+1\times\square=48$ 中的 △、□ 中,分别填入两个正整数,使它们的倒数和最小,这两个数(△、□)应分别为_____.

该问题换一个表征方式,即若 x、$y\in\mathbf{N}_+$,$9x+y=48$,求 $\dfrac{1}{x}+\dfrac{1}{y}$ 的最小值.

(6) 结合三角函数对问题作变式处理.

变式 6 求 $y=\dfrac{2}{\sin^2 x}+\dfrac{8}{\cos^2 x}$ 的最小值.

该问题本质上还是一个代数问题.事实上,设 $a=\sin^2 x>0$,$b=\cos^2 x>0$.若 $a+b=1$(因为 $\sin^2 x+\cos^2 x=1$),求 $y=\dfrac{2}{a}+\dfrac{8}{b}$ 的最小值.

三、类比问题的形式结构

通过类比,把涉及问题本质的数学基础知识、基本思想方法联系起来,也是对问题进行拓展和延伸的常用方法.这一类关注的不限于形式上的结构相似,更关注问题本质的相同或相通.所谓问题的本质相同或相通,主要指的是问题中蕴含的数学思想方法.一个问题以另一个问题作为类比对象进行拓展和延伸,既可以对相关知识体系有整体上的理解,又能使数学思维向纵深处发展.

例 9.35[1] 如图 9.16 所示,设双曲线 $x^2-y^2=2024$ 的左、右顶点分别为 A_1、A_2,P 为其右支上一点,且 $\angle A_1PA_2=4\angle PA_1A_2$,则 $\angle PA_1A_2=$_____.

---

[1] 段志贵,王光明,张建伟.发问·发现·发省·发展——走向自然的"4F"解题教学透析[J].数学通报,2021,60(11):35-40,49.

分析 设直线 PA_1、PA_2 的斜率分别为 k_1、k_2，则 $k_1 = \tan\angle PA_1A_2 = \dfrac{y}{x+\sqrt{2024}}$, $k_2 = \tan\angle PA_2F = \dfrac{y}{x-\sqrt{2024}}$，即

$$k_1 \cdot k_2 = \dfrac{y}{x+\sqrt{2024}} \cdot \dfrac{y}{x-\sqrt{2024}} = \dfrac{y^2}{x^2-2024}.$$

因为点 $P(x,y)$ 为双曲线右支上的一点，则有 $y^2 = x^2 - 2024$，代入上式，得 $k_1 \cdot k_2 = 1$，即 $\tan\angle PA_1A_2 \cdot \tan\angle PA_2F = 1$。

因为 $\angle PA_1A_2$、$\angle PA_2F \in (0°, 90°)$，则 $\angle PA_1A_2 + \angle PA_2F = 90°$，即 $\alpha + 5\alpha = 90°$，所以 $\alpha = 15°$，即 $\angle PA_1A_2 = 15°$。

图 9.16

类比 1 可以把题中双曲线方程中的"2024"改成任意的正实数，不影响结论。在这一改变下，也可以把方程改成" $y^2 - x^2 = a^2 (a > 0)$ "，即

"设双曲线 $y^2 - x^2 = a^2 (a > 0)$ 的两个顶点分别为 A_1、A_2，P 为其下支上一点，且 $\angle A_1PA_2 = 4\angle PA_1A_2$，则 $\angle PA_1A_2 = $ _____。"

类比 2 更进一步地，可以把方程改为一般情形，即" $\dfrac{x^2}{a^2} - \dfrac{y^2}{b^2} = 1 (a、b > 0)$ "。于是原题可以改编为

"设双曲线 $\dfrac{x^2}{a^2} - \dfrac{y^2}{b^2} = 1 (a、b > 0)$ 的左右顶点分别为 A_1、A_2，P 为双曲线上异于顶点的一动点，那么，直线 PA_1、PA_2 的斜率乘积是定值吗？请说明你的理由。"

分析 由题意得，$A_1(-a, 0)$，$A_2(a, 0)$，则 $k_{PA_1} \cdot k_{PA_2} = \dfrac{y}{x+a} \cdot \dfrac{y}{x-a} = \dfrac{y^2}{x^2-a^2}$。

又点 $P(x, y)$ 为双曲线上一点，则有 $y^2 = b^2\left(\dfrac{x^2}{a^2} - 1\right)$，代入上式，得

$$k_{PA_1} \cdot k_{PA_2} = \dfrac{b^2\left(\dfrac{x^2}{a^2} - 1\right)}{x^2 - a^2} = \dfrac{\dfrac{b^2}{a^2}(x^2 - a^2)}{x^2 - a^2} = \dfrac{b^2}{a^2} = \dfrac{c^2 - a^2}{a^2} = e^2 - 1 (\text{定值}).$$

类比 3 发散思维，还可以运用类比的方法把双曲线问题拓展延伸到椭圆问题上来，把原题改编为

"设椭圆 $\dfrac{x^2}{a^2} + \dfrac{y^2}{b^2} = 1 (a、b > 0)$ 的左右顶点分别为 A_1、A_2，P 为椭圆上异于顶点的一动点，则直线 PA_1、PA_2 的斜率乘积是定值。"

不妨设椭圆的左、右顶点分别为 $A_1(-a, 0)$，$A_2(a, 0)$，点 P 的坐标为 (x, y)，则 $k_{PA_1} \cdot k_{PA_2} = \dfrac{y}{x+a} \cdot \dfrac{y}{x-a} = \dfrac{y^2}{x^2-a^2}$。又点 $P(x, y)$ 为椭圆上一点，则有 $y^2 = b^2\left(1 - \dfrac{x^2}{a^2}\right)$，代入上式，

得 $k_{PA_1} \cdot k_{PA_2} = \dfrac{b^2\left(1 - \dfrac{x^2}{a^2}\right)}{x^2 - a^2} = \dfrac{\dfrac{b^2}{a^2}(a^2 - x^2)}{x^2 - a^2} = -\dfrac{b^2}{a^2} = \dfrac{c^2 - a^2}{a^2} = e^2 - 1 (\text{定值}).$

类比 4 类比本题思考方法，也可以思考下面这个问题。

如图 9.17 所示,圆上任意一点 P 与一直径的两个端点 A、B(P 与 A、B 互异)的连线的斜率之积等于 -1,那么类比椭圆(见图 9.18),你可以得到什么结论呢?

如图 9.19 所示,设椭圆的方程为 $\dfrac{x^2}{a^2}+\dfrac{y^2}{b^2}=1(a、b>0)$,弦 CD 过椭圆中心 O,点 P 是椭圆上与 C、D 互异的一动点,试判断 $k_{PC} \cdot k_{PD}$ 是否为定值?并写出证明过程.

图 9.17　　　图 9.18　　　图 9.19

分析　设 $P(x,y)$、$C(m,n)$、$D(-m,-n)$,则 $k_{PC}=\dfrac{y-n}{x-m}$,$k_{PD}=\dfrac{y+n}{x+m}$,即

$$k_{PC} \cdot k_{PD}=\dfrac{y-n}{x-m} \cdot \dfrac{y+n}{x+m}=\dfrac{y^2-n^2}{x^2-m^2}.$$

因为点 $P(x,y)$、$C(m,n)$ 在椭圆上,则 $y^2=b^2\left(1-\dfrac{x^2}{a^2}\right)$,$n^2=b^2\left(1-\dfrac{m^2}{a^2}\right)$,$y^2-n^2=b^2\left(1-\dfrac{x^2}{a^2}\right)-b^2\left(1-\dfrac{m^2}{a^2}\right)=-\dfrac{b^2}{a^2}(x^2-m^2)$.代入上式,得

$$k_{PC} \cdot k_{PD}=\dfrac{-\dfrac{b^2}{a^2}(x^2-m^2)}{x^2-m^2}=-\dfrac{b^2}{a^2}=\dfrac{c^2-a^2}{a^2}=e^2-1.$$

如图 9.20 所示,若椭圆的中心在原点,焦点在 y 轴上,弦 CD 过椭圆中心 O,点 P 是椭圆上与 C、D 互异的一动点,则有 $k_{PC} \cdot k_{PD}=-\dfrac{a^2}{b^2}=\dfrac{1}{e^2-1}$(将第一种情况中的 a、b 互换即可).

类比 5　把上述结论从椭圆类比到双曲线上来,又可以得到:过双曲线中心的弦的两端点与双曲线上异于该端点的任一点的连线的斜率之积为定值.当焦点在 x 轴上时,该定值为 e^2-1;当焦点在 y 轴上时,该定值为 $\dfrac{1}{e^2-1}$.

事实上,如图 9.21 所示,设双曲线 $\dfrac{x^2}{a^2}-\dfrac{y^2}{b^2}=1(a、b>0)$、$P(x,y)$、$C(m,n)$、$D(-m,-n)$,且 PC、PD 与 x 轴不垂直.则 $k_{PC}=\dfrac{y-n}{x-m}$,$k_{PD}=\dfrac{y+n}{x+m}$,即

$$k_{PC} \cdot k_{PD}=\dfrac{y-n}{x-m} \cdot \dfrac{y+n}{x+m}=\dfrac{y^2-n^2}{x^2-m^2}.$$

图 9.20

图 9.21

因为点 $P(x,y)$、$C(m,n)$ 在双曲线上,则 $y^2=b^2\left(\dfrac{x^2}{a^2}-1\right)$,$n^2=b^2\left(\dfrac{m^2}{a^2}-1\right)$,$y^2-n^2=b^2\left(\dfrac{x^2}{a^2}-1\right)-b^2\left(\dfrac{m^2}{a^2}-1\right)=\dfrac{b^2}{a^2}(x^2-m^2)$.代入上式,得

$$k_{PC} \cdot k_{PD} = \dfrac{\dfrac{b^2}{a^2}(x^2-m^2)}{x^2-m^2} = \dfrac{b^2}{a^2} = \dfrac{c^2-a^2}{a^2} = e^2-1.$$

同理可以证明,若双曲线的焦点在 y 轴上,PC、PD 与 x 轴不垂直,则有 $k_{PC} \cdot k_{PD} = \dfrac{1}{e^2-1}$(将上面证明过程中的 a、b 互换即可).

综上所述,可以得到以下定理.

定理 1 已知椭圆的方程为 $\dfrac{x^2}{a^2}+\dfrac{y^2}{b^2}=1(a>b>0)$,弦 CD 过椭圆中心,点 P 是椭圆上与 C、D 互异的一动点,e 为离心率,那么直线 PC 与 PD 的斜率之积为 e^2-1.

推论 已知椭圆的方程为 $\dfrac{x^2}{a^2}+\dfrac{y^2}{b^2}=1(b>a>0)$,弦 CD 过椭圆中心,点 P 是椭圆上与 C、D 互异的一动点,e 为离心率,那么直线 PC 与 PD 的斜率之积为 $\dfrac{1}{e^2-1}$.

定理 2 已知双曲线的方程为 $\dfrac{x^2}{a^2}-\dfrac{y^2}{b^2}=1(a、b>0)$,弦 CD 过双曲线中心,点 P 是双曲线上与 C、D 互异的一动点(P 与 C、D 的连线与坐标轴不垂直),e 为离心率,那么直线 PC 与 PD 的斜率之积为 e^2-1.

推论 已知双曲线的方程为 $\dfrac{y^2}{a^2}-\dfrac{x^2}{b^2}=1(a、b>0)$.弦 CD 过双曲线中心,点 P 是双曲线上与 C、D 互异的一动点(P 与 C、D 的连线与坐标轴不垂直),e 为离心率,那么直线 PC 与 PD 的斜率之积为 $\dfrac{1}{e^2-1}$.

四、推广问题的应用范围

推广问题的应用范围,也是数学问题拓展与延伸的重要手段.具体地说,一方面,可以对问题进行一般化处理,使问题具有普遍性意义;另一方面,可以尝试拓展相关定理或公式在

不同背景条件下的应用模式,以加深对定理和公式的形式内涵、模式变换、适用范围等方面的认识和理解,并能在实际解题中灵活地加以运用.

例 9.36 设 a、b、c 为三个非负的实数,试证:
$$\sqrt{a^2+b^2}+\sqrt{b^2+c^2}+\sqrt{c^2+a^2} \geqslant \sqrt{2}(a+b+c).$$

分析 由题设和均值不等式有
$$\sqrt{a^2+b^2}=\frac{1}{\sqrt{2}}\sqrt{2a^2+2b^2} \geqslant \frac{1}{\sqrt{2}}\sqrt{a^2+2ab+b^2}=\frac{1}{\sqrt{2}}(a+b).$$

同理有
$$\sqrt{b^2+c^2} \geqslant \frac{1}{\sqrt{2}}(b+c), \quad \sqrt{c^2+a^2} \geqslant \frac{1}{\sqrt{2}}(c+a).$$

于是有
$$\sqrt{a^2+b^2}+\sqrt{b^2+c^2}+\sqrt{c^2+a^2} \geqslant \frac{1}{\sqrt{2}}(a+b+b+c+c+a)=\sqrt{2}(a+b+c).$$

这个不等式可以作如下各种推广(等号一般当且仅当 a_i 相等且非负时成立).

(1) 在已知数的适用范围内作推广,即本例中的 a、b、c 可以为任意实数,当且仅当 $a=b=c \geqslant 0$ 时等号成立.

(2) 在字母及根号个数上作推广.

问题 1 设 $a_i(i=1,2,\cdots,n)$ 为任意实数,求证:
$$\sqrt{a_1^2+a_2^2}+\sqrt{a_2^2+a_3^2}+\cdots+\sqrt{a_{n-1}^2+a_n^2}+\sqrt{a_n^2+a_1^2} \geqslant \sqrt{2}(a_1+a_2+\cdots+a_n).$$

问题 2 设 $a_i(i=1,2,\cdots,n)$ 为任意实数,则 $\sum_{i \neq j}\sqrt{a_i^2+a_j^2} \geqslant \frac{n-1}{\sqrt{2}}\sum_{j=1}^{n}a_j$,这里 $\sum_{i \neq j}\sqrt{a_i^2+a_j^2}$ 表示取一切 $i \neq j$ 的形如 $\sqrt{a_i^2+a_j^2}$ 的各项之和.

问题 2 可由均值不等式证得.事实上,$\sum_{i \neq j}\sqrt{a_i^2+a_j^2} \geqslant \frac{1}{\sqrt{2}}\sum_{i \neq j}(a_i+a_j)=\frac{n-1}{\sqrt{2}}\sum_{j=1}^{n}a_j$.

(3) 在根号内字母个数上作推广.

问题 3 设 $a_i \in \mathbf{R} (i=1,2,\cdots,n)$,则 $\sum_{i=1}^{n}\sqrt{\sum_{i \neq j}a_j^2} \geqslant \sqrt{n-1}\sum_{i=1}^{n}a_i$.

其中,$\sum_{i=1}^{n}\sqrt{\sum_{i \neq j}a_j^2}=\sqrt{a_2^2+a_3^2+\cdots+a_n^2}+\sqrt{a_1^2+a_3^2+\cdots+a_n^2}+\cdots+\sqrt{a_1^2+a_2^2+\cdots+a_{n-1}^2}$.

上述不等式,可以利用 Cauchy 不等式加以证明.事实上,在 Cauchy 不等式 $\left(\sum_{i=1}^{n}a_ib_i\right)^2 \leqslant \sum_{i=1}^{n}a_i^2\sum_{i=1}^{n}b_i^2$ 中,令 $b_1=b_2=\cdots=b_n=1$,即得 $\left(\sum_{i=1}^{n}a_i\right)^2 \leqslant n\sum_{i=1}^{n}a_i^2$,所以
$$\sqrt{a_1^2+a_3^2+\cdots+a_n^2} \geqslant \frac{1}{\sqrt{n-1}}(a_1+a_3+\cdots+a_n).$$

同理可得其他相应的不等式,再累加求和,则问题 3 得证.

五、一道经典数学题的变式与推广

1. 问题解决

例 9.37 如图 9.22 所示,三个相同大小的正方形并列摆放,试证:$\angle 1+\angle 2+\angle 3=\dfrac{\pi}{2}$.

分析 这是一道经典数学题,许多学习资料都有收存.本题的证法很多,主要包括以下三类.

(1) 几何证法.方法较多,最简单的是由证明 $\triangle GHA \backsim \triangle AHC$ 得到.由 $\triangle GHA \backsim \triangle AHC$,即有 $\angle 1=\angle GAH$,又 $\angle 2=\angle GAB$,且 $\angle 3=\dfrac{\pi}{4}$,有 $\angle 1+\angle 2+\angle 3=\dfrac{\pi}{2}$.

图 9.22

当然它也可以用其他几何方法去考虑.比如图 9.23 中的网格证法也比较直观(即格子点法),这只需考虑证明 $\triangle AKC$ 是等腰直角三角形,再利用部分图形对于 AB 的对称性即可.

(2) 三角证法.只需注意到

图 9.23

$$\tan\angle 1=\dfrac{1}{3},\ \tan\angle 2=\dfrac{1}{2},\ \tan\angle 3=1.$$

再由和角的正切公式 $\tan(\alpha+\beta)=\dfrac{\tan\alpha+\tan\beta}{1-\tan\alpha\tan\beta}$,有

$$\tan(\angle 1+\angle 2)=\dfrac{\dfrac{1}{3}+\dfrac{1}{2}}{1-\dfrac{1}{3}\cdot\dfrac{1}{2}}=1,$$

故 $\angle 3=\dfrac{\pi}{4}$,$\angle 1+\angle 2=\dfrac{\pi}{4}$.

(3) 代数证法.这里从复数法入手.

以 A 为坐标原点,AB 为实轴建立坐标系,且令 $|AB|=3$,又 H、G、C 分别代表复数 z_1、z_2、z_3.

由 $z_1=1+i, z_2=2+i, z_3=3+i$,故 $\angle 1+\angle 2+\angle 3=\arg z_3+\arg z_2+\arg z_1=\arg(z_1 z_2 z_3)=\arg(10i)=\dfrac{\pi}{2}$.

2. 问题变式

这道题不仅解法较多,题目变换花样也不少.下面的各问题实际上均与上面的命题类似(只是形式上有所不同).

问题 1 图 9.24 中 $\triangle ABC$ 是等腰直角三角形,$\angle C=90°$,又 $AD=\dfrac{1}{3}AC, CE=\dfrac{1}{3}BC$,连结 AE 和 DE,则 $\angle CDE=\angle EAB$.

问题 2　图 9.25 中同底上有三个等腰三角形,它们的高 $C_3D = \frac{1}{2}AB, C_2D = AB, C_1D = \frac{3}{2}AB$.试证它们的三个顶角和为 $180°$.

问题 3　如图 9.26 所示,三个同样大小的正方形并排摆放,求 $\angle AFB$.

当然,这个题目还可以有其他变式.

图 9.24

图 9.25

图 9.26

3. 问题推广

(1) 从维数上推广.

原命题中的三个正方形并列摆放,我们可以将其推广到 n 个正方形的情形,比如:

问题 4　如图 9.27 所示,8 个同样的正方形并列摆放,试证:$\alpha_1 + \alpha_2 + \alpha_3 + \alpha_4 = 45°$.

图 9.27

只需连结 OB、OC,易证得 $\triangle BCO \backsim \triangle BOD$,所以 $\angle BOC = \angle BDO = \alpha_1$.

同理 $\angle COD = \angle CFO = \alpha_3, \angle DOE = \angle DGO = \alpha_4$.

又 $\angle EOH = \angle OEB = \alpha_2$.

上面四式相加即可得 $\alpha_1 + \alpha_2 + \alpha_3 + \alpha_4 = \angle BOH = 45°$.

当然还可以用三角、代数等方法进行证明.

(2) 类比推广.

原来问题的形式与方法常可为某些新命题的建立提供信息,比如:

问题 5　如图 9.28 所示,在矩形 $ABCD$ 中,$AA_1 = A_1A_2 = A_2A_3 = A_3A_4 = A_4D = a, AB_1 = B_1B_2 = B_2B = \sqrt{3}a$,又 $A_1E \parallel AB$.试证:$\angle B_1A_1E + \angle B_2A_1E + \angle BDC = \frac{\pi}{2}$.

(3) 联合推广.

原问题在维数和方法上进行联合推广,可见下面的例子.

问题 6　"求不定方程 $\frac{1}{n} = \frac{1}{x} + \frac{1}{y} + \frac{1}{nxy}$ ……①的解"有无穷多

图 9.28

组解,研究无穷个(相同的)单位正方形并排摆放情形(见图 9.29),若将正方形各顶点(它们依次记为 1,2,…)与 O 连结,则产生一个角序列 $\{\alpha_n\}$.

图 9.29

$$\tan\alpha_n = \frac{1}{n}, \tan\alpha_x = \frac{1}{x}, \tan\alpha_y = \frac{1}{y}.$$

根据式①,显然有 $\tan\alpha_n = \tan(\alpha_x + \alpha_y)$.于是,对于式①的任一组解 (n,x,y)(从小到大排列)都有相应的角序列满足关系:$\alpha_n = \alpha_x + \alpha_y$.

特别地,类似斐波那契数列,也可以找到一组角序列 $\{\alpha_{\mu_n}\}$,有 $\alpha_{\mu_n} = \alpha_{\mu_{n+1}} + \alpha_{\mu_{n+2}}$,如图 9.30 所示.

图 9.30

从上面的论述中我们可以看到:有些问题不仅存在多种解法,而且可将他们变形、推广用同一方法去考虑,这便是"一题多解"与"多题一解".

习 题 九

1. 已知 $a\sqrt{1-b^2} + b\sqrt{1-a^2} = 1$,求证:$a^2 + b^2 = 1$.

2. 已知 $\frac{1}{a} + \frac{4}{b} = 1$,且 $a > 0, b > 0$,求 $a+b$ 的最小值.

3. 解方程 $x^2 - 2x + 3 = \cos x$.

4. 若方程 $x^2 + (m+2)x + 3 = 0$ 的两个根都比 1 大,求 m 的取值范围.

5. 当 $-\frac{\pi}{2} \leqslant x \leqslant \frac{\pi}{2}$ 时,求函数 $f(x) = \sin x + \sqrt{3}\cos x$ 的最大值和最小值.

6. 解方程 $\sqrt{x^2 - x - 2} + \sqrt{x^2 + x - 6} = \sqrt{2x^2 - 8}$.

7. 方程 $x^2 - 3\sqrt{3}x + 4 = 0$ 的两个实根为 x_1、x_2,记 $\alpha = \arctan x_1, \beta = \arctan x_2$,求 $\alpha + \beta$ 的值.

8. 已知一个各项均为实数的数列,前四项之积为 81,第二项与第三项之和为 10,试求这个等比数列的公比.

9. 抛物线 $y = ax^2 - 1(a \neq 0)$ 上总有关于直线 $l: x + y = 0$ 对称的两点,试求实数 a 的取值范围.

10. 已知各项全不为零的数列 $\{a_k\}$ 的前 k 项和为 S_k,且 $S_k = \frac{1}{2}a_k a_{k+1}(k \in \mathbf{N}_+)$,其中 $a_1 = 1$.

(1) 求数列 $\{a_k\}$ 的通项公式.

(2) 对任意给定的正整数 $n(n \geqslant 2)$, 数列 $\{b_n\}$ 满足 $\dfrac{b_{k+1}}{b_k}=\dfrac{k-n}{a_{k-1}}(k=1,2,\cdots,n-1)$, $b_1=1$. 求 $b_1+b_2+\cdots+b_n$.

11. 请分别求解以下各题.

(1) 已知曲线 $y=\dfrac{1}{3}x^3$ 上一点 $P\left(2,\dfrac{8}{3}\right)$, 求曲线在点 P 处的切线方程.

(2) 已知曲线 $y=\dfrac{1}{3}x^3$ 上一点 $P\left(2,\dfrac{8}{3}\right)$, 求曲线过点 P 的切线方程.

12. 如图 9.31 所示, 直三棱柱 $ABC-A_1B_1C_1$ 的各条棱长都相等, D 为 BC 边上一点. 在截面 $\triangle ADC_1$ 中, 若 $\angle ADC_1=90°$, 求二面角 $D-AC_1-C$ 的大小.

13. 当实数 k 取何值时, 方程组 $\begin{cases} k(x^4+1)+|x|-y=1 \\ x^2-y^2=-1 \end{cases}$ 有唯一实数解?

图 9.31

14. 求函数 $y=\dfrac{\sin 2x}{1-\sin x-\cos x}+\sin 2x$ 的值域.

15. 有一凸多边形, 最小内角为 $\dfrac{2}{3}\pi$, 各内角弧度数成等差数列, 公差为 $\dfrac{\pi}{36}$, 求它的边数.

16. 已知 $f(x)=ax+\dfrac{x}{b}$, 若 $-3 \leqslant f(1) \leqslant 0$, $3 \leqslant f(2) \leqslant 6$, 求 $f(3)$ 的范围.

17. 30 支足球队进行淘汰赛, 决出一个冠军, 问需要安排多少场比赛?

18. 设 α、β 是方程 $x^2-2kx+k+6=0$ 的两个实根, 则 $(\alpha-1)^2+(\beta-1)^2$ 的最小值是多少?

19. 已知函数 $f(x)=\dfrac{1}{2}x^4-2x^3-3m$, $f(x)+9 \geqslant 0$ 恒成立, 则实数 m 有取值范围, 求实数 m 的取值范围.

20. 在椭圆 $\dfrac{x^2}{a^2}+\dfrac{y^2}{b^2}=1$ 的第一象限部分上求一点 P, 使该点处的切线、椭圆及两坐标轴所围成的图形的面积最小(椭圆的面积等于 πab).

21. (1) 一根长为 6m 的绳子, 随机将绳子剪成 2 段, 求 2 段之间的差的绝对值小于 1m 的概率.

(2) 一根长为 6m 的绳子, 随机将绳子剪成 3 段, 求 3 段构成三角形的概率.

22. (1) 甲、乙两人各自在 300m 长的环形跑道上跑步, 在任一时刻两人在跑道上相距不超过 50m(跑道上的曲线长)的概率为多少?

(2) 甲、乙两人各自在 300m 长的直线跑道上跑步, 在任一时刻两人在跑道上相距不超过 50m(跑道上的曲线长)的概率为多少?

23. (1) 求在面积为 S 的 $\triangle ABC$ 边 AB 上任取一点 P, 使 $\triangle PBC$ 的面积大于 $\dfrac{S}{3}$ 的概率.

(2) 求在面积为 S 的 $\triangle ABC$ 的内部上任取一点 P,使 $\triangle PBC$ 的面积大于 $\dfrac{S}{3}$ 的概率.

24. (1) 设有一个正三角形网格,其中每个最小三角形的边长都是 $4\sqrt{3}$ cm,现在将一枚直径为 2cm 的硬币投到此网格上,求硬币落下后与格线没有公共点的概率.

(2) 有一个半径为 5cm 的圆,现将一枚半径为 1cm 的硬币向圆投去,如果不考虑硬币完全落在圆外的情况,试求硬币落入圆内的概率.

25. 已知二次函数 $f(x)=ax^2-bx+c$ 且 $f(x)=0$ 的两个根 x_1、x_2 都在 $(0,1)$ 内,求证:$f(0) \cdot f(1) \leqslant \dfrac{a^2}{16}$.

26. 已知 a_i、$b_i > 0 (i=1,2,\cdots,n)$,证明:$\sum\limits_{i=1}^{n}\sqrt{a_i^2+b_i^2} \geqslant \sqrt{\sum\limits_{i=1}^{n}a_i^2+\sum\limits_{i=1}^{n}b_i^2}$,当且仅当 $\dfrac{a_1}{b_1}=\dfrac{a_2}{b_2}=\cdots=\dfrac{a_n}{b_n}$ 时等号成立.

27. 已知 $m=\left(\dfrac{k}{k+1}\right)^k, n=\left(\dfrac{k}{k+1}\right)^{k+1}$,$k$ 为正整数.

(1) 求证 $m^m = n^n$.

(2) 若点 $P(m,n)$ 在指数函数 $y=a^x (a>0,a \neq 1)$ 的图象上,则对同一个 a,点 P 也在对数函数 $y=\log_a x$ 的图象上.

参 考 文 献

[1] A.M.弗里德曼.怎样解数学题[M].陈淑敏,尹世超,译.北京:北京师范大学出版社,1988.
[2] A.B.瓦西列夫斯基.数学解题教学法[M].李光宇,王力新,译.长沙:湖南科学技术出版社,1982.
[3] Paul Zeitz.怎样解题——数学竞赛攻关宝典[M].李胜宏,译.北京:人民邮电出版社,2010.
[4] M.克莱因.古今数学思想[M].张理京,张锦炎,等译.上海:上海科学技术出版社,2022.
[5] 乔治·波利亚.怎样解题[M].阎育苏,译.北京:科学出版社,1982.
[6] 乔治·波利亚.数学的发现[M].欧阳绛,译.北京:科学出版社,1982.
[7] 乔治·波利亚.数学与似真推理[M].李心灿,等译.北京:科学出版社,1985.
[8] W.A.威克尔格伦.怎样解题[M].汪贵枫,袁崇义,译.北京:原子能出版社,1981.
[9] L.C.拉松.通过问题学解题[M].陶懋顾,等译.合肥:安徽教育出版社,1986.
[10] 徐利治.数学方法论选讲[M].武汉:华中工学院出版社,1983.
[11] 徐利治.数学方法论[M].大连:大连理工大学出版社,2018.
[12] 徐利治,朱梧槚,郑毓信.数学方法论教程[M].南京:江苏教育出版社,1992.
[13] 郑毓信.数学方法论[M].南宁:广西教育出版社,1991.
[14] 史久一,朱梧槚.化归与归纳·类比·联想[M].大连:大连理工大学出版社,2008.
[15] 程新民.数学求异思维[M].北京:新华出版社,2010.
[16] 罗增儒.中学数学解题的理论与实践[M].南宁:广西教育出版社,2008.
[17] 罗增儒.数学解题学引论[M].西安:陕西师范大学出版社,2008.
[18] 罗增儒.怎样解答高考数学题[M].西安:陕西师范大学出版社,1997.
[19] 王屏山,傅学顺.中学生数学灵感的培育[M].广州:广东教育出版社,1991.
[20] 过伯祥.怎样学好数学[M].南京:江苏教育出版社,1995.
[21] 戴再平.数学习题理论[M].上海:上海教育出版社,1996.
[22] 张奠宙.数学方法论稿[M].上海:上海教育出版社,1993.
[23] 喻平.数学问题化归理论与方法[M].南宁:广西教育出版社,1999.
[24] 吴振奎.数学解题的特殊方法[M].哈尔滨:哈尔滨工业大学出版社,2011.
[25] 王亚辉.数学方法论——问题解决的理论[M].北京:北京大学出版社,2007.
[26] 鲍曼.中学数学方法论[M].哈尔滨:哈尔滨工业大学出版社,2002.
[27] 汤炳兴,叶红.中学数学解题学习[M].北京:化学工业出版社,2010.
[28] 陈自强.数学解题思维方法导引[M].长沙:中南工业大学出版社,1996.
[29] 和洪云,和林功.数学解题方法研究[M].北京:经济科学出版社,2016.
[30] 余红兵,严镇军.构造法解题[M].合肥:中国科学技术大学出版社,2009.
[31] 王思俭.高中数学思维与方法——高考数学解题智慧[M].南京:南京师范大学出版社,2015.
[32] 马波.中学数学解题研究[M].北京:北京师范大学出版社,2013.
[33] 王培甫.数学中之类比:一种富有创造性的推理方法[M].北京:高等教育出版社,2008.
[34] 熊斌,陈双双.解题高手[M].上海:华东师范大学出版社,2003.

[35] 熊晓东.熊晓东高中数学专题讲座20讲[M].上海:百家出版社,2005.
[36] 毛文凤.数学活动中的直觉与灵感——打开数学宝库的金钥匙[M].北京:中国大百科全书出版社,2006.
[37] 刘云章,唐志华.数学·教学·哲学[M].大连:大连理工大学出版社,2009.
[38] 顾越岭.数学解题通论[M].南宁:广西教育出版社,2000.
[39] 沈文选,杨清桃.数学解题引论[M].哈尔滨:哈尔滨工业大学出版社,2017.
[40] 杨世明.原则与策略——从波利亚"解题表"谈起[M].哈尔滨:哈尔滨工业大学出版社,2013.
[41] 朱华伟,钱民望.数学解题策略[M].北京:科学出版社,2016.
[42] 马岷兴,幸世强.高中数学解题方法与技巧典例分析[M].北京:科学出版社,2017.
[43] 章士藻,段志贵.数学方法论简明教程[M].3版.南京:南京大学出版社,2013.
[44] 章士藻,段志贵,左铨如.解析几何解疑[M].2版.北京:北京师范大学出版社,2018.
[45] 冯寅.数学解题中的六大观察法[J].中学数学杂志(高中版),2002(3):25-26.
[46] 刘成龙,余小芬,杨坤林."形同质异"的函数问题辨析(上)[J].理科考试研究(高中版),2017(7):19-22.
[47] 刘成龙,余小芬,杨坤林."形同质异"的函数问题辨析(下)[J].理科考试研究(高中版),2017(8):13-16.
[48] 谢吉.例谈几何概型中的"形同质异"[J].中学数学研究(华南师范大学):上半月,2016(11):46-47.
[49] 顾锋,宁连华.数学解题教学:从"一题多解"到"一题优解"[J].教育研究与评论(中学教育教学),2023(7):7-12.
[50] 赵珊珊,陈建华.多元表征 一题多解 深度学习[J].高中数学教与学,2022(15):5-8.
[51] 段志贵.从直觉到构造:数学解题的突破[J].中学数学教学参考:上半月高中,2010(11):34-36.
[52] 段志贵.联想:数学解题的重要思维形式[J].吉林师范大学学报:自然科学版,2003(1):89-91.
[53] 段志贵.基于认知心理分析的数学直觉思维探究[J].数学学习与研究:教研版,2011(22):100-101.
[54] 段志贵,刘进.基于数学直觉的解题发现[J].数学之友,2013(24):67-70.
[55] 段志贵.直觉起步 构造突破[J].福建中学数学,2014(6):47-49.
[56] 段志贵.变通:让解题有更充分的预见[J].数学通报,2017,56(12):50-54.
[57] 段志贵,黄琳.数学解题观察的有效视角[J].高中数学教与学,2018(6):44-47.
[58] 段志贵.融审美于数学解题之中[J].中小学数学(高中版),2018(9):53-57.
[59] 段志贵,宁耀莹.类比:数学解题的引擎[J].中国数学教育,2018(12):58-61.
[60] 段志贵.构造:让解题突破思维瓶颈[J].数学通报,2018,57(9):53-57.
[61] 宁耀莹,段志贵.特殊化解题:路在何方[J].数学之友,2019(4):61-63.
[62] 段志贵,周延吉,卫文钰.拓展延伸:在解题反思中发展数学思维[J].中国数学教育,2020(8):60-64.
[63] 崔恒刘,段志贵.化错——别让"等可能"游离出古典概型——一道中考概率题引发的思考[J].中学数学,2021(14):30-31.
[64] 胡梦迪,段志贵.特殊化:线段之比问题求解的有效路径[J].中学生数学,2023(4):14-16.
[65] 段志贵,曹子清.方法论视域下的数学解题与解题策略[J].南宁师范大学学报(自然科学版),2021,38(4):179-185.
[66] 段志贵,陈馨悦,黄云鹤.直觉:数学解题的精灵[J].中学数学研究,2021(1):42-45.
[67] 段志贵,陈馨悦.分解与重组:让解题充满张力[J].中学数学研究,2020(8):42-44.
[68] 段志贵,张雯,胡涛.发现解法 生长思维——一道数学模考题的分析与探究[J].中小学数学(高中版),2021(Z1):108-110.
[69] 段志贵,黄云鹤,陈兴鹏.一道数学模考题的错解分析与反思[J].中学生数学,2021(7):37-39.
[70] 段志贵,钱嘉慧.数学解题常见错误及其规避[J].中学数学研究,2024(6):4-6.
[71] 段志贵,邹翔如,王政.数学解题不要被经验束缚——一道含参交点问题的错解分析与思考[J].数学通

讯,2021(9):31-34,37.
[72] 段志贵,王光明,张建伟.发问·发现·发省·发展——走向自然的"4F"解题教学透析[J].数学通报,2021,60(11):35-40,49.
[73] 曹雨花,段志贵.先想后做有效破解——例谈立体几何动态问题[J].高中数学教与学,2024(13):19-21.
[74] 段志贵,曹雨花.近十年我国中学数学解题教学研究现状与展望——基于CiteSpace的可视化图谱分析[J].中国数学教育,2024(12):52-58.
[75] 段志贵,王钰姗.想、做、嚼:2023年高考数学北京卷压轴题解析[J].中学数学研究(华南师范大学版),2024(11):8-10.
[76] 张寅秋,段志贵.数学解题教学研究的内涵、取向与展望[J].中学教研(数学),2024(5):23-26.
[77] 段志贵,储鹏,朱王锶睿.高中生函数学习障碍:表现、归因与破解[J].中学数学研究,2024(2):1-4.
[78] 曹雨花,段志贵.指向生活实践情境的近三年高考概率与统计试题回顾与展望[J].中学数学研究(华南师范大学版),2024(3):1-6,53.
[79] 段志贵.让数学思想方法根植于数学课堂[J].江苏教育,2023(37):15-19.